U0086951

進階函數 Excel 與 Power Query 整合應用

資料清洗與整理

PREFACE

前言

微軟在其網站說明：

“商務使用者最多花費 80% 的時間進行資料準備，這會延遲分析和決策的工作。”

Excel 是資料分析的軟體，普遍性高並容易上手，而且舉凡工作中關於數字方面的處理，Excel 都能勝任，所以，深受一般上班族的喜愛。

在資料分析之前，你拿到其他軟體的原始資料格式可能跟 Excel 不同，此時你必須清洗這些資料，以便分析、制表或繪圖所需。另外有些資料格式需要經過加工處理，以便將資料轉換、串接、合併、拆解、上色…，然後進行計算或提醒。但就像 MS 的說明一樣，通常上班族因為不懂如何快速處理資料，所以，造成最重要的分析和決策的工作延宕。

我曾寫了一本書是進階 EXCEL，書名是《Excel 彙總與參照函數精解》，重點在於如何進階應用常見的函數，說明重要函數的操作原理與應用時機。也曾出版《活用 EXCEL 陣列函數》的教學影片，這也是進階函數的應用，重點在講解 EXCEL 陣列公式的操作，讓你能快速與簡便使用進階陣列函數。

而這本書是從簡單到進階整理混亂的資料，讓它們成為有效用並且可以進行分析與決策的資料。作者將網友常提出的問題點分成 6 大部分，包含：

- 文字整理
- 表格整理
- 拆解整理
- 格式整理
- 時間整理
- Power Query 應用

文字整理

儲存格的字串常常不符所需，所以，需要合併或轉換以取得適當的字串。TEXT 是很強大的文字函數，可以進行數值轉換、格式變動、添加特定文字、串接資料、時間轉換與邏輯判斷等。這一單元將説明強大的TEXT函數的功用以及其他函數對文字的處理。

拆解整理

資料拆解、拆字或字串合併是一個大問題，原始資料很多字會連結在一起，必須要擷取適當且需要的字串。通常我們會使用文字函數進行拆字或用資料剖析，但這些方法都有其侷限性。有個網路函數特別有用——FILTERXML，它本來是進行網頁資料的解讀，但我們將它使用在字串擷取方面。所以，這一單元將應用 FILTERXML 的 XPATH 定義來進行字串的擷取，而且探討擷取之後加工計算；當然，還有其他函數的拆解應用。

時間整理

因為 EXCEL 的儲存格可以輸入任何格式類型，自由度很高，但也因此造成時間標示的問題。時間彙總、參照、轉換、格式化在EXCEL的應用是一個重要的議題，當然，EXCEL 有時間與日期函數可以處理，但 TEXT 處理時間問題也是一等一的高手。這一單元將進行日期與時間轉換，還有日期、週別與時間的計算。

表格整理

將表格資料重新整理有時是一大工程，表格轉清單、清單轉表格、資料依照數量重複出現…。我們將利用一般函數來解決這些表格資料重複、轉換、移除 .. 等等問題。當然，Power Query 也是這方面的能手，我們在第 6 單元也會適當説明如何利用 PQ 進行表格整理。這一單元將進行表格資料轉移跟資料比對。

格式整理

儲存格根據條件來改變格式通常使用「條件式格式設定」，用在標示與提醒方面，可以改變原格式的顏色、字體、線條、數值、字型等等的設定。這個單元最主要講解如何使用公式來改變顏色。格式設定的函數用法需要有點想像力，畢竟，它是在設定範圍內從上而下，從左而右逐一掃瞄儲存格，一一判斷來改變格式，而且要配合絕對與相對位置的設定。大部分使用者會搞混它的處理過程，所以，有可能設定公式後，無法取得適當的結果。這一單元將説明一些重要的基本應用，還有解説常見的公式。

POWER QUERY 應用

清洗或整理資料是方便後續的分析步驟，而前面的單元大都是用函數來解決，其實還有功能區的資料剖析、POWER QUERRY，還有快捷鍵 (SHORTCUT、HOTKEY) 操作等。這單元是 PQ 應用，PQ 不是單一獨立的軟體，而是附加其他軟體，例如：EXCEL、POWER BI…。

PQ 功能很強大，尤其是工作表的合併與附加，所以，本單元的重點會放在這裡。通常 PQ 可以進行：

- 單工作表
- 多工作表
- 多檔
- 多檔多工作表
- 混合應用

其實了解多工作表轉換、替代、合併與附加應用時，其他都不是問題。

ETL 是分析資料之前的動作，根據維基百科解釋：

> “是英文 Extract-Transform-Load 的縮寫，用來描述將資料從來源端經過擷取（extract）、轉置（transform）、載入（load）至目的端的過程。”

而微軟認為：

> “使用 Power Query，您可以執行擷取、轉換和載入 (ETL) 處理資料。”

這本書重點在利用函數進行從初階到高階的資料清洗與整理，但有時可以使用更簡便或函數無法處理的狀況，所以，加入一些功能區操作、PQ 與快捷鍵的介紹。

如果再配合《Excel 彙總與參照函數精解》這本書的操作，我相信你的 EXCEL 應用將會如虎添翼，協助你快速準確地完成公司的任務。

- 註 1：MS 網站：https://docs.microsoft.com/zh-tw/power-query/power-query-what-is-power-query
- 註 2：操作檔案下載：http://books.gotop.com.tw/download/ACI036500
- 註 3：檔案密碼：ExcelETL
- 註 4：Yourtube 搜尋「周勝輝 Excel」有基礎函數教學影片。

CONTENTS

目錄

第一篇 文字整理

第二篇 拆解整理

第三篇 時間整理

第六篇 Power Query 應用

PART I

第一篇

文字整理

Excel 對欄位格式的認定非常寬鬆，可以是數值、文字、日期、邏輯值等等，所以為了便於計算與統合，或者表格欄位一致性，必須改變格式。改變格式型態非常多方法，首先要介紹的是使用 TEXT 函數來進行轉換。

CHAPTER

01

使用 TEXT 進行資料轉換

TEXT 屬於文字函數，能夠進行數字轉換、時間轉換、邏輯判斷、文數轉換與添加文字。我們將在後面的單元解析這些功能。TEXT 是 Excel 最複雜的函數之一，只要能搞懂它的運作規則，就能大大提昇你的資料清洗與整理功力。

本章重點

01 數值 - 分數轉換

數值格式轉換是 TEXT 的強項，本節來檢視分數轉換的狀況。

首先，TEXT 的語法是：

```
TEXT(value, format_text)
```

value：儲存格要剖析的值。

format_text：進行值的格式轉換。

開啟「1.1 TEXT 格式代碼 - 數值 - 分數轉換 .xlsx」。

	B	C	D
2	資料	格式	Text
3	2.2	# ?/?	2 1/5
4	2.333	# ?/?	2 1/3
5	2.7	# ?/??	2 7/10
6	2.4	#?/?	12/5
7	2.5	#?/?	5/2
8	2.5	# ?/4	2 2/4
9	5.49	# ??/??	5 25/51
10	3.21	# ?/100	3 21/100
11	0.397	0/5	2/5
12	2.533	# 0/5	2 3/5
13	0.51	0%	51%
14	0.5335123	0.0%	53.4%
15	2 1/2	@	2.5

首先，B 欄是資料，也就是 TEXT 的第 1 引數 value，而 C 欄是轉換 B 欄的格式代碼，也就是 TEXT 的第 2 引數 format_text，format_text 很複雜，功能非常強大，D 欄

是轉換後的答案。在 C3 可以看到 "# ?/? "，這些代碼代表許許多多的涵義。以上面表格中的 C 欄可以看到：

#：占位代碼，如果是 TEXT(1234.56, "#,###.###")，返回 1,234.56，最後面的代碼 # 在 value 沒有，所以不會顯示，只到 56 而已。當然你可以用 "#,#.#"，它返回的是 1,234.6，只顯示小數點後面 1 個位數，而原來有 2 位數，判斷小數點第 2 位數以四捨五入進位，第 2 位數就消除。

0：占位代碼，如果是 TEXT(1234.56, "00,000.000")，返回 01,234.560，它跟 # 類似，如果是數值，直接顯示數值；如果沒有的話，就填補 0。

?：占位代碼，它跟上面兩個類似，也會填補空位，可以根據小數點上下兩儲存格對齊，如 TEXT(1234.56, "?.??") 與 TEXT(1234.5, "?.??")。

/：可以是除號，但只是顯示而已，不是運算符號，也可以成為帶分數或假分數符號，或者是日期分隔符號代碼。

%：百分比代碼。

@：文字代碼。

當然，還有日期代碼、時間代碼、貨幣符號…。我們將在後面章節一一說明。

接下來看 C3 的格式是 # ?/?，#?0 三個都可以使用，只要在 # 與 ? 之間要空一格。使用 / 代碼，2.2 的整數保留，而小數部分會跟 / 後面的代碼數來決定分數的顯示，小數是 0.2，格式 / 後面分母代碼只有 1 個 ?，顯示 2/10，約分之後成為 1/5，整數保留就是 2 1/5。

B4 是 2.333，整數是 2 與小數是 3.33/10，取進位數是 2 1/3。

B6 是 2.4，而格式是 #??，中間沒空格，所以轉成假分數，有空格是帶分數，答案是 12/5。

B8 是 2.5，格式是 # ?/4，分母強制是 4，所以得到帶分數是 2 2/4，並不是 2 1/2。

B9 是 5.49，格式是 # ??/??，分母代碼是 2 個 ?，表示分母是 2 個數，25/51= 0.4901 ≒ 0.49。這裡分子的代碼多寡與不同是有差別，多一個 ? 就會多空一格。如果本來空一格，格式是 ???，就會多空一格，以此類推，而 # 幾個都是一樣空一格而已。至於 0 的話，超過的地方就會填補 0。如果是 # 000/??，答案是 5 025/51；如果是 # 000/0，答案是 5 001/2，要求分母是一個數字，所以是 1/2=0.5 ≒ 0.49。

B13 是 0.51，格式是 0%，0 代碼是原來數值，% 代碼是以百分比顯示，所以答案是 51%。

B14 是 0.533512，格式是 0.0%，要求小數點後面只有一個數字，並且以百分比顯示，小數點後第四位數是 5，四捨五入，所以答案是 53.4%。

B15 是 2 1/2，格式是 @，返回原來的樣貌，所以答案是 2.5。

02 數值 - 符號字元

你可以插入很多符號在字串當中，來表示另一層意義。TEXT 有些內定代碼，在插入符號當中注意代碼的應用，否則會產生不是自己想要的。如前面所提的 0，如果你只是單純想要顯示 0，就必須使用強制符號 ! 或 \，如 !0 或 \0，強制顯示 0。

開啟「1.2 TEXT 格式代碼 - 數值 - 符號字元 .xlsx」。

	B	C	D
2	資料	格式	Text
3	32	000.00	032.00
4	2.376	-#.00	-2.38
5	55.25	$#.#	$55.3
6	543.21	$#	$543
7	4567	$0,0.00	$4,567.00
8	22.159	0.#	22.2
9	204	!r0c0	r20c4
10	104	\r0c00	r1c04
11	12345678	0.00e+00	1.23e+07
12	12345678	#0.0E+0	12.3E+6
13	1234	¢0,0	¢1,234
14	1234	£0,0	£1,234
15	1234	¥0,0	¥1,234
16	1234	€0,0	€1,234

在前一節曾經說明代碼 0 的功能，就如 D3 所示會填補原數值沒有的空位。B3=32，C3=000.00，就會把 0 補上空位。在儲存格輸入電話號碼，如 0936xxxxxx 或者 028765xxxx，Excel 把它當成一組數字，所以輸入之後 0 會消失，這時可以用 TEXT 或用 **Ctrl+1** 的**數值 → 特殊**，來解決這個問題。

-(減號)、$(錢號)都可以添加以便產生會計符號，如 D4、D5，而 ,(逗號)是千位符號，所以 C7=$0,0.00，會得到 D7 的 $4,57.00 的答案。

C9=!r0c0 的應用，會在「第 3 章 座標法」做詳細的說明，這在取得表格中的字串並重新排列會產生意想不到的效果。r 是 TEXT 內定代碼，表示中華民國曆轉西元曆的前置碼，會在第 6 章的「時間整理」詳細說明。因為 r 是內定代碼，但我們想要顯示 r，所以 r 前面需要有個前置符號 ! 或 \，強制顯示 r。B9=204，C9=!r0c0，產生 D9 的 r20c4。Excel 的位址樣式有 2 種，一個是 A1；另一個是 R1C1，所以 r20c4 就是列 20 與欄 4，A1 樣式是 D20。接下來就可以透過 INDIRECT 取得位址的值。

D11 是科學記號標記法，是用在比較長的數字將它縮短，便於閱讀，但精確度就比較模糊。B11 是 8 位數，C11=0.00e+00，整數只有 1 位數，小數有 2 個，因為總共是 8 位數，e+00 就轉換成 e+07。

C12 是 #0.0E+0，整數有 2 位數，所以 D12=12.3E+6。

當然，也可以在數值之前加上貨幣符號，C13= ¢ 0,0，D13= ¢ 1,234。你可以用 ALT+162 顯示 ¢ (Cent) 符號，也可以按 **Ctrl+1→ 數值 → 貨幣 → 符號**選擇適當的貨幣符號。如果是台幣可以用 $ 或者 NT$，函數是 =TEXT(12345,"!NT$0,0")，N 是內定代碼，所以用 ! 的強制符號強制顯示。其他幣別的符號如下表。

日幣與人民幣	¥	ALT+165
歐元	€	Alt-128
美金	US$	無
英鎊	£	Alt-163
港幣	HK$	無

03 數值應用

這節要來說明一些 TEXT 數值應用上的小案例，關係第 2 引數 format_text 中的其他函數與陣列函數配合。當然，以後章節會有更進階的應用，將 TEXT 與其他函數混合應用發揮更強大的問題解決能力。

開啟「1.3 TEXT 格式代碼 - 數值 - 小案例 .xlsx」。

	B	C	D
2	資料	格式	Text
3	1	00-00	01-02
4	2	00-00	02-13
5	13	00-00	13-05
6	5		
7	2.3567	{0,1}%^5	0.3567
8			0.3567
9	1	!No!.&REPT(0,4)	No.0001
10	2		No.0002
11	13		No.0013
12	132	!r00c0	456
13	456	REPT("~?w",3)	£4 £5 £6
14	23x105x52	REPT("000\x",2)&"000"	023x105x052

D1:D5 是日期格式，上節曾說過用代碼來改變 value 的格式，加上 -（橫槓、負號或減號）可以轉為日期格式。D3=TEXT(B3*100+B4,C3)，B3*100+B4=102，而 format_text 是 00-00，橫槓後面是兩個 0，它會根據橫槓後面來分割 value，因此 102 先切割 02，再把其餘的值排放在橫槓前面，答案就是 01-02。如果 format_text=0-0，則是 10 2。它會將此種格式視為日期格式，所以，MONTH(D3)=1，取得 D3 的月份。但 MONTH(D5)=5，而 D5 的月份在橫槓的後面，因為沒有 13 月份，所以，Excel 自動判斷日期格式的月份是在後面。當然，如果是 13-15 都不是日期格式，就會被判別為一般文字格式，就無法取得月份。還有沒有年度就會判別今年度。

format_text 也可以用陣列形式，B7=2.3567，我們要取得小數部分 0.3567。format_text 是 {0,1}%^5，{0,1} 是常數陣列 (, 逗號形成橫列，而 ; 分號形成直欄)，TEXT(B7,{0,1}) 得到答案會是 2 跟 1 兩個答案，單一個 0 沒有小數點會取得整數部分，而其他數字就是其他數字，所以，1 就是 1，3 就是 3。{0,1}% 是 {0,0.01}，取得答案是 2 跟 2.41，小數後面兩個數字，B7 是小數點後四個數字，所以，我們使用 %^5 來增加小數點後的位數，形成 {0,0.0000000001}，產生答案是 {"2","2.3567000001"}，取得小數需要大數值扣掉小數值，所以，要乘上 {-1,1}，產生 {-2,2.3567000001}，最後用 SUM 加總就是 0.3567，最後一個 1 利用減少小數位數去除即可。當然，^5 也可改為 ^3 就足夠滿足位數的需求。

除了可用常數陣列以外，也可以用函數。B9:B11 是序號，要轉換成 D9:D11 的型態，所以，format_text 是 !No!.&REPT(0,4)，因為 N 與 . 是內定代碼，要用 ! 強制顯示 N 與 .。REPT 是文字重複次數，語法是：

```
REPT(text, number_times)
```

所以是重複 0 四次，產生 "!No!.0000"，得到答案就是 No.0001。

C12 的格式是 !r00c0，前一節曾經說明這是 R1C1 樣式，透過 INDIRECT 取得該位址的值。B12=123，而 D12 是 256，TEXT(B12,C12) 是 "r13c2"，就是 B13，B13 是 456，所以，INDIRECT("r13c2",) 就是反映 B13 的值，答案是 456。INDIRECT 的語法是：

```
INDIRECT(ref_text, [a1])
```

ref_text 是參照文字部分。

[a1] 是 0 的話，R1C1 樣式，可以省略 0，但保留逗號；而 1 的話，是 A1 樣式，可以省略。

B13 是 456，期望達到 D13 的 £4 £5 £6。format_text 是 REPT("~?w",3)，所以 TEXT 會得到 ~4w~5w~6w，~w 是符號，一樣顯示 ~w。因為是重複三次，所以，? 代碼就會代表 456 個別的值。我們要將 ~ 換成 £ 英鎊符號，將 w 換成空格，而符號 ~w 以任何不是內定的代碼都可以，畢竟我們要用函數將他們轉換，SUBSTITUTE 語法是：

```
SUBSTITUTE(text, old_text, new_text, [instance_num])
```

text 是文字型字串。

old_text 是文字中那些字串需要替代。

new_text 是替代成新字串。

[instance_num] 是指定第幾個字元替代，可省略。

D13 公式是：

```
SUBSTITUTE(❸
    SUBSTITUTE(❷
        TEXT(B13,REPT("~?w",3)),❶
        "~",
        "£"
    ),
    "w",
    " "
)
```

1. 將字串重複三次，如上所述。

2. 將 £ 代替 ~。

3. 將空格代替 w。

如果中間不要用空格區隔，以逗號 (,) 區隔，就必須考慮逗號 (,) 的位置。公式是：

```
MID(SUBSTITUTE(TEXT(B13,REPT("~?",3)),"~",",£"),2,10)
```

MID 是取得中間的字串，語法是：

```
MID(text, start_num, num_chars)
```

text 是文字型字串。

start_num 是從第幾個字元開始。

num_chars 是取得幾個字元。

這裡 format_text 只用 REPT("~?",3)，我們只替代一個就夠了，因為 SUBSTITUTE 所返回的值是 ", £4, £5, £6"，逗點 (,) 放在前面，所以，我們可以從第 2 個字元開始，就會排除第 1 個字元 (,)，至於 num_chars=10，超過後面字元數，仍以最後幾個字元數為準，所以，num_chars 可以設定大一點的數字，字串長度就可以彈性反應。如果逗號 (,) 在後面，" £4, £5, £6,"，就比較麻煩，因為字串長短不一，所以，先要用 LEN 判斷字元數，再減掉 1，然後，用 LEFT 得到答案，這樣操作的公式會很長。

B14=23x105x52 是才積的立方長寬高的樣式，想要成為 D14 的 3 位數的樣式，公式是：

```
TEXT(❹
    SUM(❸
        MID(❷
            SUBSTITUTE(❶
                B14,
                "x",
                REPT(" ",10)
            ),
            {1,12,23},
            10
        )*10^{6,3,0}
    ),
    REPT("000\x",2)&"000"
)
```

1. 將 x 替換成 10 個空格。所以，每組數值 (23、105 與 52) 中間有 10 個空格。
2. 透過 MID 擷取 "23   105   52" 中的數值部分，開始從第 1、12 與 23 個字元擷取，共取 10 個。*10^{6,3,0} 的意思是，每組數值以 1 後面 6 個 0、3 個 0 與 0 個 0 相乘。返回 {23000000,105000,52}。
3. 將 {23000000,105000,52} 加總，得到 23105052。
4. TEXT 的 format_text 是 REPT("000\x",2)&"000"，這個答案是 "000\x000\x000"，\ 是強制顯示 x，3 個 0 一組，得到 023x105x052。

04 將阿拉伯數字轉為國字

由於文件需求關係，常需要將阿拉伯數字轉為國字，而國字的數字也有兩種形式，如一二三與壹貳參。這節試圖用 TEXT 的 format_text 設定解決這個問題點。

開啟「1.4 TEXT 格式代碼 - 文數轉換 .xlsx」。

	B	C	D
2	資料	格式	Text
3	12345	[DBNum1]	一萬二千三百四十五
4	12350	[DBNum2]	壹萬貳仟參佰伍拾
5	12345	[DBNum3]	１萬２千３百４十５
6	12345	[DBNum1]#	一二三四五
7	12345	[DBNum2]0	壹貳參肆伍
8	12345	[DBNum3]?.0	１２３４５.０
9	251200	0萬	25萬1,200元
10	1234	0萬	1,234元
11	1234.5	[DBNum1]	一千二百三十四點五
12	1235.5	[DBNum2]	壹仟貳佰參拾伍點伍
13	1236.5	[DBNum3]	１千２百３十６點５
14	1237.5	[DBNum4]	1237點5
15	1238.5	[DBNum1]0.0	一二三八點五
16	1239.5	[DBNum2]0!.0	壹貳肆點零
17	1240.5	[DBNum3]0.0	１２４０點５
18	1241.5	[DBNum4]0.0	1241點5

通常格式應用 [DBNum] 來進行阿拉伯數字轉為國字。

[DBNum1] 是轉為一二三。

[DBNum2] 是轉為壹貳參。

[DBNum3] 是全形的１２３。

上面 3 種型態都會加入十、百、千、萬…位數。如 D3:D5。

D6 的格式是 [DBNum1]#，後面加上 #(? 與 0 均可) 能去掉十百千萬…的國字。

D8 是用 ?.0 就可以加入小數部分。

如果一樣是阿拉伯數字，但以萬為分隔點就需要應用函數功能。

LEFT 是根據指定數字取得左邊的字元，語法是：

```
LEFT(text, [num_chars])
```

text 是文字字串。

[num_chars] 是從左邊算起擷取幾個字元。

RIGHT 是根據指定數字取得右邊的字元，語法是：

```
RIGHT(text, [num_chars])
```

text 是文字字串。

[num_chars] 是從右邊算起擷取幾個字元。

D9 的公式是：

```
TEXT(❷
    LEFT(B9,LEN(B9)-4),❶
    C9
)
    &
TEXT(❹
    RIGHT(B9,4),❸
    "0,0元"
)
```

首先，要取得萬位以上合併千位以下，所以透過 LEFT 與 RIGHT 分別擷取。

1. 數值長度不固定，所以，先要用 LEN 判斷幾個字元，然後扣掉 4，4 是千位以下，接下來使用 LEFT 擷取 C9=251200 左邊算起 2 個字元 (6-4)，答案是 25。
2. 接下來，TEXT 的 format_text 是 0 萬，所以，答案就是 25 萬。

3. RIGHT 取得千位以下，就是 4 個字元，所以，答案是 1200。
4. 然後，TEXT 的 format_text 是 0,0 元，所以，答案是 1,200 元。最後合併 2 的 TEXT。

如果有小數點的話，不能在用點 (.) 代碼，必須將點 (.) 轉換國字。

D11 是：

```
SUBSTITUTE(TEXT(B11,C11),".","點")
```

用 TEXT 轉換之後，只要透過 SUBSTITUTE 將「.」轉為「點」即可。

另外，除了用 TEXT 可以轉換之外，也可以用隱藏的函數 NUMBERSTRING。如 NUMBERSTRING(12345,1) 得到的答案跟 [DBNum1] 一樣。

05 將國字轉為阿拉伯數字

有些行業會有文數字轉移的需求，包含反向轉換（一二三轉 123），如何在票據列印中文數字等。我們簡化這些問題，直接用 TEXT 來處理。

開啟「1.5 TEXT 格式代碼 - 文數轉換 - 小案例 .xlsx」。

	B	C	D
2	資料	格式	Text
3	3456	[DBNum2]0萬0千0百0拾0元整	零萬參千肆百伍拾陸元整
4	123456	[$-804][DBNum2]0万0千0百0拾0元整	壹貳万叁千肆百伍拾陆元整
5	五十六	[dbnum1]	56
6	十五	[dbnum1]	15
7	三十九	[dbnum1]	39
8	壹萬貳仟參佰伍拾元	[dbnum2]	12,350
9	123,456,000	0億0!,000萬0,千元	1億2,345萬6千元
10	12,345,000	0!,000萬0,千元	1,234萬5千元
11	13	[dbnum1]d	十三
12	32	[dbnum1]d	一
13	32	[dbnum1]	三十二
14	161241.5	美元 [DBNum2]0萬0千0百0拾0元0角0分整	美元 壹陸萬壹千貳百肆拾壹元伍角零分整
15	161241.5	[DBNum2]0角0分整	壹拾陸萬壹仟貳佰肆拾壹元伍角零分整

C3 格式是「[DBNum2]0 萬 0 千 0 百 0 拾 0 元整」，上節說明過如何顯示萬位，透過兩個 TEXT 合併就可完成。你也可以用另一種方法改變原來的數值顯示。0 如果遇到符號可以從後面開始分割，所以，B4=123456，一共 6 個數字，剛好每個 0 分配一個文字符號，一共有 5 個 0，第 1 個 0 分配 2 個是 12，所以就是 12 萬，然後透過 [DBNum2] 轉換成壹貳萬。

但這個方法也有個問題，B3 是 3456，會得到「零萬參千肆百伍拾陸元整」。所以，如果不要萬字的話，可以用 IF 來判斷數值長度，來決定是否顯示萬字。

C4 的 [$-804] 是顯示簡體字，[$-404] 是繁體字，但系統自訂為繁體字，所以，我們常常省略標示。萬的簡體字是万，但這裡並不會轉換成功，所以 C4 就輸入万字。

D5 是如何將中文的五十六數字轉換成阿拉伯數字。

D5 的公式是：

```
MAX(❹
    (SUBSTITUTE(❸
        TEXT(❷
            ROW($1:$64),❶
            C5
        ),
        "一十",
        "十"
    )=B5
    )*ROW($1:$64)
)
```

1. 首先，用 ROW 函數建立 1 到 64 的數字，大小要根據你要轉換的中文數字而定。
2. 然後，用 TEXT 將這些數字轉換成中文數字，一、二、三…六十四。
3. TEXT 轉換 11 會是一十，一般而言，我們會用十比較多，所以，要用 SUBSTITUTE 函數將一十替代為十。並判斷是否等於 B5，也就是五十六，因為 ROW 建立了一組數字陣列，所以，會從一開始一個一個比對 B5(五十六)，正確就是 TRUE；錯誤就是 FALSE。
4. 然後，再乘上 ROW(1:64)，TRUE 是 1，FALSE 是 0，所以，只有五十六是正確，TRUE 乘上 56 還是 56，而其他都是 0(FALSE)。最後用 MAX 找出陣列最大的數，就是 56。

當然，也可以用另外一個方法，MATCH 是查閱值比對陣列之後，正確就反映序列值，它的語法是：

```
MATCH(lookup_value, lookup_array, [match_type])
```

lookup_value 是查閱值。

lookup_array 是查閱值比對的陣列值。

[match_type] 是查閱值是否跟陣列值完全比對或模糊比對。

D8 的公式是：

```
MATCH(❷
     B7,
     TEXT(ROW($1:$64),C7),❶
     0
)
```

1. 就如上所述，將 ROW 所建立的數字序列轉換成中文數字。
2. B7 是查閱值三十九，比對 TEXT 陣列，第 3 引數是 0 表示完全比對才是 TRUE。因為 MATCH 是返回數值序列，所以，答案就是 39。

D9 是將億位顯示出來，只取千位以上，format_text 是「0 億 0!,000 萬 0, 千元」。逗號 (,) 是千位數，「0, 千」的逗號 (,) 後面沒有 0，所以，省略千位後面的數字。萬最多千萬，進位之後是億，千是 4 個數字，所以，「0!,000 萬」要將逗號 (,) 使用 ! 強制顯示，最後，後面根據 0 的個數分配之後，其餘都是第 1 個 0。取得答案是 1 億 2,345 萬 6 千元。

D10 的公式是另一種方法，判斷數值長度來決定是否要用億位或只用萬位。

CHOOSE 是判斷第 1 引數的數值來決定執行 value。

```
CHOOSE(index_num, value1, [value2], ...)
```

index_num 是指定要執行的數值。

value1 是根據第 1 引數的 index_num 來執行。如 1 就執行 value1，2 就執行 value2…以此類推。

LOG 是對數，這個函數內定以 10 為底。

```
LOG(number, [base])
```

number 是正實數。

[base] 是對數的底數，可選擇性，假設為 10。

```
TEXT(❸
    B10,
    CHOOSE(❷
        LOG(B10/10^6)+1,❶
        "0萬0,千元",
        C10,
        C9
    )
)
```

1. 原則上，LOG(10)=1，LOG(100)=2，這是以 10 為底，所以，10 的 1 次方是 10，10 的 2 次方就是 100。B10=12345000 除以 10^6 等於 12.315，LOG(12.315)=1.09 再加 1 就是 2.09。
2. 然後，CHOOSE 根據 index_num 判斷來執行第幾個值，這個是 2.09 會歸在 2 這個數字，就是執行 C10=0!,000 萬 0, 千元。
3. 最後根據 TEXT 轉為中文數值。

如果我們想要一個儲存格一個數字的話，可以用 G3 的公式。

	E	F	G	H	I	J	K
2		金額	萬	千	百	十	元
3		1234	〇	一	二	三	四
4		590	零	零	伍	玖	零
5		53891	5	3	8	9	1

365 版是動態陣列，如果是舊版需要用 CSE 公式 (按 Ctrl+Shift+Enter)。

G3 的公式是：

```
TEXT(❸
    MID(❷
        TEXT(F3,"00000"),❶
        COLUMN(A$1:E$1),
        1
    ),
    "[dbnum1]"
)
```

1. 要填滿萬位必須有 5 個數字，所以，用 TEXT 將 F3 轉換成 5 個數字，沒有數字的位置填上 0，所以，答案是 01234。

2. MID 的第二引數是 COLUMN(A1:E1)。ROW 建立直向序數陣列，COLUMN 就是建立橫向序數陣列，所以，答案是 {1,2,3,4,5}。第三引數是 1，表示擷取 1 個數字，因此，01234 置入 5 個橫向的儲存格。

3. 最後，用 TEXT 的 [dbnum1] 將 012345 轉換成〇一二三四。

06 添加文字

前面曾經說明如何加入符號，這節要繼續探討添加文字的方法，其實文字也是符號的一種，添加方式也是類似。

開啟「1.6 TEXT 格式代碼 - 添加文字 .xlsx」。

	B	C	D
2	資料	格式	Text
3	12345	0.0,k	12.3k
4	12345	#!.0,萬	1.2萬
5	12345	#!.0000萬元	1.2345萬元
6	1234000000	$0,0,,!M	$1,234M
7	1315	0-00之間	13-15之間
8	654321	#° 00' 00"	65° 43' 21"
9	2345	REPT("0- ",4)	200元 300元 400元 500元
10	2022/6/10	ggggy年m月d日	今天是： 中華民國111年6月10日
11	212345678	00-00000000	02-12345678

C3 的格式是「0.0,k」，我們曾經說過逗號 (,) 是千位代碼，可以插入數值中，區隔千位上下的數字。所以，我們利用這個特性可以使用 k 來顯示數值，去掉千位以下的數字。B3=12345，得到的答案 D3 是 12.3k。

C4 是「#!.0, 萬」，也可以用這種方式只顯示萬元單位。

C6 的格式是「$0,0,,!M」，百萬位必須用兩個逗號 (,)，M 是內定代碼，所以必須用驚嘆號 (!) 來強制顯示 M，最後得到 D6=$1,234M。如果想要顯示百萬位以下，可以用「$0,0,,.0!M」這個格式，B6 改為 1234500000，則 D6=$1,234.5M。

C7 的格式是「0-00 之間」，B7=1315，透過橫槓 (-) 可以區隔數值，以橫槓 (-) 後面數字量來區隔，是兩個 0，所以，答案是 13-15 之間。如果是 1 個 0，就是 131-5 之間。

C8 是「#° 00' 00''」，這是經緯度區隔方法，D8= 65° 43' 21''。

C10 是「ggggy 年 m 月 d 日」，4 個 g 是中華民國曆的顯示方式，內定代碼之一。D10 的公式是：

```
"今天是："&CHAR(10)&TEXT(B10,C10)
```

CHAR(10) 是自動換行碼，所以，得到的答案是：

```
今天是：
中華民國111年6月10日
```

gggg 將西元曆改為中華民國曆。關於日期時間的轉換，會在後面章節仔細説明。

C11 的格式是「00-00000000」，這是用在電話號碼，因為 EXCLE 填入數值時，會將前面的 0 自動去除，造成電話號碼的顯示錯誤，利用 0 代碼可以保留的特性，就可以完整顯示電話號碼，最後 D11=02-12345678。

07 添加文字進階版

本節應用 TEXT 添加文字功能配合函數進行比較深入的操作。

開啟「1.7 TEXT 格式代碼 - 添加文字 - 小案例 .xlsx」。

	B	C	D
2	資料	格式	Text
3	2022/6/10 14:51	ggge[dbnum1]年	中華民國一一一年第一二三號
4	123	第0[dbnum1]號	
5	2020/10/5	r年m月帳	109年10月帳
6	2020/12/25	r年m月帳	110年1月帳
7	上午 08:13:00	00	08-上半小時
8	上午 07:27:00	00	07Q2
9	35	0,k	35k
10	15,000	.00!M	15k
11	123,000		123k
12	1,584,000		1.58M
13	16,972,000		16.97M

D3 的中華民國一一一年通常不是習慣用詞，大部分使用中華民國一百一十一年，所以，本來 D3 的公式是 TEXT(B3,C3)&TEXT(B4,C4)，格式在 C3:C4，g 的代碼在前一節已經解釋過了。但在 [DBNum] 的格式中有任何符號或代碼就會將萬千百位去除，所以，改成：

```
"中華民國"&TEXT(YEAR(B3)-1911,"[dbnum1]")&"年"&TEXT(B4,"第0[dbnum1]號")
```

將中華民國與年放在 TEXT 外面用 & 連結，然後用 YEAR(B3)-1911 來取得民國紀年。

C5 的格式是 r 年 m 月帳，假設貨款設定時，是以 25 日為截止日，25 - 月底算下個月的帳，所以，我們必須計算付款月份是這個月還是下個月。月份計算有幾個方法，比較簡單的是 EDATE，這是顯示當日根據正負值來增減月份與 EOMONTH 也是根據正負值來增減月份，但不是顯示當日而是月底。

EOMONTH(start_date, months) 與 EDATE(start_date, months) 語法一樣

start_date 是開始的日期。

Months 是以數值表示，正值是加上 start_date 月份，負值是減掉 start_date 月份，0 是 start_date 月份。

D5 的公式是：

```
IF(❶
    (DAY(B5)>=25)*(DAY(B5)<=31),❷
    TEXT(EDATE(B5,1),C5),❸
    TEXT(B5,C5)❹
)
```

通常 IF 是三段論，如果沒有第 3 引數就是 2 段而已，其語法是：

```
IF(logical_test, value_if_true, [value_if_false])
```

logical_test 是邏輯判斷，TRUE 或 FALSE。

value_if_true 是 logical_test=TRUE，就執行這引數。

[value_if_false] 是 logical_test=FALSE，就執行這引數。有中括號 [] 是可選擇性。

1. 這裡 IF 是三段論，判斷 logical_test 的 T/F。
2. 這是判斷是否為 25 以後到 31 的日期，DAY 可取得 B5 日期的日別。星號 (*) 有邏輯 AND 的意思，但 AND 函數是返回一個值，而星號 (*) 可以取得陣列值。其實星號 (*) 是乘號，1*1=1，1*0 或 0*1=0，1 是 TRUE；0 是 FALSE。DAY(B5)>=25 是 FALSE，DAY(B5)<=31 也是 FALSE，相乘之後，返回 0 是 FALSE。
3. EDATE(B5,1) 的 B5 是 2020/10/5，第二引數是 1，所以是 10+1=11，但是 IF 的 logical_test 是 0，不會執行這裡。

4. TEXT(B5,C5)，C5= r 年 m 月帳，r 是將西元曆轉為民國曆，m 是取得月份，所以，答案是 109 年 10 月帳。

D7 是判斷 B7 的時間是在上或下半小時。其公式是：

```
TEXT(HOUR(B7),C7)❶
    &
IF(❷
    MINUTE(B7)<30,
    "-上半小時",
    "-下半小時"
)
```

1. HOUR(B7) 是取得 B7 的小時，是 8。TEXT 將 8 轉換成 08。
2. MINUTE(B7) 是取得 B7 的分鐘，是 13，判斷是否小於 30，是的話，「顯示 - 上半小時」，不是的話，「顯示 - 下半小時」。

D7 是以半小時為判斷基礎，而 D8 是以 15 分鐘為判斷基礎。

LOOKUP 的語法是：

```
LOOKUP(lookup_value, lookup_vector, [result_vector])
```

lookup_value 是查閱值。

lookup_vector 是向量範圍。

[result_vector] 是向量查閱結果，如果沒有此引數，結果就是 lookup_vector。

一般而言，如 VLOOKUP 或 MATCH 的查閱方式是以表格為準，而 LOOKUP 是以向量形式，不一定是表格，lookup_vector 如果是 A1:A3，result_vector 可以是 B1:D1，也可以是 B1:B3，只要範圍一致即可。LOOKUP 以 2 分法查閱資料，如果想要進一步了解可以參考拙著《Excel 彙總與參照函數精解》的詳細說明。

D8 的公式是：

```
TEXT(HOUR(B8),"00")❶
    &
LOOKUP(❷
    MINUTE(B8),
```

```
    {0,15,30,45},
    {"Q1","Q2","Q3","Q4"}
)
```

1. TEXT 取得 B8 的小時，答案是 07。

   MINUTE 是取得 B8 的分鐘，答案是 27 分鐘。

2. Lookup_vector={0,15,30,45}，這是查閱常數陣列，27 分鐘是位於 15 到 30 之間，通常會反映上面一個，所以，是第 2 個 15。result_vector 是 {"Q1","Q2","Q3","Q4"}，第 2 個是 Q2。因此，答案是 07Q2。

D9 將不同數值以 k 與 M 為單位顯示簡約數值，它的公式是：

```
IF(❶
    B9<1000,
    TEXT(B9*1000,C$9),❷
    IF(❸
        B9>=10^6,
        TEXT(B9/10^6,C$10),❹
        TEXT(B9,C$9)
    )
)
```

1. 這是巢狀 IF，也就是 IF 裡面也有 IF。第一引數是 B9<1000，數值小於 1000 就跳到第 2 引數，如果大於等於 1000 就到第 3 引數，第二個 IF。

2. TEXT(B9*1000,C$9)，B9*1000 是數值乘上 1000，本來不用計算，但提出問題的人希望要乘上 k 值。C9 是「0,k」，所以，答案是 35k。

3. 第 3 引數是大於等於 1000 的地方，第二個 IF，這個 IF 的第 1 引數是 B9>=10^6，6 個 0 與 1 個 1 是 1 百萬，TRUE 的話，來到第 2 引數。

4. TEXT(B9/10^6,C$10)，上節我們使用 2 個逗號 (,,) 來表示百萬位，這次用 B9/1 百萬的方式。C10 是「.00!M」，以 B12 是 1,584,000 為例，除以 1 百萬是 1.584，所以，D12 的答案是 1.58M。

08 一格一數字的表單合計數字轉國字

曾經提過如何將數字轉國字，這次除了一格一數字轉換以外，也要用函數計算單格數字。首先，用 SUM 計算全部的數值，然後，用 MID 一個一個取出數字，最後，用 TEXT 進行轉換。

開啟「1.8 表單合計數字轉國字 - 一格一數字 .xlsx」。

	B	C	D	E	F	G	H	I	J	K	L	M	N	O
2	項目：		拾	萬	仟	佰	拾	元	合計					
3				1	2	3	6	0	12360					
4				7	4	7	7	0	74770					
5			1	2	8	5	7	6	128576					
6		合計	2	1	5	7	0	6	215706					
7														
8	問題：	表單合計數字轉國字-一格一數字												
9	解答：	1	貳	壹	伍	柒	零	陸						
10		2	二	一	五	七	〇	六						
11		3	貳	拾	壹	萬	伍	仟	柒	佰	零	拾	陸	元
12		4	二	拾	一	萬	五	仟	七	佰	〇	拾	六	元
13		5	新台幣貳拾壹萬伍仟柒佰零陸元整											

C2:I5 是一個儲存格只有一個數字，通常出現在票據或特殊文件中，要合計這些數字，需要一些函數技巧。J 欄是每列的合計。

列 9:13 有 5 種顯示合計的方法，第 1、5 種是用 TEXT 轉換即可，前面已經說明過了。第 2 種方法是加總 D3:I5 之後再進行函數加總。

D10 的公式是：

```
TEXT(❸
    MID(❷
        SUM($D$3:$I$5*10^(6-COLUMN($A:$F))),❶
        COLUMN(A1),
        1
    ),
```

```
    "[dbnum1]"
)
```

1. 這是計算 D3:I5 的資料，6-COLUMN($A:$F) 會建立 543210 的倒序數陣列。10^(6-COLUMN($A:$F)) 會產生 10 的 5 次方、10 的 4 次方…到 10 的 0 次方。$D$3:$I$5*10^(6-COLUMN($A:$F)) 是將表格資料乘上 10 的 5 次方到 10 的 0 次方，所以產生了：

6-COLUMN($A:$F)	5	4	3	2	1	0
10^(6-COLUMN($A:$F))	100000	10000	1000	100	10	1
$D$3:$I$5*10^(6-COLUMN($A:$F))	0	10000	2000	300	60	0
	0	70000	4000	700	70	0
	100000	20000	8000	500	70	6

   然後用 SUM 加總這些數值，答案是 215706。

2. 使用 MID 將 215736 一個一個擷取出來，COLUMN(A1)=1，向右拖曳複製時，就會轉成 COLUMN(B1)，答案是 2，以此類推。

3. 最後，將每個數字透過 TEXT 將阿拉伯數字轉為中文數字。

我們也可以先把萬、千、百、拾、元等單位先間隔放在儲存格上，然後，再計算每個單位的數字。

D11 的公式是：

```
NUMBERSTRING(❹
    RIGHT(❸
        INT(❷
            SUM($J$3:$J$5)
                /
            10^(7-COLUMN()/2)❶
        )
    ),
    2
)
```

1. COLUMN() 是反映當前欄的值，在 D 欄是 4，隨著往右拖曳複製後，值也會跟著變化。COLUMN()/2 往右拖曳複製形成

COLUMN()/2	2	2.5	3	3.5	4	4.5	5	5.5	6	6.5	7
7-COLUMN()/2	5	4.5	4	3.5	3	2.5	2	1.5	1	0.5	0
10^(7-COLUMN()/2)	100000	31622.8	10000	3162.28	1000	316.228	100	31.6228	10	3.16228	1

每隔一格以 10 的 5 次一直到 10 的 1 次方顯示結果。

2. 經過 SUM 合計值除以 10^(7-COLUMN()/2)，然後，取整數 INT 形成：

SUM	2.15706	6.82122	21.5706	68.2122	215.706	682.122	2157.06	6821.22	21570.6	68212.2	215706
INT	2	6	21	68	215	682	2157	6821	21570	68212	215706

然後，用 RIGHT 取出數值右邊第 1 個 。

RIGHT	2	6	1	8	5	2	7	1	0	2	6

2 1 5 7 0 6 合計值的間隔儲存格是輸入單位。

3. 最後，用 NUMBERSTRING 轉換成中文數字。

CHAPTER

02

合併串接

字串合併是常見的資料整理需求，可以用函數CONCATENATE、PHONETIC，還有&符號，這是新舊版都可以用，但各有其缺點，CONCATENATE與&符號無法將陣列彙總成一格，所以，要串接字串時，只能一格一格處理，而PHONETIC不能處理數值。雖然如此，我們也可以用輔助欄完成陣列串接。

新版的Office增加了幾個合併功能的函數，如TEXTJOIN、CONCAT、ARRAYTOTEXT。如果你只是想要合併的結果，可以到Excel Online或Google試算表操作，利用新函數來取得成果。

本章重點

01 將客戶數量跟產品合併

將數字與表頭合併形成數量跟品項的結合，方便與快速地了解資料的意義。我們將利用 IF 進行大於 0 的判斷，是的話，就用 & 符號將數字與品項串接。

開啟「2.1 將客戶數量跟產品合併 .xlsx」。

	A	B	C	D	E	F	G	H
2		項目：	客戶	雞	鴨	牛	豬	羊
3			小李	1	2	0	1	3
4			老王	0	0	0	2	2
5			小周	2	0	4	3	0
6			阿德	3	3	2	1	0
7			阿北	1	4	1	0	1
8			吉仔	1	0	2	2	0
9								
10		問題：	將客戶數量跟產品合併					
11		解答：	客戶	彙總_1	彙總_2			
12			小李	1雞2鴨1豬3羊	1雞2鴨1豬3羊			
13			老王	2豬2羊	2豬2羊			
14			小周	2雞4牛3豬	2雞4牛3豬			
15			阿德	3雞3鴨2牛1豬	3雞3鴨2牛1豬			
16			阿北	1雞4鴨1牛1羊	1雞4鴨1牛1羊			
17			吉仔	1雞2牛2豬	1雞2牛2豬			

D12 的公式很簡單，只能用比較少的項目，太多就不適合。公式如下：

```
IF(D3,D3&D$2,"")
    &
IF(E3,E3&E$2,"")
    &
IF(F3,F3&F$2,"")
    &
IF(G3,G3&G$2,"")
    &
IF(H3,H3&H$2,"")
```

原則上IF第1引數是判斷D3是否為TRUE，這裡TRUE就是>=1時，就執行D3&D2，因為&符號不能將陣列匯集成一格，所以只能一個一個地處理。一共有5個產品項目，所以要用5個IF。D3等於0的話，就來到第3引數，空字串。

E12的公式是：

```
CONCAT(
    IF(D3:H3,D3:H3&D$2:H$2,"")
)
```

CONCAT適用於2016以後版本，它的語法是：

```
CONCAT(text1, [text2],…)
```

text1是連結的字串。

所以這個IF可以使用陣列，得到{"1雞","2鴨","0牛","1豬","3羊"}。因為F3=0，所以，牛就不會顯示，答案是1雞2鴨1豬3羊。

當然，你的連結的項目比較多，又不能使用CONCAT時，最好使用網路版Excel或GOOGLE SHEETS，還有輔助欄，後面章節會說明如何應用。

02 從字串中插入特定文字

我們將說明如何將字串分開，然後插入字元，接下來合併。用 FIND 找出分開點，然後用 LEFT 取出前段，& 符號合併新字元，SUBSTITUTE 將字串全段刪除，最後，合併剩餘後半段。

開啟「2.2 從字串中插入特定文字 .xlsx」。

	B	C
2	項目：	house/table/unit0123451_233.jpg
3		house/chair/unit5432101_234.jpg
4		house/sofa/unit6789121_235.jpg
5		
6	問題：	在字串中插入特定文字
7	解答：	house/table/unit012345/1_233.jpg
8		house/chair/unit543210/1_234.jpg
9		house/sofa/unit678912/1_235.jpg
11		house/table/unit012345/1_233.jpg
12		house/chair/unit543210/1_234.jpg
13		house/sofa/unit678912/1_235.jpg

拆字要找到共同特性，不然就必須進行多次拆解。C2:C4 希望在字串中的「1_」之前插入斜線 (/)，這是一個特性，另外一個是「unit」後面第 6 個需要截斷。

FIND 是找關鍵字在字串的位置，所以，找到之後會返回數字，其的語法是：

```
FIND(find_text, within_text, [start_num])
```

find_text 是要搜尋的關鍵字。

within_text 是字串。

[start_num] 是從字串中的第幾個字開始搜尋。

C7 的公式是：

```
LEFT(❷
    C3,
    FIND("unit",C3)+9❶
)
    &"/"&❸
SUBSTITUTE(❹
    C3,
    LEFT(C3,FIND("unit",C3)+9),
    ""
)
```

1. 首先，FIND 的第 1 引數是搜尋 "unit"，文字範圍是 C3，答案是 13，再加 9 是 22。

2. LEFT 擷取 C3 的前 22 個的字元。

3. 合併斜線 (/) 符號。

4. SUBSTITUTE 的第 1 引數是 C3，以第 3 引數的空字串取代第 2 步驟的前 22 個的字元，所以，會得到第 23 字元以後的部分。

也可以用 C11 的公式：

```
REPLACE(old_text, start_num, num_chars, new_text)
```

old_text 是要處理的字串。

start_num 是開始的字元位置。

num_chars 是要替換的字元數。

new_text 是新字元。

REPLACE 跟 SUBSTITUTE 都是替換字串的函數，REPLACE 是以字串中的位置開始的字元數量來替換，而 SUBSTITUTE 是以新字元來替換舊字元。

```
REPLACE(
    C2,
    FIND("unit",C2)+9,
    1,
    MID(C2,FIND("unit",C2)+9,1)&"/"
)
```

start_num 是 第 22 個字 (5)，num_chars 是 1，就是只有 5 要被替代，new_text 的 MID 取得 "5" 這個字並合併 "/"，所以，就是取出 "5" 被 "5/" 替代。

當然，也可以用這個公式：

```
LEFT(C2,FIND("1_",C2)-1)&"/"&MID(C2,FIND("1_",C2),10)
```

原則上跟上面兩個公式類似，只是 FIND 的 find_text 是 "1_"。用 LEFT 擷取前半段，合併 "/" 與 MID 擷取出來的後半段。

03 根據調查結果列出家庭成員及人數

這次我們要根據條件列出資料放在單一儲存格。如果列出陣列比較簡單，但放在同一格，就要有點技巧，這個技巧是舊版必須了解的，是要建立輔助欄來解決問題。當然如前節所述，也可以用新函數輕易解決難題。首先，必須用 IF 與 COUNTIF 判斷家裡的成員，然後，用 LOOKUP 找出最後一個資料合併。

開啟「2.3 根據調查結果列出家庭成員及人數 .xlsx」。

	B	C	D	E	F	G	H	I	J
2	項目：	家庭成員調查							
3		親屬	O有X無	人數		輔助欄			
4		爺爺	X	0		爺爺			
5		奶奶	O	1		奶奶			
6		父親	O	1		奶奶、父親			
7		母親	O	1		奶奶、父親、母親			
8		哥哥	O	2		奶奶、父親、母親、哥哥			
9		姊姊	X	0		爺爺、姊姊			
10		弟弟	X	0		爺爺、姊姊、弟弟			
11		妹妹	O	1		奶奶、父親、母親、哥哥、妹妹			
12									
13	問題：	根據調查結果列出家庭成員及人數							
14	解答：	家庭成員是奶奶、父親、母親、哥哥、妹妹共有8名							
15		奶奶、父親、母親、哥哥、妹妹							
16		奶奶, 父親, 母親, 哥哥, 妹妹							

輔助欄 G4 的公式是：

```
IF(❶
    COUNTIF(D$4:D4,D4)=1,❷
    C4,
    LOOKUP(1,0/(D$3:D3=D4),G$3:G3)❸
        &"、"&C4
)
```

1. IF 的 logical_test 是用 COUNTIF 判斷是否為 TRUE，是的話，就執行 value_if_true，C4= 爺爺；不是的話，就執行 value_if_false 的 LOOKUP 函數。

2. 利用 COUNIF 計算 D 欄 D$4:D4 的 "X"，等於 1 就是 TRUE。D$4:D4 往下拖曳複製時，會成為 D$4:D5、D$4:D6，計算範圍逐漸擴大。如此，可以顯示 C 欄第 1 個 "O" 或 "X" 的親屬名稱。如 G4 與 G5。

3. LOOKUP 是查閱函數，lookup_vector 是 0/(D$3:D3=D4)，找到 lookup_value 查詢後，依照序號會反映到 result_vector。

序號	D 欄	D$3:D10=D11	0/(D$3:D10=D11)	G 欄
1	O 有 X 無	FALSE	#DIV/0!	輔助欄
2	X	FALSE	#DIV/0!	爺爺
3	O	TRUE	0	奶奶
4	O	TRUE	0	奶奶、父親
5	O	TRUE	0	奶奶、父親、母親
6	O	TRUE	**0**	**奶奶、父親、母親、哥哥**
7	X	FALSE	#DIV/0!	爺爺、姊姊
8	X	FALSE	#DIV/0!	爺爺、姊姊、弟弟

在此以 G11 為例，LOOKUP(1,0/(D$3:D10=D11),G$3:G10)，LOOKUP 的特性是找不到會反映最後一個 (原則上是二分法來進行搜尋)。所以，lookup_value=1，搜尋不到就反映最後一個 0，也就是第 6 個，result_vector 的第 6 個是 " 奶奶、父親、母親、哥哥 "。最後，合併 "、" 與 C4，所以答案是 " 奶奶、父親、母親、哥哥、妹妹 "。

C14 的公式是：

```
"家庭成員是"&LOOKUP("龜",G:G)&"共有"&COUNT(E:E)&"名"
```

LOOKUP(" 龜 ",G:G) 的原理跟上面是一樣， lookup_value 使用龜字，是因為搜尋數值比 lookup_rector 數值還大才有用。但龜字是文字型，所以，用 CODE 可以知道他的字碼。通常筆劃多的，用 CODE 轉換出來的字碼會更大，但這不一定，實際狀況要另外用 CODE 判斷。

C15 是用新函數。

TEXTJOIN 是合併文字字串的函數，其語法是：

```
TEXTJOIN(delimiter, ignore_empty, text1, [text2], …)
```

delimiter 是文字跟文字中的分隔符號。

ignore_empty 是 TRUE 的話，忽略空白儲存隔，可省略。

text1 是要合併的文字字串。

FITER 是可以根據條件來篩選資料函數。

```
FILTER(array,include,[if_empty])
```

array 是需要篩選的資料陣列。

include 是條件句的陳述，要用布林值，與 array 的範圍相同。

[if_empty] 是如果空白，需要顯示的訊息。

```
ARRAYTOTEXT(array, [format])
```

array 是需要合併的資料陣列。

[format] 是格式顯示方式，0 是逗號 (,)，可省略；1 是分號 (;)，外面多一個大括號 ({})。

C15 的公式是：

```
TEXTJOIN("、",,FILTER(C4:C11,D4:D11="O"))
```

這個很好理解，D4:D11="O" 是 TRUE 的話，就顯示 C 欄的值，有點像 LOOKUP 系列的函數，只是它只能返回單值，而 FILTER 是陣列。最後，將這些值合併，中間以 "、" 分隔。

C16 是：

```
ARRAYTOTEXT(FILTER(C4:C11,D4:D11="O"))
```

這個函數的字串與字串之間，以逗號 (,) 分隔。

TEXTJOIN 與 ARRAYTOTEXT 都是很好用的字串合併的新函數。

再次説明 365 版是動態函數，不用 CSE 公式，如果你是舊版開啟檔案時，會自動標上大括號 ({})，在其他地方使用時，記得按 CSE 組合鍵。

04 員工案件依條件分組並合併分析

我們將資料根據按件來分組，然後將各組別的員工合併。這裡合併的方法跟新版一樣，舊版跟上節不同。首先，用 LOOKUP 分組，然後，使用 IF 判斷符合條件的陣列資料，用 SMALL 找出最小值，接下來 INDEX 列出，最後合併後一個資料。

開啟「2.4 員工案件依條件分組並合併分析 .xlsx」。

	A	B	C	D	E	F	G	H
2		項目：	員工	月份	案件		組別	案件
3			Amy	1	56		A	20-40
4			Amy	2	42		B	41-60
5			Amy	2	22		C	61-80
6			Robert	1	33			
7			Robert	1	48			
8			Robert	3	75			
9			Robert	4	55			
10			Peter	2	15			
11			Peter	2	46			
12			Peter	4	39			
13			Peter	4	56			
14								
15		問題：	員工案件依條件分組並合併分析					
16		解答：	員工	月份	平均	組別		
17			Amy	1	56	B		
18			Amy	2	32	A		
19			Robert	1	40.5	A		
20			Robert	3	75	C		
21			Robert	4	55	B		
22			Peter	2	30.5	A		
23			Peter	4	47.5	B		

C2:E13 是資料表，G2:H5 是分組表。

E17:E23 是各員工的按件平均數。

AVERAGEIFS 是依據條件句來進行資料平均，這個函數可多條件，而 AVERAGEIF 是單條件平均。

這個語法是：

```
AVERAGEIFS(average_range, criteria_range1, criteria1, [criteria_range2, criteria2], ...)
```

average_range 是要平均的範圍。

criteria_range1 是準則範圍。

criteria1 是準則判斷，可以是數值、文字，判斷式、儲存格的值。

E17 的公式是：

```
AVERAGEIFS(E$3:E$13,C$3:C$13,C17,D$3:D$13,D17)
```

一共有兩個準則，一個是員工的判斷；另一個是月份的判斷。

average_range 是 E$3:E$13，計算案件平均。

criteria_range1 是 C$3:C$13，準則範圍是員工。

criteria1 是判斷 C17=Amy 是否符合員工準則範圍的值。

criteria_range2 是 D$3:D$13，準則範圍是月份。

criteria2 是判斷 D17=1 是否符合月份準則範圍的值。

F17 的公式是：

```
LOOKUP(E17,{20,41,61},{"A","B","C"})
```

lookup_vector 與 result_vector 除了可以範圍樣式，也可以使用常數陣列，但範圍要一致，E17=56，介於 41-61 之間，所以是第 2 個 41，result_vector 的第 2 個是 B。

當然，也可以使用 VLOOKUP，只是分組表需要更改，F3:F5 填入 20、41 與 61。

VLOOKUP 根據查閱值來搜尋陣列表來找到適當的值。

語法是：

```
VLOOKUP (lookup_value, table_array, col_index_num, [range_lookup])
```

lookup_value：查閱值。

table_array：陣列表，搜尋的範圍，查閱值會比對陣列表格第 1 欄。

col_index_num：陣列表的序列值，第 1 欄是 1，以此類推，就是預期顯示的直欄。

[range_lookup]：是模糊搜尋與完全符合搜尋的選擇。

公式是 VLOOKUP(E17,F$3:G$5,2,1)，也能得到正確分組。

lookup_value：E17(Amy)。

table_array：F$3:G$5(分組表)，F3:F5 與 E17 進行比對。

col_index_num：2(G 欄組別)，比對正確，顯示組別值。

[range_lookup]：1 是模糊搜尋，可省略。LOOKUP 搜尋方式也是模糊搜尋。

	A	B	C	D	E	F	G
15		問題：	員工案件依條件分組並合併分析				
16		解答：	員工	月份	平均	組別	
17			Amy	1	56	B	
18			Amy	2	32	A	
19			Robert	1	40.5	A	
20			Robert	3	75	C	
21			Robert	4	55	B	
22			Peter	2	30.5	A	
23			Peter	4	47.5	B	
24							
25			組別	員工	員工		
26			A	Amy Robert Peter	Amy Robert Peter	Robert Peter	Peter
27			B	Amy Robert Peter	Amy Robert Peter	Robert Peter	Peter
28			C	Robert	Robert		

接下來各組的員工名稱列出來。

D26 的公式是：

```
TEXTJOIN(CHAR(10),,FILTER($C$17:$C$23,($F$17:$F$23=C26)))
```

FILTER 會得到 {"Amy";"Robert";"Peter"}。

TEXTJOIN 的分隔符號 CHAR(10) 是斷行，因此 3 個答案同在一格並以每隔一行顯示。

前一節使用 IF(COUNTIF(LOOKUP())) 來串接適當的字串，最後用 LOOKUP 來顯示符合條件的陣列最後一筆資料。這次我們利用另外一種方法。

E26 的公式是：

```
IFERROR(❹
    INDEX(❸
        $C$17:$C$23,
        SMALL(❷
            IF($F$17:$F$23=$C26,ROW($1:$7)),❶
            COLUMN(A1)
        )
    )&CHAR(10)&F26,
    ""
)
```

1. IF 是判斷 F 欄組別是否等於 C26=A，是的話，顯示序號。答案是 {FALSE;2;3;FALSE;FALSE;6;FALSE}。
2. SMALL 是找出最小值，COLUMN(A1)=1，所以是顯示第一小的值，答案是 2。
3. INDEX 是顯示 C17:C23 的第 2 個值，C18=Amy。後面串接斷行 CHAR(10) 跟 F26。F26=Robert 與 Peter，所以，答案是 Amy、Robert 與 Peter。
4. IFERROR 的第 1 引數 value 是錯誤值時，就在第 2 引數 value_if_error 顯示自訂值，這裡是空字串。

F26 的 IF 也是取得 {FALSE;2;3;FALSE;FALSE;6;FALSE}，但往右拖曳複製時，變成 COLUMN(B1)=2，第 2 最小值是 3，C19=Robert。

上節的公式要用 LOOKUP 找到符合條件的最後一個值，這裡不用這個方法，直接把原本最後值放到最前面，就是答案。

05 根據符號將表格表頭與側欄項目合併

這個問題比較難一點，需要將符合產品名稱與尺寸的標記符號搜尋出來，顯示左側產品名稱，並合併表頭的尺寸。用 IF 將有標誌符號轉為座標，SMALL 找出最小值，然後，用 LEFT 取出左邊第一個數值，接著以 INDEX 顯示產品名稱，合併 INDEX 取得的尺寸。

開啟「2.5 根據符號將表格表頭與側欄項目合併 .xlsx」。

	A	B	C	D	E	F	G
2		項目：	產品	XL	L	M	S
3			背心				●
4			外套	●		●	
5			西裝			●	
6			長褲		●		
7			皮帶	●			●
8							
9		問題：	根據符號將表格表頭與側欄合併				
10		解答：	組合				
11			背心_S				
12			外套_XL				
13			外套_M				
14			西裝_M				
15			長褲_L				
16			皮帶_XL				
17			皮帶_S				

C2:G7 是產品的尺寸表，要將有符號的產品尺寸合併顯示。

C11 的前半段公式是：

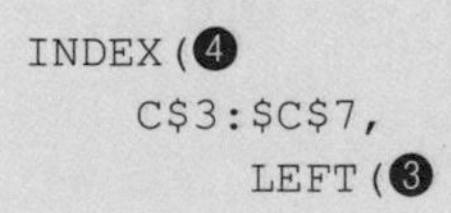

```
INDEX(❹
    C$3:$C$7,
        LEFT(❸
```

```
          SMALL(❷
               IF(D$3:G$7="●",--(ROW($1:$5)&COLUMN(A:D))),❶
          ROW(A1)
          )
     )
)
```

1. IF 的 logical_test 是 D3:G7="●"，如果是的話，就來到第 2 引數，建立了下面左邊表格。

11	12	13	**14**
21	22	**23**	24
31	32	**33**	34
41	**42**	43	44
51	52	53	**54**

→

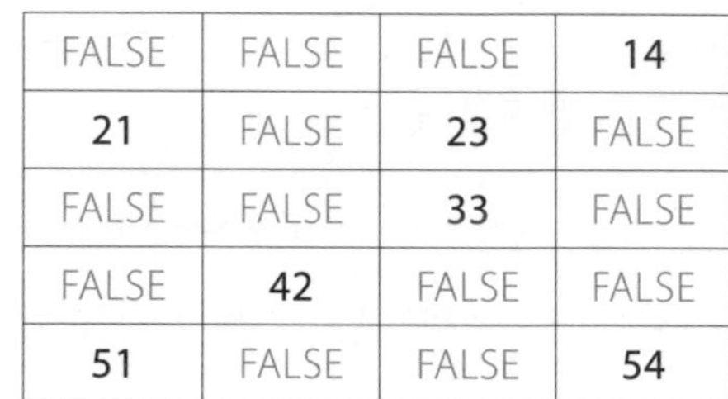

FALSE	FALSE	FALSE	**14**
21	FALSE	**23**	FALSE
FALSE	FALSE	**33**	FALSE
FALSE	**42**	FALSE	FALSE
51	FALSE	FALSE	**54**

ROW 建立 5 列合併 COLUMN4 欄，因為用 & 符號連結就會產生文字型，所以，需要轉成數字型，加兩個負號 (-) 即可，也可以 *1、+0 或 /1 都能轉成數值。然後經過 logical_test 的判斷，形成右邊表格，有圓形標誌就會產生數字，這個數字形成座標。

2. SMALL 的 ROW(A1) 是找出右邊表格的最小數字，答案是 14。
3. LEFT 沒有第 2 引數表示擷取左邊第 1 個字元，14 左邊第 1 個數值是 1。C11 的後半段是用 RIGHT，找右邊第 1 個數字，答案是 4。
4. INDEX 的 array=C3:C7，其第 1 個值是背心。

如果直欄或橫列超過 2 位數，就要用 TEXT，如

```
--(ROW($1:$12)&TEXT(COLUMN(A:D),"00"))
```

將前面所學的 TEXT 技巧把 COLUMN 轉為 2 個字元，所以就是 01、02…。記得 SMALL 要用數值才能比較，即使是 0102，轉為數值時，第 1 個 0 會自動消失，成為 102，因此，為了 LEFT 能順利抓到 01，所以，要再進行一次 TEXT，轉為兩個字元。TEXT(SMALL(),"00")。

06 合併跳格的資料

陣列資料合併在舊版的函數應用方式，前面已經說明過了，當然，如果你有新版用新函數是最好不過。本節將解析如何跳格合併。首先，應用 OFFSET 來進行跳格標定，再用 T 顯示資料，最後合併資料。

開啟「2.6 合併跳格的資料 .xlsx」。

	B	C	D	E	F	G	H	I	J	K
2	項目：	人名	年齡	性別	人名	年齡	性別	人名	年齡	性別
3		Amy	18	女	Peter	19	男	May	18	女
4										
5	問題：	合併跳格的資料								
6	解答：	Amy_Peter_May_								
7		Amy_Peter_May								
8		Amy_Peter_May_	Peter_Ma	May_						

C2:K2 是資料範圍，我們要擷取人名並合併。

C6 是新函數，公式是：

```
CONCAT(❸
    T(❷
        OFFSET(❶
            C3,,
            (ROW(1:3)-1)*3
        )
    )&"_"
)
```

```
OFFSET(reference,rows,cols,[height],[width])
```

reference 是參照範圍，如果是單儲存格，會根據後面引數來移動位置或擴充範圍。如果是陣列，一樣根據後面引數，但是這是整個範圍的移動，範圍變化也要參考 height 與 width。

rows 是根據 reference 上下移動，1 是向下 1 格，-1 是向上一格，0 是 reference 參照範圍。

cols 是根據 reference 左右移動，1 是向右 1 格，-1 是向左一格，0 是 reference 參照範圍。

height 是根據 reference、rows 與 cols，以數值來標定範圍高度。

width 是根據 reference、rows 與 cols，以數值來標定範圍寬度。

1. OFFSET 的 reference=C3，rows 省略，cols=(ROW(1:3)-1)*3，會得到 {0;3;6}，也就是從 C3 開始往右跳第 0、3 與 6 格，取得這些值。答案是 {"Amy";"Peter";"May"}，但在儲存格執行時，會得到 #VALUE! 的錯誤值產生，那是多維度的計算並顯示結果，想要了解多維度參照可以參考《Excel 彙總與參照函數精解》。
2. 所以，為了要讓 OFFSET 顯示在儲存格上，需要用 T 或 N 來處理，T 是顯示文字型字串，N 是數字型。有專家認為這是一種「降維」，降低維度。
3. 最後，用 CONCAT 合併，如果字串間需要分隔符號，可以用「&"_"」處理。

也可以用 C7 的方式，其公式是：

```
TEXTJOIN("_",,T(OFFSET(C3,,(ROW(1:3)-1)*3)))
```

TEXTJOIN 可以使用分隔符號，合併之後，最後面也不會出現分隔符號。

如果你是舊版，也可以用以前所學的方式，C8 的公式是：

```
T(OFFSET($C3,,(COLUMN()-3)*3))&"_"&D8
```

往右拖曳複製即可。

C6 跟 C8 最後會多出一個分隔符號，可以將分隔符號改為空白，如 &" "&D8。也是可以清楚分隔，或是 C10=LEFT(C6,LEN(C6)-1)，C11=REPLACE(C8,LEN(C8),1,) 的方法，把多餘的分隔符號去除。

如果不想要再用其他函數來移除最後的分隔符號時，也可以用：

```
SUBSTITUTE(TRIM(T(OFFSET($C3,,(COLUMN()-3)*3))&" "&D16)," ","_")
```

往右拖曳複製，TRIM 將空白去除，字串與字串之間不會去除，最後，用 SUBSTITUTE 將分隔符號取代空白。

CHAPTER

03

座標法

要將表格裡符合條件陳列出來是一項困難的操作，畢竟表格有橫列也有直欄，大部分函數只能處理橫列或直欄，所以，我們可以將表格以座標方式定位，標示數值，再一一列出。

本章重點

- 3.1 將表格資料列出成清單並跳過沒資料
- 3.2 顯示餐廳服務位置圖的員工名稱
- 3.3 列出多欄列字串的唯一值並計算個數
- 3.4 將表格依據銷售點直欄列出銷售資料
- 3.5 將工作表 2-4 不重複資料合併

01 將表格資料列出成清單並跳過沒資料

字串散佈在表格之中，要去除空白儲存格，列出資料，形成清單。首先，用 IF 將有字串轉為座標式陣列，然後，SMALL 將依照由小到大列出來，接下來，用 TEXT 將數值轉成 R1C1 樣式，最後，使用 INDIRET 依序列出字串。

開啟 3.1 將表格資料列出成清單並跳過沒資料 .xlsx

	A	B	C	D	E	F
2		項目：		熨斗		冷氣
3			冰箱		音響	微波爐
4			洗衣機		電腦	
5				電視		
6						
7		問題：	將表格資料列出成清單並跳過沒資料			
8		解答：	產品			
9			熨斗			
10			冷氣			
11			冰箱			
12			音響			
13			微波爐			
14			洗衣機			
15			電腦			
16			電視			

C2:F5 是資料表格，資料散佈其中，試圖列出資料清單。

C9 的公式是：

```
INDIRECT(❹
    TEXT(❸
        SMALL(❷
            IF(❶
                C$2:F$5<>"",
```

```
                --(ROW($2:$5)&COLUMN($C:$F))
            ),
            ROW(A1)
        ),
        "!R0C0"
    ),
)
```

1. IF 的 logical_test 是判斷表格不等於空白即為 TRUE，value_if_true 是建立表格座標 ROW(2:5) 是在 2:5 列，COLUMN(C:F) 是在 C:F 欄，如此設定是方便 INDIRECT 參照。

logical_test			
FALSE	**TRUE**	FALSE	**TRUE**
TRUE	FALSE	**TRUE**	**TRUE**
TRUE	FALSE	**TRUE**	FALSE
FALSE	**TRUE**	FALSE	FALSE

→

value_if_true			
23	**24**	25	**26**
33	34	**35**	**36**
43	44	**45**	46
53	**54**	55	56

ROW 在前，COLUMN 在後是橫向列出；而 COLUMN 在前，ROW 在後是直向列出。IF 的 value_if_false 是省略，所以答案除了數字以外其他都是 FALSE。

2. SMALL 會顯示第 k 小的數字，ROW(A1)=1，FALSE 會跳過，所以，最小的數字是 24。往下拖曳複製時，ROW(A2)=2，第 2 小的數字是 26，以下類推。

3. TEXT(24, "!R0C0")，就如上一章所述，驚嘆號 (!) 是強制符號，R 是內定代碼，需要強制符號顯示 R，不然 R 就是其他意義。答案是 R2C4。

4. INDIRECT 的 ref_text=R2C4，[a1] 省略 0，是 R1C1 樣式，參照 R2C4(D2) 的值，所以，答案是「熨斗」。

02 顯示餐廳服務位置圖的員工名稱

位置圖或其他規劃圖很適合座標法，我們可以將位置圖以座標方式規劃，這樣比較容易擷取資料。原則上使用方法跟上一節類似。

開啟「3.2 顯示餐廳服務位置圖的員工名稱 .xlsx」。

	A	B	C	D	E	F	G	H	I	J
2		項目：	餐廳服務位置圖		排班_1				排班_2	
3				阿傑				老招		
4				1				1		
5			前場		小花	阿仁			小陳	阿傑
6				Peter	2	3		小花	2	3
7				4				4		
8										
9					於哥	John			阿仁	Peter
10			後場	小陳	5	6		May	5	6
11				9	May	老招		9	於哥	John
12					7	8			7	8
14		問題：	顯示餐廳服務位置圖的員工名稱							
15		解答：	編號	職務	員工_1	員工_2				
16			1	櫃台	阿傑	老招				
17			2	前場1	小花	小陳				
18			3	前場2	阿仁	阿傑				
19			4	清潔	Peter	小花				
20			5	廚師1	於哥	阿仁				
21			6	廚師2	John	Peter				
22			7	助手1	May	於哥				
23			8	助手2	老招	John				
24			9	備料	小陳	May				

```
E16=INDIRECT(TEXT(SMALL(IF(C16=D$4:F$12,(ROW(D$4:F$12)-1)*100+COLUMN
(D$4:F$12)),1),"!r0c00"),)
```

跟上一節公式比較，除了 IF 以外，其他類似。

```
IF(
     C16=D$4:F$12,
     (ROW(D$4:F$12)-1)*100
          +
     COLUMN(D$4:F$12)
)
```

這是 C16=D$4:F$12 才是 TRUE，C16 是位置的編號，所以，TRUE 只有一個。上一節的 value_if_true 是用 & 符號將 ROW 與 COLUMN 串接，因為用 & 符號取得值都是文字型，所以，需要用 2 個橫槓 (-) 將文字型數值轉為數字，方便 SMALL 操作，而這次我們使用相加方式，將 ROW(D$4:F$12)-1 乘上 100，就是百位數，COLUMN 是十位數。

如果表格資料比較多超過 2 位數時，就可以用這個方法。至於 ROW()-1 是因為位置圖裡的編號低於名稱一格，所以，必須上升一格才能顯示員工名稱。

IF 的結果，如下所示，除了 304 以外，其他都是 FALSE。

logical_test		
TRUE	FALSE	FALSE
FALSE	FALSE	FALSE
FALSE	FALSE	FALSE
FALSE	FALSE	FALSE
FALSE	FALSE	FALSE
FALSE	FALSE	FALSE
FALSE	FALSE	FALSE
FALSE	FALSE	FALSE
FALSE	FALSE	FALSE

→

value_if_true		
304	305	306
404	405	406
504	505	506
604	605	606
704	705	706
804	805	806
904	905	906
1004	1005	1006
1104	1105	1106

而 SMALL 的 k=1，因為它只有一個值，用 1 就夠了，不用 ROW(A1)。

最後，INDIRECT、TEXT 應用就如上節所述。

除了 INDIRE 與 TEXT 配合之外，也可以用 OFFSET，公式如下：

```
OFFSET(
    A$1,
    MIN(IF(C16=D$4:F$12,ROW(D$4:F$12)-1))-1,
    MIN(IF(C16=D$4:F$12,COLUMN(D$4:F$12)))-1
)
```

OFFSET 的 reference=A1，參照的起始點。第 2 引數 rows 是列位，答案是 2，因為 reference 是以 0 開始算起，ROW 函數必須扣掉 1，比對 C16=1，找到 D4，是第 4 列，名稱在 D3，是第 3 列，所以，最後還需要扣掉 1。第 3 引數 cols 是欄位，答案是 3。所以是 OFFSET(A$1,2,3)= 阿傑。

我們也可以反過來，根據清單來將員工名稱填入位置圖。

H3 的公式是：

```
VLOOKUP(H4,$C$16:$F$24,4,0)
```

lookup_value 是 H4。

table_array 是 C16:F24 範圍，C16:C24 比對 H4。

col_index_num 是 4，也就是陣列表第 4 欄 (F)，結果顯示的範圍。

[range_lookup] 是 0，表示 C16:C24 必須完全等於 H4，才是 TRUE。

VLOOKUP 只能返回一個值。所以，如果資料欄有多個符合值，以第 1 個為準。

03 列出多欄列字串的唯一值並計算個數

列出唯一值有許多方法，但大部分是單一欄或列，如果是表格的話，就有點困難。我們將利用座標的定位功能解決這個問題。首先，用 IF 判斷是否是不同值，將它轉為座標值，用 MIN 找出最小值，用 TEXT 將數值轉 R1C1 樣式，INDIRECT 依 R1C1 參照並顯示資料。

開啟「2.3 列出多欄列字串的唯一值並計算個數 .xlsx」。

	B	C	D	E	F
2	項目：	編號	一月	二月	三月
3		X_1	A	C	A
4		X_2	C	D	B
5		X_3	D	F	U
6		X_4	F	J	G
7		X_5	F	J	T
8		X_6	J		T
9		X_7	U		
10					
11	問題：	列出多欄列字串的唯一值並計算個數			
12	解答：	等級	排序	數量	
13		A	A	2	
14		C	B	1	
15		D	C	2	
16		B	D	2	
17		F	F	3	
18		U	G	1	
19		J	J	3	
20		G	T	2	
21		T	U	2	

C2:F9 是資料表，要將 D3:F9 的資料以唯一值清單列出。

C14 的公式取 MIN(IF()) 這段說明。

```
MIN(❸
    IF(
        (D$3:F$9<>"")❶
            *
        (COUNTIF(C$12:C13,D$3:F$9)=0),
        ROW(D$3:F$9)*100❷
            +
        COLUMN(D:F)
    )
)
```

1. 首先，IF 判斷 D$3:F$9<>""，因為要把空白儲存格去除。COUNTIF 的 range=C$12:C13，是 {" 等級 ";"A"} 與 criteria= D$3:F$9 進行比對計算個數。所以，會取得 A 的個數。

CountIF		
1	0	1
0	0	0
0	0	0
0	0	0
0	0	0
0	0	0
0	0	0

=0		
FALSE	TRUE	FALSE
TRUE	TRUE	TRUE
TRUE	TRUE	TRUE
TRUE	TRUE	TRUE
TRUE	TRUE	TRUE
TRUE	TRUE	TRUE
TRUE	TRUE	TRUE

然後，等於 0 之後，如右表所示。因為我們要取得唯一值需要把 C13=A 去除，1 成為 FALSE，0 成為 TRUE。

* 符號跟邏輯函數 AND 類似，不用 AND 的原因是它只返回一個值，而我們需要得到陣列值，所以使用 * 符號。+ 符號跟邏輯函數 OR 類似。

第 1 引數運算之後，就如下表所示。

D$3:F$9<>""		
TRUE	TRUE	TRUE
TRUE	TRUE	TRUE
TRUE	TRUE	TRUE

CountIF		
FALSE	TRUE	FALSE
TRUE	TRUE	TRUE
TRUE	TRUE	TRUE

結果		
0	1	0
1	1	1
1	1	1

D$3:F$9<>""			*	CountIF			=	結果		
TRUE	TRUE	TRUE		TRUE	TRUE	TRUE		1	1	1
TRUE	TRUE	TRUE		TRUE	TRUE	TRUE		1	1	1
TRUE	FALSE	TRUE		TRUE	TRUE	TRUE		1	0	1
TRUE	FALSE	FALSE		TRUE	TRUE	TRUE		1	0	0

結果 =1 就會進入 IF 的 value_if_true，表示資料表是空白與 A 都是 FALSE。

2. ROW 建立的序數乘上千位數，並加上 COLUMN 的序數，形成座標值定位。

logical_test				value_if_true				IF 結果		
0	1	0		3004	3005	3006		FALSE	3005	FALSE
1	1	1		4004	4005	4006		4004	4005	4006
1	1	1		5004	5005	5006		5004	5005	5006
1	1	1	→	6004	6005	6006	→	6004	6005	6006
1	1	1		7004	7005	7006		7004	7005	7006
1	0	1		8004	8005	8006		8004	FALSE	8006
1	0	0		9004	9005	9006		9004	FALSE	FALSE

3. MIN 找出結果陣列最小值，答案是 305。

最後是 INDIRECT("r3c05",)=E3=C。

D13 進行排序，公式如下：

```
CHAR(
    SMALL(
        CODE(C$13:C$21),
        ROW(A1)
    )
)
```

CODE 是將字母轉成序數，然後，SMALL 顯示最小序數，往下拖曳複製時，ROW(A1)=1、ROW(A2)=2…以此類推，找出最小、第 2 小…的序數。最後，在用 CHAR 將序數轉成字母。

04 將表格依據銷售點直欄列出銷售資料

前面使用座標法是橫向列出，這次我們採用直向列出。本來是用 ROW+COLUMN 的座標定位格式，是否用 COLUMN+ROW 就可以直向顯示呢？這是有問題的，畢竟在 INDIRECT 轉為 R1C1 樣式時，前後顛倒，必須再轉回來，需要許多道程序，這很麻煩，所以，我們來探討如何使用正確方法。

開啟「2.4 將表格依據銷售點直欄列出銷售資料 .xlsx」。

	A	B	C	D	E	F
2		項目：	產品	台北店	台中店	高雄店
3			衣服		9	7
4			褲子	4		5
5			外套	1	1	
6			襪子	5		
7			背心	2		5
8						
9		問題：	將表格依據銷售點直欄列出銷售資料			
10		解答：	通路	產品	銷售量	
11			台北店	褲子	4	
12			台北店	外套	1	
13			台北店	襪子	5	
14			台北店	背心	2	
15			台中店	衣服	9	
16			台中店	外套	1	
17			高雄店	衣服	7	
18			高雄店	褲子	5	
19			高雄店	背心	5	

C2:F7 是各店產品銷售量，期望依據列出各店銷售清單。

C11:C19 只列出各店有銷售量名稱。

C11 的公式是：

```
INDEX(❸
    D$2:F$2,
    SMALL(❷
        IF(D$3:F$7>0,COLUMN(A:C)),❶
        ROW(A1)
    )
)
```

1. IF 的 logical_test 判斷銷售量是否大於 0，TRUE 的話，就是 COLUMN(A:C)。

IF 結果		
FALSE	2	3
1	FALSE	3
1	2	FALSE
1	FALSE	FALSE
1	FALSE	3

   因為，我們需要列出店面名稱，所以，第 2 引數使用 COLUMN(A:C)。上表說明根據欄位列出 1、2、3。

2. SMALL 列出最小值，ROW(A1)=1 向下拖曳複製產生 ROW(A2)=2…，答案依序是 1、1、1、2、2、3、3、3。

3. INDEX 的 array 是 D2:F2(店名)，row_num 是 SMALL 的結果。所以，答案是台北店有 4 個，台中店有 2 個，而高雄店有 3 個。

D10 不能用 C11 的方法，會有問題。所以，公式調整為：

```
INDEX(❹
    C$3:C$7,
    --RIGHT(❸
        SMALL(❷
            IF(D$3:F$7>0,COLUMN(A:C)*10+ROW($1:$5)),❶
            ROW(A1)
        )
    )
)
```

1. IF 處理的結果是：

logical_test		
FALSE	TRUE	TRUE
TRUE	FALSE	TRUE
TRUE	TRUE	FALSE
TRUE	FALSE	FALSE
TRUE	FALSE	TRUE

→

value_if_true		
11	21	31
12	22	32
13	23	33
14	24	34
15	25	35

→

IF 結果		
FALSE	21	31
12	FALSE	32
13	23	FALSE
14	FALSE	FALSE
15	FALSE	35

   將 COLUMN 放在 ROW 之前，得到右邊結果陣列。

2. 因為這樣，我們用 SAMLL 才能依序取得台北店、台中店到高雄店。

3. 為了讓 INDEX 正確使用 row_num，所以要用 RIGHT 取右邊第 1 個，記得！文字函數取得數字也是文字型，所以，要將它轉成數字型，可以在前面加上 2 個橫槓 (-)。如果資料比較多，超過 2 位數時，應當在 IF 的 COLUMN 乘上 100。

4. INDEX(C$3:C$7,{2})= 褲子。

有通路跟產品名稱之後，就可以用前面所說的方法來求得銷售量，公式是：

```
INDEX(D$3:F$7,MATCH(D11,C$3:C$7,0),MATCH(C11,D$2:F$2,0))
```

如果單單只是求銷售量，沒有通路與產品名稱的話，就必須要用其他方式。求通路各店名稱，可以用 COLUMN(A:C) 即可，求產品名稱就不行用這種方法，畢竟它要顯示直欄的值，所以，要用 COLUMN(A:C)*10+ROW($1:$5) 方式。接下來，前面都是單一橫列或直欄的資料，而銷售量是一個表格，所以，上面 2 種方式都不行。

E11 的公式取 IF 公式。

```
IF(
    D$3:F$7>0,
    COLUMN(A:C)*10000
    +
    ROW($3:$7)*100
    +
    COLUMN(D:F)
)
```

本來是配合 INDIRECT 的 R1C1 樣式，所以，要 ROW+COLUMN，可惜這種方式是由右到左並換列掃描來取得資料，但我們需要由上到下並換欄掃描。因此，在前面有多了一個 COLUMN(A:C)*10000 才能由上而下掃描。

IF 處理結果是：

logical_test		
FALSE	TRUE	TRUE
TRUE	FALSE	TRUE
TRUE	TRUE	FALSE
TRUE	FALSE	FALSE
TRUE	FALSE	TRUE

→

value_if_true		
10304	20305	30306
10404	20405	30406
10504	20505	30506
10604	20605	30606
10704	20705	30706

→

IF 結果		
FALSE	20305	30306
10404	FALSE	30406
10504	20505	FALSE
10604	FALSE	FALSE
10704	FALSE	30706

value_if_true 的台北店開頭數字是 1，台中店是 2，而高雄店是 3，所以，使用 SMALL 能對 IF 結果表進行由上而下掃描取得資料。當然，要配合 TEXT 運作，所以，要用 RIGHT 取得後面 4 個數字，最後 INDIRECT 標定範圍取得資料。

05 將工作表 2-4 不重複資料合併

前面說明座標法在資料掃描並擷取的方法，這些都用在單一表格上，本節將解析跨表擷取資料的方法。首先，用 INDIRECT 制定工作表範圍，OFFSET 標定表格區域，用 COUNTIF 計算需要合併的筆數，IF 進行陣列座標值定位，SMALL 找出最小值，TEXT 轉換 R1C1 樣式，INDIRECT 列出資料。

開啟「2.5 將工作表 2-4 不重複資料合併 .xlsx」。

	A	B	C	D	E
2		項目：	工作表2-4		
3					
4		問題：	將工作表2-4不重複資料合併		
5		解答：	序號	產品	數量
6			X_01	冰箱	2
7			X_03	冰箱	4
8			X_04	電視機	4
9			X_06	洗衣機	6
10			Y_01	洗衣機	3
11			Y_02	電視機	5
12			Y_04	洗衣機	6
13			Z_02	冰箱	5
14			Z_03	冷氣機	8
15			Z_05	洗衣機	6

資料在工作表 2、3 與 4，要將符合條件的資料合併。

C6 的公式擷取 IF 段來說明。

```
IF(❹
    COUNTIF(❸
        OFFSET(❸
            INDIRECT("工作表"&{2,3,4}&"!d$1"),❶
            ROW($1:$20)-1,
        ),
        "Y"
    ),
    {2,3,4}*10^5
        +
    ROW($1:$20)*100
        +
    COLUMN()-2
)
```

1. INDIRECT 是參照函數，透過文字標示參照儲存格的資料，「"工作表"&{2,3,4}」這是將文字合併常數陣列形成對 3 個工作表的參照，答案是 {"工作表 2","工作表 3","工作表 4"}，後面在合併「"!d$1"」，這是 D1 儲存格，所以，參照 3 個工作表的 D1 儲存格，{"工作表 2!d$1","工作表 3!d$1","工作表 4!d$1"}。路徑中工作表與儲存格需要用驚嘆號 (!) 當區隔碼。

2. OFFSET 的 reference 是 3 個工作表的 D1 為起始點，rows 是 ROW($1:$20)-1，也就是往下 0-19 格的 3D 陣列，0 是包含 D1。

工作表 1	工作表 2	工作表 3
判斷	判斷	判斷
Y	Y	
	Y	Y
Y		Y
Y	Y	
		Y
Y		

→

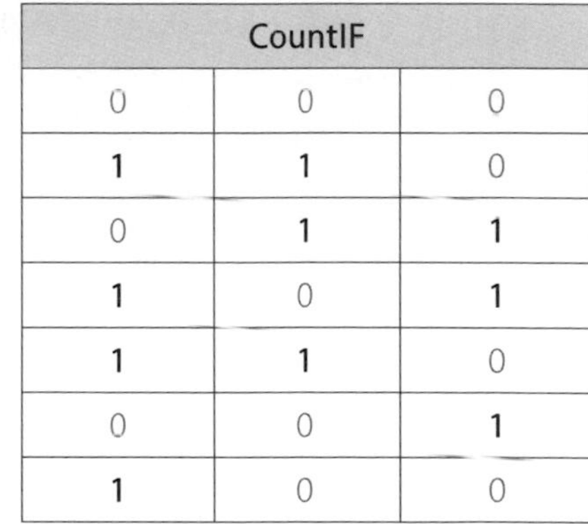

CountIF		
0	0	0
1	1	0
0	1	1
1	0	1
1	1	0
0	0	1
1	0	0

在 OFFSET 前面加上 T 函數產生上表，各工作表 D1 參照結果。

3. 用 COUNTIF 計算 Y 的個數，就產生 0 與 1 的表格，如右表。

4. 用 IF 轉換陣列資料，value_if_true 是 {2,3,4}*10^5+ROW($1:$20)*100+COLUMN()-2。因為有 3 個表，所以需要陣列函數 {2,3,4}，乘上 10^5 是 {200000,300000,400000}，再加上 ROW 與 COLUMN，結果是：

logical_test		
0	0	0
1	**1**	0
0	**1**	**1**
1	0	**1**
1	**1**	0
0	0	**1**
1	0	0

→

value_if_true		
200114	300114	400114
200214	**300214**	400214
200314	**300314**	**400314**
200414	300414	**400414**
200514	**300514**	400514
200614	300614	**400614**
200714	300714	400714

→

IF 結果		
FALSE	FALSE	FALSE
200201	**300201**	FALSE
FALSE	**300301**	**400301**
200401	FALSE	**400401**
200501	**300501**	FALSE
FALSE	FALSE	**400601**
200701	FALSE	FALSE

最後，SMALL 取出 IF 結果的最小值 200201，TEXT 的 format_text 是「工作表 0\!!R000C00」，驚嘆號 (!) 與 R 是內定代碼，所以需要強制符號 (\ 或 !)，處理之後得到 {" 工作表 2!R002C01"}，INDIRECT 參照資料得到 X_01。

C6 往右拖曳複製之後，就會得到產品名稱與數量。

這是函數方法，最後一章我們將使用 POWER QUERY 來進行工作表或檔案資料的合併，這個工具可以更容易處理表跟表之間合併與附加的問題。

CHAPTER 04

邏輯判斷

TEXT 有個能夠進行邏輯判斷來執行符合值或公式的特殊功能，當然，我們大部分是使用 IF 系列的函數（IF、SUMIF、COUNTIF…），它們的功能更加強大，但 TEXT 具有可以直接改變格式設定的優點。

本章重點

- 4.1 TEXT 的邏輯判斷
- 4.2 TEXT 的邏輯判斷進階篇
- 4.3 身分字號判別男女與上色
- 4.4 由分店多資料整理成各單一分店的產品銷售量
- 4.5 合計菜單的價格 - 單格多筆資料

01 TEXT 的邏輯判斷

TEXT 邏輯判斷原則上最多四項判斷，分號 (;) 為分隔符號。當然，可以使用一些比較運算子 (>=<) 來決定執行項目。

開啟「4.1 TEXT 格式代碼 - 判斷 .xlsx」。

	B	C	D
2	資料	格式	Text
3	1	正;負;零	正
4	-1	正;負;零	負
5	0	正;負;零	零
6	-543.219	$#.00;($#.00)	($543.22)
7	543.219	$#.00;($#.00)	$543.22
8	30	[>=50]!Goo!d	30
9	50	[>=50]!Goo!d	Good
10	100	[=100]左邊;[=200]右邊	左邊
11	200	[=100]左邊;[=200]右邊	右邊
12	80	[>=80]優秀;[>=60]及格;不及格	優秀
13	60	[>=80]優秀;[>=60]及格;不及格	及格
14	55	[>=80]優秀;[>=60]及格;不及格	不及格
15		表現不錯	
16		實在糟糕	
17	50	"[>=60]"&C15&";[<60]"&C16)	實在糟糕
18	AAA	[>=80]優秀;[>=60]及格;不及格;錯誤值	錯誤值
19	-5	[<]小於\0	小於0
20	80		乙

C3:C5 的格式如果沒有比較運算子，三段就是正負零。TEXT 根據 value 判斷來執行某段項目，如 B3=1，就是第一段，答案是「正」。

C6:C7 是改變格式，如果沒有第三段，就只有正負的區分，正數格式與負數格式分別根據 value 個別顯示。

C8:C9 是加入比較運算子格式，需要用中括號 ([])，這是單項判斷是否 >=50，不是的話，返回原值；是的話，執行中括號後面的資料，這些資料可以是數值、文字、位址、函數等等。遇到內定代碼需要強制符號，否則會有不適當的答案出現。如 G 與 d 前面需要強制符號 (!)。

C10:C11 也是使用比較運算子格式，這是雙項判斷。一個是 =100 就顯示「左邊」；另一個是 =200 顯示「右邊」。

C12:C14 是用比較運算子格式，這是三項式判斷，有判斷式就不是以正負零為依據，根據中括號的判斷式為主。第一項是 value>=80，就顯示「優秀」；value>=60，就顯示「及格」，其他數字就是「不及格」。判斷順序是由左到右，所以，如果是 90，>=60 也是符合，但它先符合第一項。

C17 的格式是用位址，位址需要用 & 符號串接，這是 2 段式 >=60 與 <60 的比較判斷。也可以直接寫進 format_text，TEXT(B17,"[>=60] 表現不錯 ;[<60] 實在糟糕 ")。

C18 是四段式，format_text 是 [>=80] 優秀 ;[>=70] 及格 ; 不及格 ; 錯誤值，第一段是 >=80 顯示「優秀」；第二段是 >=70 顯示「及格」，其他數值顯示「不及格」，不是數值顯示「錯誤值」。

C19 的格式是 [<] 小於 \0，這是 <0 的意思，0 可以省略，所以 [>] 是 >0，而 [=] 是等於 0 的意思。

原則上，TEXT 最多就是四段式，而且第三段是其餘數值，第四段是錯誤值顯示，所以，超過 4 個或標示錯誤就換顯示 #VALUE!。如「[>=90] 甲 ;[>=80] 乙 ;[>=70] 丙 ;[>=60] 丁 ; 戊」，就是錯誤，這個「[>=90] 甲 ;[>=80] 乙 ; 丙 ; 丁」是可行的。

我們可以用其他方法來超越設定的上限。D20 的公式是：

```
TEXT(❸
    TEXT(❷
        TEXT(B20,"[>=90]甲;[>=80]乙;0"),❶
        "[>=70]丙;[>=60]丁;0"
    ),
    "[>=50]戊;[>=40]己;庚"
)
```

1. 判斷是由內層到外層，value=B20，format_text 是 **[>=90] 甲 ;[>=80] 乙 ;0**，表示 >=90 是甲，>=80 是乙，其他是代碼 0 是返回原值。

2. 如果 B20=80，答案是乙；如果是 75，就是執行第三項代碼 0 是返回原值 (75)。接下來，來到第二層，符合「[>=70] 丙」的條件，所以，答案是丙。

3. 如果 B20=39，答案是庚，因為 >=40 是己，40 以下都是庚。

02 TEXT 的邏輯判斷進階篇

本節將討論一些案例，強化上一節的說明，並加入其他函數的運算。

開啟「4.2 TEXT 格式代碼 - 數值 - 小案例 .xlsx」。

	B	C	D	E	F	G
2	資料	格式	Text			
3	35%	↑0% 上升;↓-0%	↑35% 上升			
4	-20%	↑0% 上升;↓-0%	↓-20% 下降			
5	0	↑0% 上升;↓-0%	—0% 持平			
6	0.42	"[>0.7]數值0.00>7	數值0.42在30%~70%之間			
7	0.58	"[<0.5]數值"&B6&	數值0.586超過範圍			
8	3月4日	[>5]0;5	3月9日	2022/3/9	3	
9	3月13日	[>5]0;5	3月18日	2022/3/18	5	
10	3月29日	[>5]0;5	4月4日	2022/4/4	1	
11	7	[>10]1!0;[<5]5;0	7			
12	4	[>10]1!0;[<5]5;0	5			
13	12	[>10]1!0;[<5]5;0	10	員工	到職日	離職日
14	2021/3/1	[=31]3\0;[<]\0;0	30	Amy	2021/02/03	
15	2021/3/31	[=31]3\0;[<]\0;0	0	Peter	2021/02/15	2021/02/28
16		[=31]3\0;[<]\0;0	25	John	2021/03/05	2021/03/29
17		[=31]3\0;[<]\0;0	2	Marry	2021/01/05	2021/03/02
18		[=31]3\0;[<]\0;0	17	Lee	2021/03/15	

C3:C5 的格式是↑ 0% 上升 ; ↓ -0% 下降 ; — —0% 持平，沒有中括號 ([])，所以，三段代表正負零的判斷，文字與特殊符號跟內定代碼合併，得到 D3:D5 的結果。

C6 的格式是：

```
"[>0.7]數值0.00>7!0!%;
[<0.3]數值"&B6&"<3!0!%;
數值0.00在3!0!%~7!0!%之間"
```

format_text 有點長，意思是 >0.7、<0.3 與 0.3~0.7 之間的判斷。我們可以使用位址 B6 以 & 來串接前後關係，也可以使用內定代碼 0.00 反映 B6 的值。

C8:C10 是 [>5]0;5，客戶下單後 +5 日為送貨日，遇週六與週日移到下星期一出貨，>5 是原資料，否則就是 5 日。D8 的公式是：

```
B8+TEXT(8-WEEKDAY(B8,2),C8)
```

WEEKDAY(B8,2) 取得週五，8-5=3，3<5，所以是 3 月 4 日 +5=3 月 9 日 (三)。B9 是 3 月 13 日，送貨日是 3 月 18 日 (五)，如果是 3 月 14 日，則是 3 月 21 日 (一)，跳過週六與週日。改為 3 月 15、16 日，也是 21 日 (一)，跳過週六與週日。也可以用 WORKDAY.INTL(B8+4,1)，答案是一樣，我們將在第 3 章時間整理解析這個非常有用的函數。

C11:C13 的格式是 **[>10]1!0;[<5]5;0**，顯示大於 10 顯示 10，小於 5 顯示 5，其他顯示原值。這是進行上下值的設定。

如果要計算 3 月工作日，從 3/1 到 3/31，超過 30 日以 30 日計算，E13:G18 是員工在職狀況。C14:C18 是 **[=31]3\0;[<]\0;0**，=31 就是 30 日，<0 就是 0，其他顯示原值。D14 的公式是：

```
TEXT(
    MIN(B$15,G14)
        +1
        -MAX(B$14,F14),
    C14
)*1
```

MIN(B$15,G14) 是判斷 B15=3/31 與 G14 離職日的大小，答案是 4/1。

接下來，MAX(B$14,F14)，判斷 B14=3/1 與 F14 到職日的大小，答案是 3/1。兩者相減是 31，TEXT 處理之後，成為 30 日。

員工 Peter 的離職日是 2/28，不在 3 月份之內，所以是 0 日。

員工 John 的工作時間在 3 月份以內，就是 29-5=24，再加上 1，就等於 25 日。

員工 Marry 的離職日是 3/2，所以，只有 2 天。

員工 Lee 的到職日是 3/15，還在職，所以，是 31-15=16，再加上 1，就等於 17 日。

03 身分字號判別男女與上色

函數不能操作顏色，所以必須借助功能區的「數字格式」的設定，或者「條件式格式設定」。身分證字號的男女辨識是取第 2 字元的數字，1 代表男性；2 代表女性。後來，因為外來人口統一證號是 2 碼英文 +8 碼數字，在電腦或文件申請格式上常與國人身分證有所差異，所以，改為一致性，1 碼英文 +9 碼數字，但性別數字辨識不同，是 8 代表男性；9 代表女性。

開啟「4.3 身分字號判別男女與上色 .xlsx」。

	B	C	D	E	F	G
2	項目：	身分證字號				
3		A168053019				
4		Q269756513				
5		F869661489				
6		E234627251				
7		A762176535				
8		Q956950298				
9						
10	問題：	身份字號判別男女與上色				
11	解答：	性別_1	性別_2	性別_3	性別_4	性別_5
12		1	男	男	男	男
13		2	女	女	女	女
14		1	男	男	男	男
15		2	女	女	女	女
16		錯誤	錯誤	錯誤	錯誤	錯誤
17		2	女	女	女	女

C2:C8 是身分證字號，要從字號第二個字元判斷性別。

C12 的公式是：

```
IF(❶
    OR(--MID(C3,2,1)={1,8}),❷
    1,❷
    IF(
        OR(--MID(C3,2,1)={2,9}),
        2,
        "錯誤"
    )
)
```

1. 這個 IF 是巢狀函數，在 1.7 節曾說明如何應用，超過 2 個判斷條件時，就需要多 1 個 IF 來判斷。少數判斷條件還好，但一旦進入多層次的巢狀結構，會讓人難以辨讀，所以，才有新函數 IFS 與 SWITCH 來改善這個問題點。通常如果可以合併判斷條件的話，也能用 CHOOSE 或其他函數解決。這個有 5 個判斷條件，1、2、8、9 與錯誤，將條件合併之後，剩 3 個，所以，必須使用巢狀 IF 函數。

2. logical_test 是 OR(--MID(C3,2,1)={1,8})，MID 取得第 2 個字，要等於常數陣列 1 與 8，返回 {TRUE,FALSE}。我們要 1 個 TRUE 就是 TRUE，所以用 OR 函數判斷，得到 TRUE，執行 value_if_true=1。

3. 如果 OR 得到 FALSE，會來到第 3 引數 value_if_false，因為還有 2 個需要判斷，所以再用一個 IF。跟第 2 引數一樣，判斷 2 跟 9，正確就是 2，都沒有返回「錯誤」。這表示不是 1、2、8 與 9 就會顯示錯誤字串訊息。

這個無法用 TEXT 來改變顏色進行提示，所以，我們必須選擇 C12:C17，按**常用 → 數值**右下角控點，以便進入「設定儲存格格式」畫面或按 **Ctrl+1**。

點選**數值 → 自訂**，在類型輸入：**[藍色][=1]0;[紅色][=2]0; 錯誤**。判斷數值 =1 就顯示藍色字體，數值 =2 就是紅色字體，其他字型顏色不變。

如果要改變文字顏色，就需要用條件式格式設定，D12 的公式是：

```
TEXT(❸
    MIN(❷
        IF(--MID(C3,2,1)={1,2,8,9},{1,-1,1,-1})❶
    ),
    "男;女;錯誤"
)
```

1. IF 的 logical_test 是取出第 2 個數字 (1) 判斷是否等於 1,2,8,9，value_if_true 是 {1,-1,1,-1}，所以答案是 {TRUE,FALSE,FALSE,FALSE}。男性是 1；女性是 -1。
2. MIN 是返回最小值，忽略 FALSE，所以，答案是 1。
3. TEXT 的 format_text 是 " 男 ; 女 ; 錯誤 "，判斷是正 ; 負 ; 零。而 1 是正數，所以得到「男」。

文字顏色需要先選擇 D12:D17，然後，按**條件式格式設定 → 新增規則 → 只格式化包含下列儲存格**，選擇**特定文字 → 包含**，輸入：男。點選**格式 → 字型 → 色彩**，選擇**藍色**。

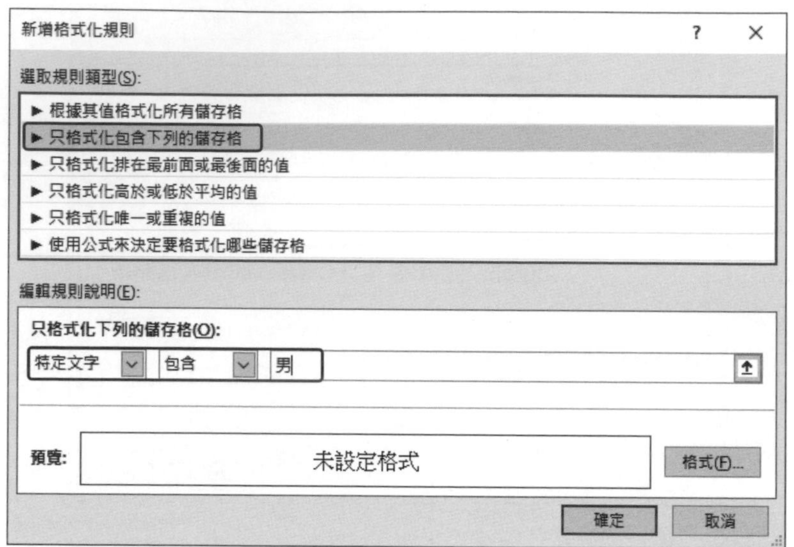

女字顏色也是如此操作，然後選擇紅色即可。

當然，這種邏輯條件判斷方式，除了 IF、TEXT，也可以用 LOOKUP、MATCH、INDEX、CHOOSE 與新函數 IFS 跟 SWITCH。

E12 的公式是：

```
IFNA(❸
    LOOKUP(❶
        1,
        0/(--MID(C3,2,1)={1,2,8,9}),❷
        {"男","女","男","女"}
    ),
    "錯誤"
)
```

1. LOOKUP 語法以前已經說明過了，它的 lookup_value=1，用模糊搜尋方式比對 lookup_vector 的值，所以，不一定要完全正確。找到位置之後，反映到 result_vector 位置的值。

2. (--MID(C3,2,1)={1,2,8,9}) 跟前面解釋一樣，會得到 {TRUE,FALSE,FALSE,FALSE}，被 0 除後，得到 {0,#DIV/0!,#DIV/0!,#DIV/0!}，TRUE 是 1，FALSE 是 0，分母不能為 0，所以，產生 #DIV/0! 的錯誤值，而 lookup_vector 只有 0 是數值，用比 0 還大的數字 (1) 當 lookup_value 時，會得到最後 1 個 0 值，0 只有 1 個，在第 1 個位置，而 result_vector 是 {" 男 "," 女 "," 男 "," 女 "}，第 1 個位置是「男」。

3. 如果 IFNA 的第 1 引數 value 是 #N/A 的話，跳到第 2 引數 value_if_na= 錯誤。IFNA 只有 #N/A 才成立，而 IFERROR 是任何錯誤值都成立。

```
F12=IFNA(IF(ISODD(MATCH(--MID(C3,2,1),{1,2,8,9},0)),"男","女"),"錯誤")
```

IF 的 ISODD 是判斷 number(MATCH) 是否是奇數？是的話，答案是男；不是的話，答案是女。

```
CHOOSE(MIN(IF(--MID(C3,2,1)={1,2,8,9},{1,2,1,2}))+1,"錯誤","男","女")
```

CHOOSE 的 index_num 跟 D12 是類似，{1,-1,1,-1} 與 {1,2,1,2} 的差別，因為，value1、value2…是依據 index_num 數值來判斷，所以，透過 1 是男，2 是女來判定性別，但如果是 0 的話，就無法執行而產生錯誤 (#VALUE!)，因此，需要加 1。形成 0 是 1，顯示錯誤值，1 是 2，顯示男，2 是 3 顯示女的答案。

04 由分店多資料整理成各單一分店的產品銷售量

TEXT 有個如果值為 0 就顯示空白的功能。當然你也可以用 IF(logical_test=0,0, logical_test) 的方式，但會有一大串公式重複的缺點。目前新函數 LET 可以解決這個問題，而 TEXT 也可解決。用 IF 判斷符合店面名稱並對應銷售數量，然後用 SUM 加總數量，最後用 TEXT 刪除 0 值的顯示。

開啟「4.4 由分店多資料整理成各單一分店的產品銷售量 .xlsx」。

	B	C	D	E	F	G
2	項目：	分店	蘋果	芭樂		
3		基隆店		25		
4		台北店	15			
5		台北店	12	65		
6		新北店		47		
7		新北店	45			
8		桃園店	48			
9		台中店		35		
10		台南店	36			
11		高雄店		33		
12		高雄店	40	10		
13						
14	問題：	由分店多資料整理成各單一分店的產品銷售量				
15	解答：	分店	蘋果	芭樂		
16		基隆店		25		
17		台北店	27	65		
18		新北店	45	47		
19		桃園店	48			
20		台中店		35		
21		台南店	36			
22		高雄店	40	43		

C2:E12 是各店產品銷售量，期望整理各店的產品銷售量。

D17 的公式是：

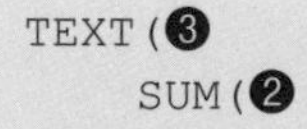

```
TEXT(❸
    SUM(❷
```

```
        IF(❶
            $C17=$C$3:$C$12,
            D$3:D$12
        )
    ),
    "[=] "
)
```

1. IF 的 logical_test 是判斷 C3:C12 的分店是否等於 C17 的分店，然後，陣列值正確，反映到 value_if_true(D3:D12 銷售量)。

logical_test		value_if_true		結果
FALSE				FALSE
TRUE		15		15
TRUE		12		12
FALSE				FALSE
FALSE	→	45	→	FALSE
FALSE		48		FALSE
FALSE				FALSE
FALSE		36		FALSE
FALSE				FALSE
FALSE		40		FALSE

2. SUM 加總 IF 的結果，得到 27，但沒有數值加總是 0。

3. TEXT 的 format_text 是「[=] 」，注意右中括號 (]) 後面是空格，中間是等號 (=) 是省略 0，所以，數值 0 的話，就顯示空格。

當然，如果用 IF 要重複一次，公式就比較長。

```
=TEXT(IF(SUM(IF($C16=$C$3:$C$12,D$3:D$12))=0,0,SUM(IF($C16=$C$3:$C$12,
D$3:D$12))),"[=] ")
```

你也可以直接用 SUMIF 函數。

```
TEXT(SUMIF($C$3:$C$12,$C16,D$3:D$12),"[=] ")
```

結果都是一樣的。

05 合計菜單的價格 - 單格多筆資料

我們要進行儲存格的數值統計時，必須擷取所有數值，找出字串中的一組數字不是很困難，但找出多組就不簡單。首先，用 ROW 與 INDIRECT 來建立可變動性陣列，然後，用 MID 取出數值，TEXT 剔除不合適的數值，最後 SUM 合計數值。

開啟「4.5 合計菜單的價格 - 單格多筆資料 .xlsx」。

	A	B	C	D
2		項目：	菜單	
3			雞腿飯$120	
4			控肉飯$70	
5			白飯$15,豆干$20	
6				
7		問題：	合計菜單的價格-單格多筆資料	
8		解答：	價格_1	價格_2
9			120	120
10			70	70
11			35	35

C2:C5 是菜單表，想要計算各儲存格的價格。

C9 的公式是：

```
SUM(❺
    TEXT(❹
        IFERROR(❸
            --MID(❷
                C3,
                ROW(INDIRECT("1:"&LEN(C3)-2)),❶
                3
                ),
            0
        ),
        "[<15]!0"
    )*1
)
```

1. MID 的 start_num 是 ROW 函數，它是根據字串的長度來改變陣列長度。INDIRECT 是根據 ref_text 來參照，而 ref_text 是 INDIRECT("1:"&LEN(C3)-2)，LEN(C3)=7，扣掉 2 等於 5，-2 是為了避免最後的 1 與 2 位數的數值，所以，答案是 1:5，ROW(1:5)，下一個是 ROW(1:4) 與 ROW(1:9)，因此，可以根據字串的長度來改變陣列長度。畢竟用固定的 ROW(1:5) 對 C4 太多，對 C5 太少，計算時會有錯誤值產生。

2. MID 的 text=C3，ref_text=ROW(1:5)，而 num_chars=3，意思是從 C3= 雞腿飯 $120 時，依序從第 1 到第 5 取出完整 3 個字元。

MID		--MID
雞腿飯		#VALUE!
腿飯 $		#VALUE!
飯 $1	→	#VALUE!
$12		12
120		120

MID 都是 3 個字元，加上 2 個橫槓 (-) 就轉為數值。如果沒有 -2 就會出現 20 與 0，在取值時會造成困擾。

3. IFEEROR 是將錯誤值轉為 0。

4. TEXT 的 format_text 是 [<15]!0，這表示小於 15 就顯示 0，因為價格最低是白飯 $15 元，所以，會將 12 轉為 0。乘上 1 是將文字型數值轉為數字型。

5. 經過上面處理之後，只剩 120，用 SUM 加總之後，答案是 120。而 C5 的結果會留下 15 與 20，加總之後得到 35。

但是這個公式有許多缺點，其中是 C3 價格如果是 160 就會產生錯誤，因為會有 16 出現，TEXT 是小於 15 才是 0，而 16>15，所以答案是 176，錯誤值。

D9 的公式是：

```
SUM(FILTERXML("<x><y>"&SUBSTITUTE(SUBSTITUTE(C3,"$","</y><y>"),",","
</y><y>")&"</y></x>","//y[.*0=0]"))
```

這個公式看起來很複雜，它用了 FILTERXML 函數，這個方法在拆字方面非常有用，不管價格多少，都會找得到，我們將在下一章詳細解析它的運作訣竅。

PART II

第二篇

拆解整理

前章介紹TEXT可以改變數值格式，但要改變文字格式，拆解、擷取、轉換時，我們常常利用LEFT、RIGHT、MID這類的文字函數來處理。除了函數以外，也可以用功能區操作，如**資料剖析**、**快速填入**(CTRL+E)，也可以用Excel附屬軟體Power Query（參考第6篇）。這篇使用一個特殊的函數-FILTERXML，我們將解開它神奇的功能。

CHAPTER

05

使用 FILTERXML 拆字

文字函數雖然是很好用的拆解工具，但只能用來處理一般簡單的拆解，一遇到有點難度的問題，文字函數就無法處理。有個函數 FILTERXML 是非常適合拆解工作，它本來是解析 XML 的工具，借用來解決字串拆解的疑難雜症。本章的重點在這個函數。2013(含)以後版本可用。

本章重點

假設字串是「明天 /XY-45CA /123/abc」，我們要用 FILTERXML 一個一個拆解出來。FILTERXML 語法是：

```
FILTERXML(xml, xpath)
```

xml：有效 XML 格式的字串。

xpath：標準 XPath 格式的字串。

XML（Extensible Markup Language, 可延伸標記式語言）視為一個樹狀結構的文件用來傳送及攜帶資料。所以，首先我們要將字串改為 XML 的樹狀結構。將「明天 /XY-45CA /123/abc」改換成：

```
<x>
    <y>明天</y>
    <y>XY-45CA</y>
    <y>123</y>
    <y>abc</y>
</x>
```

所以，需要用 SUBSTITUTE 函數將斜線 (/) 轉換為 <x><y></y></x>。

```
="<x><y>"&SUBSTITUTE(A1,"/","</y><y>")&"</y></x>"
```

就會得到：

```
<x><y>明天</y><y>XY-45CA</y><y>123</y><y>abc</y></x>
```

樹狀結構說明如下圖：

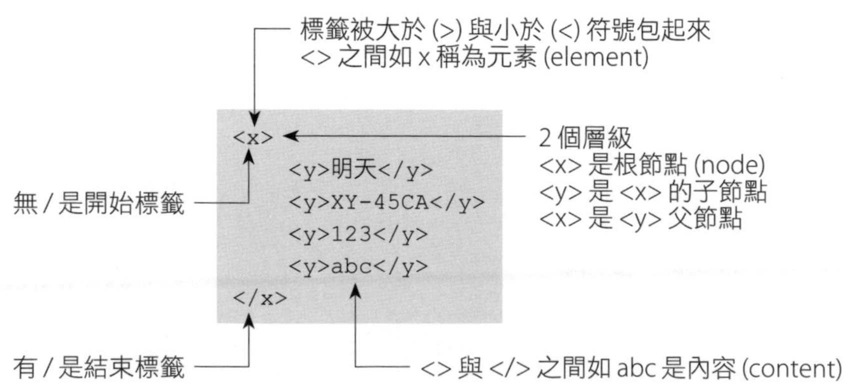
標籤被大於 (>) 與小於 (<) 符號包起來
<> 之間如 x 稱為元素 (element)
<x>
<y>明天</y>
<y>XY-45CA</y>
<y>123</y>
<y>abc</y>
</x>
2 個層級
<x> 是根節點 (node)
<y> 是 <x> 的子節點
<x> 是 <y> 父節點
無 / 是開始標籤
有 / 是結束標籤
<> 與 </> 之間如 abc 是內容 (content)

假設字串在 A1，公式是：

```
FILTERXML(
    "<x><y>"
        &
    SUBSTITUTE(A1,"/","</y><y>")
        &
    "</y></x>",
    "x/y"
)
```

SUBSTITUTE 將 A1 中的 /(斜線) 改為 </y><y>，然後透過 & 串接，得到答案如上所述。到這裡很容易理解，xpath=**x/y** 是可以加入很多因素，比較不容易理解，複雜度不輸 TEXT 的 format_text。

XPATH（XML Path Language）是 XML 路徑語言，確定 XML 檔案中某部分位置，它是一種小型查詢語言。查詢語言只能顯示內容，不能改變內容，也就是 abc 不能改為 abd。x/y 的意思是將內容全部顯示。你也可以用 //y，選取當前節點底下全部，父節點就可以省略。x 與 y 只是符號，你可以用任何符號當節點的元素。如果想要取得數值即可，xpath=//y[number()=.]，number 是運算型函數，等於 (=) 是運算子 (operator)，.(小黑點) 是當前節點，所以，是顯示當前節點 y 底下的所有數值。如果想要顯示第 4 個位置內容，xpath=//y[4] 或 //y[position()=4]，答案是 abc，而 position 是返回位置的函數。

Excel 的 XPATH 版本是 1.0，目前有些軟體可以使用 3.0。

我們選擇一些比較常用的運算子與函數，說明如下：

運算子

類別	運算子	說明
布林值	and	且
布林值	or	或
布林值	not	非
數學運算	+	加法
數學運算	-	減法
數學運算	*	乘法、萬用字元，根節點全部

類別	運算子	說明
數學運算	div	除法
數學運算	mod	模數，取餘數
比較運作	=	等於
比較運作	!=	不等於
比較運作	>	大於
比較運作	>=	大於等於
比較運作	<	小於
比較運作	<=	小於等於
節點集	|	節點聯集
節點集	/	路徑 - 節點層級區分
節點集	//	路徑 - 多層級搜尋 - 當前節點
節點集	.	當前節點內容
節點集	..	父節點內容
其他	:	命名分隔符號
其他	[]	篩選條件格式
其他	()	群組運算 - 決定優先順序

函數

屬性	函數	說明
文字型	contains	包含字串
文字型	substring	擷取字串
文字型	substring-before	符合取字串之前的內容
文字型	substring-after	符合取字串之後的內容
文字型	start-with	字串開頭條件
文字型	string	將節點集轉為字串
文字型	string-length	字串的字元數
文字型	translate	字元對應關係
數字型	round	四捨五入，最接近整數
數字型	number	內容轉為數字

屬性	函數	說明
節點集	count	計算節點總數
節點集	name	元素名稱
節點集	text	搜尋文字類型
節點集	position	取得節點位置
節點集	last	最後一筆內容

軸類型節點路徑

屬性	函數	說明
路徑	following	當前節點結束標籤之後全部
路徑	preceding	當前節點開始標籤之前全部
路徑	child	子節點
路徑	descendant	後代全部
路徑	parent	父節點

這些比較少應用在拆字方面。

01 位置判斷

經過上面的說明之後，我們再來實際操作並解釋運作方式，FILTERXML 最主要的功能是網站內容解析，如果要用在拆解字串之中，很多功能都用不到，所以，我們只用一些功能就可以解決拆字難題。XPATH 是搜尋適當的節點，進行篩選，顯示內容，這一點初學者必須注意，所以，不能改變內容 (1.0 版)，但是，你可以再用 Excel 函數來解決問題。

開啟「5.1 FILTERXML 拆字 - 位置判斷 .xlsx」：

	B	C	D	E	F	G	H
2	字串：	明天/XY-45CA/ABC/123/abc/456/TY-111/123/XY-135F/明白					
3	xml：	<x><y>明天</y><y>XY-45CA</y><y>ABC</y><y>123</y><y>abc</y><y>456</y><y>TY-111</y><y>123</y><y>XY-135F</y><y>明白</y></x>					
5		全部	位置判斷	數字判斷區間	數字判斷區間	數字判斷區間	最後幾筆
6	xPath	//y	//y[position()=4]	//y[position()<4]	//y[position()=2 or position()>5]	//y[position()>6 and position()<8]	//y[position()>5]
7	1	明天	123	明天	XY-45CA	TY-111	456
8	2	XY-45CA		XY-45CA	456		TY-111
9	3	ABC		ABC	TY-111		123
10	4	123			123		XY-135F
11	5	abc			XY-135F		明白
12	6	456			明白		
13	7	TY-111					
14	8	123					
15	9	XY-135F					
16	10	明白					

C2 是需要拆解的字串，C3 的公式是：

```
"<x><y>"&SUBSTITUTE(C2,"/","</y><y>")&"</y></x>"
```

就如前面所述讓它變成 XML 的樹狀架構，一般在處理字串時，並不像網頁有那麼多的層級，最多可能用到三個層級，大都兩個層級就可以解決了。另外、很多運算子、內定函數也很少用到，我們也可以用 Excel 函數加工處理更進階的拆字工作。

B7:B16 是拆解後各字串的序號，當然，這是隱含的數字。

C7 的 xpath=//y，// 是簡寫，也可以用 x/y，或用節點路徑的 /descendant::y 或 /child::x/y。我們可以用簡寫方式即可。FILTERXML 適用在 2013 以後版本，它返回的是陣列，所以，365 版改為動態函數不用 CSE 公式，如果你得不到陣列公式時，就要用 CSE 公式解決。

D7(參照 D6) 是 //y[position()=4]，中括號 ([]) 是進行篩選判斷，position 是位置，所以 =4 是顯示第 4 筆資料，答案是 123。你也可以用 /child::x/child::y[4] 的方法，或用 //y[4] 也可以得到答案。

E7 是 //y[position()<4]，表示顯示第 4 筆 (不含) 以上的全部資料。

F7 是 //y[position()=2 or position()>5]，顯示第 2 筆與 6-10 筆。這裡用 or 的運算子，運算子跟函數要用小寫方式。

G7 是 //y[position()>6 and position()<8]，它是用 and 運算子，介於 6 與 8 之間，顯示第 7 筆資料。

H7 是 //y[position()>5]，顯示第 6 筆到最後的資料。

02 區間判斷

這次我們更進一步說明字串拆解轉陣列時，如何顯示區間的資料。

開啟「4.2 FILTERXML 拆字 - 區間判斷 .xlsx」。

	A	B	C	D	E	F	G	H	I
2		字串：	明天/XY-45CA/ABC/123/abc/456/TY-111/123/XY-135F/明白						
3		xml：	<x><y>明天</y><y>XY-45CA</y><y>ABC</y><y>123</y><y>abc</y><y>456</y><y>TY-111</y><y>123</y><y>XY-135F</y><y>明白</y></x>						
4									
5			全部	字串判斷區間	最後字串	倒數第x筆	倒數區間	奇數位置	偶數位置
6		xPath	x/y	//y[preceding::*='456' and following::*='明白']	//y[last()]	//y[last()-1]	//y[position()>6 and position()<last()-1]	//y[position() mod 2 = 1]	//y[position() mod 2 = 0]
7		1	明天	TY-111	明白	XY-135F	TY-111	明天	XY-45CA
8		2	XY-45CA	123			123	ABC	123
9		3	ABC	XY-135F				abc	456
10		4	123					TY-111	123
11		5	abc					XY-135F	明白
12		6	456						
13		7	TY-111						
14		8	123						
15		9	XY-135F						
16		10	明白						

C2:C3 同樣的案例。

D7 的 xpath=//y[preceding::*='456' and following::*=' 明白 ']，preceding 是選取當前節點開始標籤之前全部 (上節點)，而 following 是選取當前節點結束標籤之後全部 (下節點)，星號 (*) 代表根節點全部。

```
<x>
    <y>明天</y>
    <y>XY-45CA</y>
    <y>ABC</y>
    <y>123</y>
    <y>abc</y>
```

```
    <y>456</y>          <= preceding
    <y>TY-111</y>
    <y>123</y>
    <y>XY-135F</y>
    <y>明白</y>          <=  following
</x>
```

<y></y> 沒有下一層，所以 preceding 是 <y></y> 全部內容；而 following 也是 <y></y> 全部內容。and 是交集，所以在 <y>456</y> 與 <y> 明白 </y> 之間的內容，答案是 {"TY-111";123;"XY-135F"}。

如果 preceding::*='456'，答案是：

```
{"TY-111";123;"XY-135F";"明白"}
```

如果是 following::*=' 明白 '，答案是：

```
{"明天";"XY-45CA";"ABC";123;"abc";456;"TY-111";123;"XY-135F"}
```

2 個答案交集內容是：

	preceding	following
//y	456	明白
明天		明天
XY-45CA		XY-45CA
ABC		ABC
123		123
abc		abc
456		456
TY-111	**TY-111**	**TY-111**
123	**123**	**123**
XY-135F	**XY-135F**	**XY-135F**
明白	明白	

preceding 是 456，following 是 123，答案是 {" TY-111"}。

preceding 是 123，following 是 XY-135F，答案是 {"abc";456;"TY-111";123}。

preceding 是 XY-135F，following 是 123，答案是 #VALUE!。

	preceding	following	preceding	following	preceding	following
//y	456	123	123	XY-125F	XY-125F	123
明天		明天		明天		明天
XY-45CA		XY-45CA		XY-45CA		XY-45CA
ABC		ABC		ABC		ABC
123		123		123		123
abc		abc	**abc**	**abc**		abc
456		456	**456**	**456**		456
TY-111	**TY-111**	**TY-111**	**TY-111**	**TY-111**		TY-111
123	123		**123**	**123**		
XY-135F	XY-135F		XY-135F			
明白	明白		明白		明白	

123 是重複值，從答案可知，preceding 是由上往下判斷第一個值為準擷取全部內容，而 following 是由下往上判斷第一個值為準擷取全部內容，and 運算子是讓他們交集，擷取此部分。

E7 的 xpath=//y[last()]，是最後一筆的意思，答案是 {" 明白 "}。

F7 的 xpath=//y[last()-1]，last()-1 是最後一筆往上 1 筆，就是倒數第 2 筆，答案是 {"XY-135F"}。

G7 的 xpath=//y[position()>6 and position()<last()-1]，這是第 7 筆與第 8 筆的內容，答案是 {" 明天 ";"ABC";"abc";"TY-111";"XY-135F"}。

H7 的 xpath=//y[position() mod 2 = 1]，這是每個位置序號除以 2 的餘數，判斷是否等於 1。

序號	mod 2	1	內容
1	1	TRUE	**明天**
2	0	FALSE	XY-45CA
3	1	TRUE	**ABC**
4	0	FALSE	123
5	1	TRUE	**abc**
6	0	FALSE	456
7	1	TRUE	**TY-111**
8	0	FALSE	123
9	1	TRUE	**XY-135F**
10	0	FALSE	明白

從上表可知，就是顯示奇數列的內容。

I7 的 xpath=//y[position() mod 2 = 0]，這是每個位置序號除以 2 的餘數，判斷是否等於 0。這是顯示偶數列的內容。

03 數值判斷

這次我們將處理字串中的數值部分，有全數值、部分數值或用比較運算子來找出適當的內容。

開啟「5.3 FILTERXML 拆字 - 數值判斷 .xlsx」。

	B	C	D	E	F	G	H	I
2	字串：	明天/XY-45CA/ABC/123/abc/456/TY-111/123/XY-135F/明白						
3	xml：	<x><y>明天</y><y>XY-45CA</y><y>ABC</y><y>123</y><y>abc</y><y>456</y><y>TY-111</y><y>123</y><y>XY-135F</y><y>明白</y></x>						
4								
5		全部	顯示有數字	顯示無數字	排除純數值	數值中文並存	數字內容	數值第二個
6	xPath	//y	//y[translate(.,'1234567890','')!=.]	//y[translate(.,'1234567890','')=.]	//y[.*0!=0]	//y[translate(.,'1234567890','')!=. and .*0!=0]	//y[number()=.]	//y[.*0=0][2]
7	1	明天	XY-45CA	明天	明天	XY-45CA	123	456
8	2	XY-45CA	123	ABC	XY-45CA	TY-111	456	
9	3	ABC	456	abc	ABC	XY-135F	123	
10	4	123	TY-111	明白	abc			
11	5	abc	123		TY-111			
12	6	456	XY-135F		XY-135F			
13	7	TY-111			明白			
14	8	123						
15	9	XY-135F						
16	10	明白						

D7 的 xpath=//y[translate(.,'1234567890','')!=.]，translate 的語法是：

```
translate(string, string, string)
```

string 是字串。

它是類似字元映射 (Mapping) 的對應關係，假設 Translate("xcz","zyx","ABC")，我們來看看它運作的程序。

序數	第 1 引數	第 2 引數	第 3 引數	順序	答案
1	x	z	**A**	3	C
2	**c**	y	B	保留	c
3	z	x	**C**	1	A

第 1 引數的第 1 個字元 (x)，對應第 2 引數 (x)，在第 3 位置，最後反映到第 3 引數的第 3 位置，所以，答案是 C。

第 1 引數的第 2 個字元 (c)，在第 2 引數沒有此字，所以保留，答案是 c。

第 1 引數的第 3 個字元 (z)，對應第 2 引數 (z)，在第 1 位置，最後反映到第 3 引數的第 1 位置，所以，答案是 A。

3 個字合併就是 CcA。

了解 translate 函數運作方式後，可得知 D7 的 xpath 的運作是：

xml	translate	!=.	結果
明天	明天	FALSE	明天
XY-45CA	XY-CA	TRUE	**XY-45CA**
ABC	ABC	FALSE	ABC
123		TRUE	**123**
abc	abc	FALSE	abc
456		FALSE	456
TY-111	TY-	TRUE	**TY-111**
123		TRUE	**123**
XY-135F	XY-F	TRUE	**XY-135F**
明白	明白	FALSE	明白

```
translate(.,'1234567890','')
```

第 1 引數是 .(小黑點) 表示當前節點 y 的全部內容。

第 2 引數是 1234567890。

第 3 引數是 2 個單引號 (")，表示空字串。

因此，節點 y 的內容有數字部分，對應第 2 引數的數字，反映到第 3 引數，但是空字串，這表示刪除內容的數字。

接下來，是 translate()!=.，translate 之後的內容不等於節點 y 的內容，最後顯示 TRUE 的部分。答案就是 {"XY-45CA";123;456;"TY-111";123;"XY-135F"}。

E7 的 xpath=//y[translate(.,'1234567890','')=.]，運算方式跟 D7 類似，差別是 **=.**，也就是顯示文字部分。答案是 {" 明天 ";"ABC";"abc";" 明白 "}。

F7 的 xpath=//y[.*0!=0]，內容乘上 0 不等於 0 就是 TRUE。

xml	.*0	!=0	結果
明天	#VALUE!	TRUE	**明天**
XY-45CA	#VALUE!	TRUE	**XY-45CA**
ABC	#VALUE!	TRUE	**ABC**
123	0	FALSE	123
abc	#VALUE!	TRUE	**abc**
456	0	FALSE	123
TY-111	#VALUE!	TRUE	**TY-111**
123	0	FALSE	123
XY-135F	#VALUE!	TRUE	**XY-135F**
明白	#VALUE!	TRUE	**明白**

答案是 {" 明天 ";"XY-45CA";"ABC";"abc";"TY-111";"XY-135F";" 明白 "}，排除純數值的內容。

G7 的 xpath=//y[translate(.,'1234567890','')!=. and .*0!=0]，這透過 and(且) 進行 2 公式的判斷，就是 and 左邊與右邊同是 TRUE 才是 TRUE。D7 與 E7 進行 and 判斷。答案是 {"XY-45CA";"TY-111";"XY-135F"}，排除純數字與純中文，保留文字夾雜數字的內容。

H7 的 xpath=//y[number()=.]，number 是將 y 節點內容轉數字，所以 =. 表示只保留數字的內容。答案是 {123;456;123}。

I7=//y[.*0=0][2]，它的執行順序是先 //y 顯示全部內容，然後進行 [.*0=0] 的判斷，顯示 {123;456;123}，最後，選擇第 2 筆 [2] 內容，答案是 456。

//y	.*0=0	2
明天	明天	明天
XY-45CA	XY-45CA	XY-45CA
ABC	ABC	ABC
123	**123**	**123**
abc	abc	abc
456	**456**	**456**
TY-111	TY-111	TY-111
123	**123**	**123**
XY-135F	XY-135F	XY-135F
明白	明白	明白

04 限制字串

本節要探討拆解字串的限制問題，如包含某字元、前一筆是某字元之類的條件限制。

開啟「5.4 FILTERXML 拆字 - 限制字串 .xlsx」。

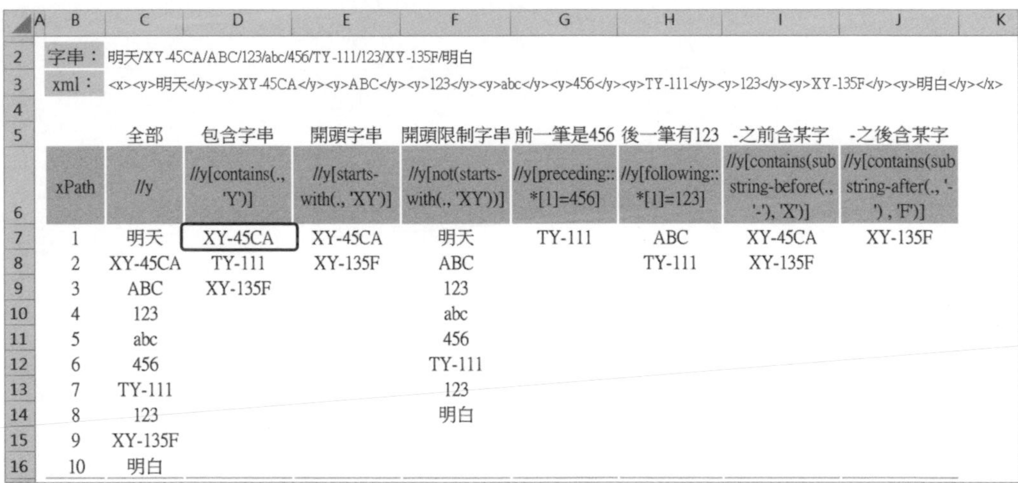

	B	C	D	E	F	G	H	I	J
2	字串：	明天/XY-45CA/ABC/123/abc/456/TY-111/123/XY-135F/明白							
3	xml：	<x><y>明天</y><y>XY-45CA</y><y>ABC</y><y>123</y><y>abc</y><y>456</y><y>TY-111</y><y>123</y><y>XY-135F</y><y>明白</y></x>							
4									
5		全部	包含字串	開頭字串	開頭限制字串	前一筆是456	後一筆有123	-之前含某字	-之後含某字
6	xPath	//y	//y[contains(., 'Y')]	//y[starts-with(., 'XY')]	//y[not(starts-with(., 'XY'))]	//y[preceding::*[1]=456]	//y[following::*[1]=123]	//y[contains(substring-before(., '-'), 'X')]	//y[contains(substring-after(., '-'), 'F')]
7	1	明天	XY-45CA	XY-45CA	明天	TY-111	ABC	XY-45CA	XY-135F
8	2	XY-45CA	TY-111	XY-135F	ABC		TY-111	XY-135F	
9	3	ABC	XY-135F		123				
10	4	123			abc				
11	5	abc			456				
12	6	456			TY-111				
13	7	TY-111			123				
14	8	123			明白				
15	9	XY-135F							
16	10	明白							

我們直接看 D7 的 xpath=//y[contains(., 'Y')]，contains 的語法是：

```
contains(str1, str2)
```

str1 與 2 是字串。

意思是 str1 有 str2 的字串存在即為 TRUE。所以 contains(., 'Y') 是判斷節點 y 的內容是否有 Y 字母。答案是 {"XY-45CA";"TY-111";"XY-135F"} 這三個。

如果有 2 個條件的話，可以用：

1. //y[contains(., 'Y')][contains(., 1)]

2. //y[contains(., 'Y') and contains(., 1)]

第 1 個表示先找到有 Y 的內容，在從中搜尋有 1 的內容，答案是{"TY-111";"XY-135F"}2 個。第 2 個是用 and 判斷兩者關係也可以得到同樣答案。

E7 的 xpath=//y[starts-with(., 'XY')]，starts-with 的語法是：

```
starts-with(string, string)
```

string 是字串。

意思是第 1 個內容的開頭有第 2 個字串就是 TRUE。所以 starts-with(., 'XY') 是節點 y 的內容開頭有 XY 的字串即是 TRUE。答案是{"XY-45CA";"XY-135F"}2 個。

F7 有 not 運算子，表示開頭不是 XY 的內容。

G7 的 xpath= //y[preceding::*[1]=456]，如果是 //y[preceding::*[1]]，取消 =456 的話，前一筆有內容就會顯示，只有明天不會，因為明天沒有前一筆。因此，前一筆是 456 的是 TY-111。

序號	//y	前一筆
1	明天	XY-45CA
2	XY-45CA	ABC
3	ABC	123
4	123	abc
5	abc	456
6	**456**	**TY-111**
7	TY-111	123
8	123	XY-135F
9	XY-135F	明白
10	明白	

H7 的 xpath= //y[following::*[1]=123]，[1] 表示是後一筆，內容 123 有 2 筆，所以會得到 {"ABC";"TY-111"}2 筆。

序號	//y	後一筆
1	明天	
2	XY-45CA	明天
3	ABC	XY-45CA
4	**123**	**ABC**
5	abc	123
6	456	abc
7	TY-111	456
8	**123**	**TY-111**
9	XY-135F	123
10	明白	XY-135F

I7 的 xpath=//y[contains(substring-before(., '-'), 'X')]，substring-before 的語法是：

```
substring-before(string, string)
```

這是第 2 引數的字串比對第 1 引數的字串，有就是 TRUE，然後取得比對字串的前面所有字串。

substring-before(., '-') 是只要節點 y 的內容有橫槓 (-) 即是 TRUE，答案是 {"XY-45CA";"TY-111";"XY-135F"}。如果是 substring-before(., '-')= 'TY' 的話，橫槓 (-) 的前面字串是 TY 才是 TRUE，TY 要完全相同。所以答案是 TY-111。

contains(substring-before(., '-'), 'X') 是 substring-before 有 X 即是 TRUE，先把有橫槓 (-) 的內容找出來，再從這些內容判斷是否有 X，所以，答案是 {"XY-45CA";"XY-135F"}。

序號	//y	substring-before	contains
1	明天	明天	明天
2	XY-45CA	**XY-45CA**	**XY-45CA**
3	ABC	ABC	ABC
4	123	123	123
5	abc	abc	abc
6	456	456	456
7	TY-111	**TY-111**	TY-111
8	123	123	123
9	XY-135F	**XY-135F**	**XY-135F**
10	明白	明白	明白

J7 的 xpath=//y[contains(substring-after(., '-') , 'F')]，substring-after 是比對內容是否有何橫槓 (-)，如果有，他們的橫槓 (-) 後面是否有 F。答案是 XY-135F。

05 其他應用

經過上面章節的 xpath 的運算子與函數應用之後，我們了解其中拆字的奧秘。接下來，這裡要說明其他相關的應用，包含如何用 Excel 函數、多條件、長度。

開啟「5.5 FILTERXML 拆字 - 其他應用 .xlsx」。

	B	C	D	E	F	G	H	I	J
2	字串：	明天/XY-45CA/ABC/123/abc/456/TY-111/123/XY-135F/明白							
3	xml：	<x><y>明天</y><y>XY-45CA</y><y>ABC</y><y>123</y><y>abc</y><y>456</y><y>TY-111</y><y>123</y><y>XY-135F</y><y>明白</y></x>							
4									
5		全部	利用函數	倒轉顯示	包含多條件	重複值	唯一值	取字(MID)	=字元數
6	xPath	//y	//y["&ROW(3:4)&"]	//y["&11-ROW(6:10)&"]	//y[not(translate(.,'XT','')=.)]	//y[preceding::*=.]	//y[not(preceding::*=.)]	//*[substring(.,2,1)='Y']	//y[string-length()=2]
7	1	明天	ABC	abc	XY-45CA	123	明天	XY-45CA	明天
8	2	XY-45CA	123	123	TY-111		XY-45CA	TY-111	明白
9	3	ABC		ABC	XY-135F		ABC	XY-135F	
10	4	123		XY-45CA			123		
11	5	abc		明天			abc		
12	6	456					456		
13	7	TY-111					TY-111		
14	8	123					XY-135F		
15	9	XY-135F					明白		
16	10	明白							

D7 的 xpath=//y["&row(3:4)&"]，[] 裡是判斷式，前面曾經說過可以填入數字來表示顯示第幾個內容，如 [3] 是取得第 3 筆 ABC 的內容。但如果要顯示多筆內容，用 position 的方式，也可以內嵌 Excel 函數，ROW(3:4) 取得第 3 與 4 筆內容，答案是 ABC 與 123。你也可以用常數陣列，如 {1,5,8}，橫向顯示第 1、5 與 8 筆，{1;5;8} 是直向顯示。

E7 的 xpath= //y["&11-ROW(6:10)&"]，這是反方向顯示，一共有 10 筆資料，所以用 11-ROW(6:10) 的方式處理。如果你的原始有很多筆，每筆的字串不一，此時，就要用前面所說明的可變動範圍解決這個問題。固定陣列範圍 ROW(6:10) =

```
ROW(INDIRECT("6:"&LEN(C2)-LEN(SUBSTITUTE(C2,"/",""))+1))
```

LEN(SUBSTITUTE(C2,"/","")) 這是計算字串有幾個斜線 (/)。

F7 的 xpath= //y[not(translate(.,'XT','')=.)]，我們前面說過用 contains 可以搜尋節點 y 的內容是否有某字元，但如果要找不連貫的多字時，我們可以使用 translate。translate(.,'XT','') 是將內容有 X 或 T 的字元以空字串替代。前面 not 是「非」的意思，所以就是不等於小黑點 (.)。

xPath	//y	XT 被替代	not
1	明天	明天	FALSE
2	**XY-45CA**	**Y-45CA**	**TRUE**
3	ABC	ABC	FALSE
4	123	123	FALSE
5	abc	abc	FALSE
6	456	456	FALSE
7	**TY-111**	**Y-111**	**TRUE**
8	123	123	FALSE
9	**XY-135F**	**Y-135F**	**TRUE**
10	明白	明白	FALSE

因此，取得答案是 {"XY-45CA";"TY-111";"XY-135F"}。

G7 的 xpath= //y[preceding::*=.]，這是往前一筆一筆比較跟小黑點 (.) 相同即是 TRUE，所以答案只有 123。following 是往後對比，所以改為此函數答案一樣。

H7 的 xpath= //y[not(preceding::*=.)]，原理跟 G7 一樣，只是多一個 not，所以顯示內容的唯一值。改為 following 之後，顯示 123 在不同位置而已，其他都一樣。

I7 的 xpath= //*[substring(.,2,1)='Y']，substring 是擷取字串的字元數，跟 MID 一樣的語法是：

```
substring(string, number, number)
```

string 是節點內容的字串。

第 2 引數 number 是字串中的第幾個字元。

第 3 引數 number 是從第 2 引數的序數開始，擷取幾個字。

substring(.,2,1) ='Y' 就是從節點 y 的內容字串從第 2 個字元開始，擷取 1 個字元，如果是 Y 的話，就是 TRUE。答案是 {"XY-45CA";"TY-111";"XY-135F"}。

J7 的 xpath= //y[string-length()=2]，string-length() 是字串字元個數。如果節點 y 的內容是 2 個字元，就是 TRUE。答案是 {" 明天 ";" 明白 "}。

CHAPTER

06

拆解資料

從第 5 章可以了解 FILTERXML 函數的威力，它的確可以解決擷取困難字串的問題。這一章我們來看案例的解決方法，除了 FILTERXML 之外，也涉及其他函數的應用。

本章重點

01 拆開套餐文字與價格的部分

如果每個想要拆解的字串有符號分隔或固定字數的話，這是最好不過了，我們很容易透過簡單函數解決，或用資料剖析功能將資料一步一步的分割成適當的字串。

開啟「6.1 拆開套餐文字與價格的部分 .xlsx」。

	A	B	C	D	E	F	G	H
2		項目：	套餐與價格		套餐與價格		套餐與價格	
3			牛排餐350		牛排餐350元		1號牛排餐350元	
4			烤雞餐465		烤雞餐465元		2號烤雞A餐465元	
5			羊排餐250		羊排餐250元		3號羊排B2餐250元	
6			肋排餐180		烤肋排餐99元		4號烤肋排餐99元	
7								
8		問題：	拆開套餐文字與價格的部分					
9		解答：	套餐	價格	套餐	價格	套餐	價格
10			牛排餐	350	牛排餐	350	1號牛排餐	350
11			烤雞餐	465	烤雞餐	465	2號烤雞A餐	465
12			羊排餐	250	羊排餐	250	3號羊排B2餐	250
13			肋排餐	180	烤肋排餐	99	4號烤肋排餐	99

如果你的版本是 2013(含) 以後，你可以用快速填入功能。

D3 輸入 350，然後，**點選常用 → 填滿 → 快速填入**，就會根據 C 欄的資料，顯示所有的數值。當然，也可以直接按 **Ctrl+E**。

F3= 牛排餐，按 Ctrl+E，會顯示全部套餐名稱。

H3= 1 號牛排餐，按 Ctrl+E，H5 是錯誤的。所以，它的擷取方法是判斷數字與文字，H5 的 2 餐沒有擷取出來。

C10 =LEFT(C3,3)，因為字元數固定，所以可以用 LEFT 就能取出適當文字。

```
D10 =--MIDB(C3,SEARCHB("?",C3),10)
```

SEARCHB 是搜尋字元，不分大小寫，可用萬用字元。語法是：

```
SEARCHB(find_text,within_text,[start_num])
```

find_text 是要搜尋的文字。

within_text 是文字範圍。

[start_num] 是選用，開始搜尋的位置。

問號 "?" 代表 1 個字元，SEARCHB 會將中文字認定為 2 個字元組，而 SEARCH 將中文認定為 1 個字元組。所以，C3 的牛排餐都是 2 字元組，而 350 都是 1 個字元組。因此，用問號 (?) 任意一個位元組為目標，會跳過中文字的 2 個位元組，找到 3 的位置。答案是 7，因為中文字是 2 個位元組，一共有 3 個。MIDB 的 text 是 C3，start_num 是 7，從第 7 個開始擷取 10 個字元組，但超過數量時，就擷取到最後 1 個字元組，所以答案是 350。

C10 也可以用 SUBSTITUTE(C3,D10,"")，將 350 去除，就是牛排餐。

F10 是 --MIDB(SUBSTITUTE(E3," 元 ",""),SEARCHB("?",E3),10)，它的運作原理跟 D10 是類似的。

H10 的公式不能再用 SEARCHB，因為 G3 的第 1 個字元組是數字，會找到第 1 個字，這不是我們想要的。其公式是：

```
FILTERXML("<x><y>"&SUBSTITUTE(SUBSTITUTE(G3,"餐","</y><y>"),"元",
"</y><y>")&"</y></x>","//y[.*0=0]")
```

xml 是透過 SUBSTITUTE 將**餐**與**元**改為標籤，得到：

```
"<x>
     <y>1號牛排</y>
     <y>350</y>
</x>"
```

Xpath=//y[.*0=0]，是取得數字的容，所以答案是 350。

FILTERXML xpath(last、translate)
SUBSTITUTE MIDB SEARCHB RIGHT LEN MIN IF MMULT N CODE MID ROW

02 找出不同長度的產品型號

快速填入（Ctrl+E）或資料剖析功能非常強大，又容易操作，但遇到一些長度不一，分隔符號無法區分時就沒辦法發揮作用了。這次我們應用 FILTERXML 的功能來解決這些問題。

開啟「6.2 找出不同長度的產品型號.xlsx」。

	B	C	D
2	項目：	品項	
3		電冰箱FA456	
4		電冰箱FE124	
5		電冰箱FX789	
6			
7	問題：	找出固定產品型號	
8	解答：	型號	
9		FA456	
10		FE124	
11		FX789	

C2:C5 是產品資料表，要從資料表中的產品品項列出型號。品項名稱中文字是固定，所以很容易取得型號。你也可以在 D3 輸入 FA456，Ctrl+E，能往下快速填入型號。

C9 的公式是：

```
FILTERXML("<x><y>"&SUBSTITUTE(C3,"F","</y><y>F")&"</y></x>",
"//y[last()]")
```

xml：

```
"<x>
    <y>電冰箱</y>
    <y>FA456</y>
</x>"
```

xpath= y[last()]，取得節點 y 的最後一個內容，答案是 FA456。

接下來看工作表 2 的問題。

	B	C	D	E
2	項目：	品項		
3		化索筆電AC-1234		
4		記甲主機板BE-456		
5		弘集螢幕KIFG-789		
6				
7	問題：	找出不同長度的產品型號		
8	解答：	型號_1	型號_2	
9		AC-1234	AC-1234	
10		BE-456	BE-456	
11		KIFG-789	KIFG-789	

C2:D5 是產品資料表，一樣要取得型號。如果你在 E3 輸入 AC-1234，再用快速填入 (Ctrl-E) 會有問題，因為中文字與英文字母都是文字型，它無法分辨，所以，E4 顯示「板 BE-456」，這是錯誤的。

C9 公式 SUBSTITUTE 是：

```
SUBSTITUTE(❸
    C3,
    MIDB(C3,SEARCHB("?",C3),1),❶
    "</y><y>"
        &
    MIDB(C3,SEARCHB("?",C3),1)❷
)
```

1. 這是 SUBSTITUTE 的 old_text，SEARCHB 前面已經說明它是搜尋 1 字元組的字母，所以會找到 A，第 9 個位置。然後，MIDB 是從 C9 的第 9 個位置，取得 1 個字元組 A。

2. 而 new_text 的答案是 </y><y>A，取代 old_text。

3. SUBSTITUTE 的 text(C3)= 化索筆電 AC-1234，</y><y>A 取代第 9 個字母 A，所以，成為 " 化索筆電 </y><y>AC-1234"。

從上面解釋可以得知 xml 是：

```
"<x>
    <y>化索筆電</y>
    <y>AC-1234</y>
</x>"
```

Xpath=//y[2]，顯示第 2 個內容，答案是 AC-1234。

也可以用 D9 的公式，其中的 MMULT 是：

```
MMULT(❹
    N(❸
        CODE(❷
            MID(C3,ROW($1:$10),1)❶
        )>{64,90}
    ),
    {1;1}
)=1
```

1. MID 的 start_num 是 ROW($1:$10) 建立 1~10 的序號，num_chars 是 1。表示是從 C3 的字串中一個一個字元取出。

2. CODE 是將字元轉為字碼，然後判斷是否大於 64 與 90。64 是 A 的字碼，而 90 是 Z 的字碼。準備判斷字元是否在 A 與 Z 之間。

MID	CODE>{64,90}		N	
化	TRUE	TRUE	1	1
索	TRUE	TRUE	1	1
筆	TRUE	TRUE	1	1
電	TRUE	TRUE	1	1
A	**TRUE**	**FALSE**	**1**	**0**
C	**TRUE**	**FALSE**	**1**	**0**

MID	CODE>{64,90}		N	
-	FALSE	FALSE	0	0
1	FALSE	FALSE	0	0
2	FALSE	FALSE	0	0
3	FALSE	FALSE	0	0

從表格得知，中文字是 2 個 1，英文字母是 1 個 1 與 1 個 0，而其他都是 0。所以，我們將陣列的 2 欄個別加總是 1 的話，就是 TRUE。

3. 用 N 將邏輯值轉數值為 1 與 0。

4. 所以，我們需要用 MMULT 來進行陣列加總。如果是橫向加總，第 1 引數是要橫向，第 2 引數就要直向，而且要數值才能進行，所以，需要用 N 轉數值。

N	
1	1
1	1
1	1
1	1
1	**0**
1	**0**
0	0
0	0
0	0
0	0

{1;1}
1
1

這樣就可以進行橫向加總，得到陣列是：

MMULT	=1	IF
2	FALSE	FALSE
2	FALSE	FALSE
2	FALSE	FALSE

MMULT	=1	IF
2	FALSE	FALSE
1	**TRUE**	**5**
1	**TRUE**	**6**
0	FALSE	FALSE
0	FALSE	FALSE
0	FALSE	FALSE
0	FALSE	FALSE

等於 1 才是 TRUE，接下來用 IF 將 TRUE 轉為序列值，MIN 找出最小值是 5，所以 C3 的第 1 個英文字母是第 5 個字 A。如果想更深入了解 MMULT，請參考《Excel 彙總與參照函數精解》。

接下來，我們來看工作表 3。

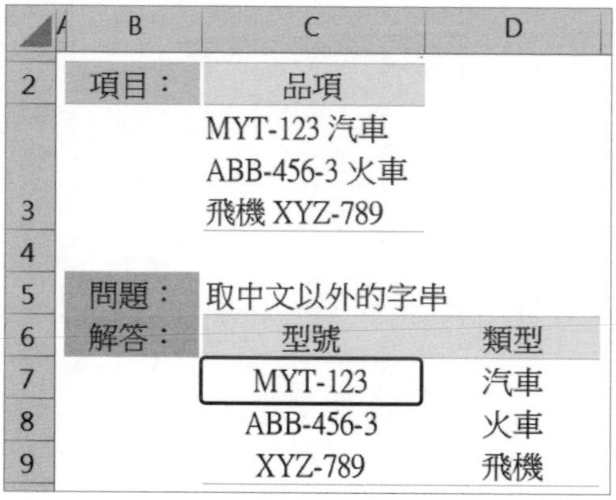

	A	B	C	D
2		項目：	品項	
3			MYT-123 汽車 ABB-456-3 火車 飛機 XYZ-789	
4				
5		問題：	取中文以外的字串	
6		解答：	型號	類型
7			MYT-123	汽車
8			ABB-456-3	火車
9			XYZ-789	飛機

C3 是合併儲存格。我們要將品項的型號找出來。

C7 的 SUBSTITUTE 公式是：

```
SUBSTITUTE(SUBSTITUTE(C3," ","</y><y>"),CHAR(10),"</y><y>")
```

這是進行 2 次替代，一次是將空格轉 </y><y>，第二次是將換行碼 CHAR(10) 轉 </y><y>。

我們得到的 xml 是：

```
"<x>
    <y>MYT-123</y>
    <y>汽車</y>
    <y>ABB-456-3</y>
    <y>火車</y>
    <y>飛機</y>
    <y>XYZ-789</y>
</x>"
```

xpath="//y[translate(.,'1234567890','')!=.]"，translate 在上一章已經說明過了，它類似於字元映射關係，將節點 y 的內容消除有數字部分。

//y	translate	!=.	答案
MYT-123	MYT-	**TRUE**	**MYT-123**
汽車	汽車	FALSE	汽車
ABB-456-3	ABB--	**TRUE**	**ABB-456-3**
火車	火車	FALSE	火車
飛機	飛機	FALSE	飛機
XYZ-789	XYZ-	**TRUE**	**XYZ-789**

D7 的 xpathc 是 translate()=.，上面是數字部分不等於所有節點內容，而這個是文字部分等於所有節點內容，所以顯示文字內容。

解析字串時，以空格為辨識字串區隔標準，所以將 MYT-123 改為 MYT 123 後，文字只能顯示 MYT；數字只能顯示 123。

03 將字串拆解並依照名稱排序列出

我們可以透過 xpath 來取得單一內容或一陣列內容，之後，也可用 Excel 函數來加以運算。首先，FILTERXML 將字串擷取成陣列，接下來，TRANSPOSE 橫向列出，用 OR 比對名稱是否正確，最後用 REPT 列出 1 次。

開啟「6.3 將字串拆解並依照名稱排序列出 .xlsx」。

	A	B	C	D	E	F	G	H
2		項目：	資料					
3			Carol/Amy/Danial/Ben					
4			Ellen/Carol/Amy/Ben					
5			Frank/Carol/Danial/Ann					
6								
7		問題：	將字串拆解並依照名稱排序列出					
8		解答：	Amy	Ben	Carol	Danial	Ellen	Frank
9			Amy	Ben	Carol	Danial		
10			Amy	Ben	Carol		Ellen	
11					Carol	Danial		
13			A	B	C	D	E	F
14			Amy	Ben	Carol	Danial		
15			Amy	Ben	Carol		Ellen	
16			Ann		Carol	Danial		Frank

C2:C5 是資料名稱，依照字串的分隔符號，將各名稱依序排列。

C9 的公式中 FILTERXML 的 xml 是：

```
"<x>
    <y>Carol</y>
    <y>Amy</y>
    <y>Danial</y>
    <y>Ben</y>
```

```
</x>"
xpath= "//y[not(translate(.,'ABCDE','')=.)]"
```

答案是{"Carol";"Amy";"Danial";"Ben"}

列出字串有 ABCDE 的名稱。所以，整個公式是：

```
REPT(❸
    C$8,
        OR(❷
            C$8=TRANSPOSE(FILTERXML())❶
        )
    )
)
```

1. TRANSPOSE 將 FILTERXML 取得的答案{"Carol";"Amy";"Danial";"Ben"}，直欄轉橫列，成為{"Carol","Amy","Danial","Ben"}。

2. OR 判斷各名稱是否跟 C8 的名稱相等，只要一個是一樣，就是 TRUE。

函數	Amy	Ben	Carol	Danial
Transpose	Carol	**Amy**	Danial	Ben
OR	FALSE	**TRUE**	FALSE	FALSE

   Amy 跟第 2 個內容是一樣，所以，比對之後是 TRUE。

3. REPT 是重複次數，REPT(C$8,TRUE)，TRUE 是 1，所以，顯示 C8=Amy 一次。

```
C5=Frank/Carol/Danial/Ann
```

列 8 沒有 Ann，所以，不會顯示這個名稱。而 xpath 沒有 F 這個字母，雖然有 a 字，但這是小寫，因此，並不會顯示 Frank。

C14 的 xml 跟 C9 一樣，xpath 是 //y，顯示全部內容{"Ellen";"Carol";"Amy";"Ben"}。所以，公式簡化為：

```
IFNA(❸
    INDEX(❷
        FILTERXML(),
        MATCH(C$13,LEFT(FILTERXML())),0) ❸
```

```
    ),
    ""
)
```

1. LEFT 是列出資料各名稱的頭文字，主要是跟列 13 比對，然後，用 MATCH 找出 C13=A 在 LEFT 陣列 {"E";"C";"A";"B"} 的位置。答案是 3。
2. INDEX 根據 row_num=3，比對並顯示 {"Ellen";"Carol";"Amy";"Ben"} 的第 3 位置的名稱，答案是 Amy。
3. IFNA 是如果是錯誤值 (#N/A)，就顯示空白。

   C18 的 xml 跟 C9 一樣，xpath 是 "//y[substring(.,1,1)='"&C$13&"']"。

//y	substring	=A	答案
Carol	C	FALSE	FALSE
Amy	A	**TRUE**	**Amy**
Danial	D	FALSE	FALSE
Ben	B	FALSE	FALSE

Substring 就如 C14 的 LEFT 一樣取出第 1 個字元，然後跟 C13 比對，就可以找出正確名稱 Amy。

假設 C22 的名稱，有 2 個 A 開頭的名稱，要將相同的名稱合併。

新版的 Excel 可以用 TEXTJOIN 將字串合併，就如 C23 公式。

2016 版可以使用 CONCAT，也是可以合併，只是分隔符號的使用不像 TEXTJOIN 那麼方便。所以，我們可以外加方式處理。FILTERXML 的答案跟上面一樣，所以 C25 簡化公式為：

```
MID(
    CONCAT("/"&{"Amy";"Ann"}),
    2,
    10
)
```

CONCAT 將名稱前面添加斜線 (/)，就會成為 {"/Amy";"/Ann"}。為什麼不添加在名稱後面呢？因為求出來答案會是 Amy/Ann/，各內容長度不一，判斷最後 1 個斜線 (/) 需要多一個步驟，LEFT(CONCAT,LEN(CONCAT)-1)。所以，使用分隔符號會比較方便。MID 從第 2 個字開始，抓後面全部就可以解決了。

一般版本可以用 C27 的方式，簡單講就是：

```
INDEX({"Amy";"Ann"},1)&"/"&INDEX({"Amy";"Ann"},2)
```

用 INDEX 找出第 1 個 Amy，合併斜線 (/)，再合併 Ann。但這種方式的缺點是，如果合併的名稱過多就要有更多的 INDEX。

04 取出產品規格編號再重新排列

這次我們將各個規格與數量取出並合併字串，一樣會用 xpath，英文字母當關鍵字，然後，TEXTJOIN 進行合併。我們也用另外一個解法，直接用根節點來串接字串。

開啟「6.4 取出產品規格編號再重新排列 .xlsx」。

	A	B	C	D	E	F
2		項目：	數量	規格	產品編號	
3			3	顏色：W	X123	
4			5	顏色：B 尺寸：M	Y456	
5			2	尺寸：L 型號：A	Z789	
6						
7		問題：	規格取出英文字母，以"-"區隔，依照"數量-產品編號-規格"顯示			
8		解答：	數量與編號_1	數量與編號_2		
9			3-X123-W	3-X123-W		
10			5-Y456-B-M	5-Y456-B-M		
11			2-Z789-L-ABC	2-Z789-L-ABC		

C2:E5 是資料表，擷取規格的字母並合併數量與產品編號。

C10 的 FILTERXML 的 xml 是：

```
"<x>
    <y>顏色</y>
    <y>B</y>
    <y>尺寸</y>
    <y>M</y>
</x>"
```

```
xpath="//y[translate(.,'ABCDEFGHIJKLMNOPQRSTUVWXYZ','')!=.]"
```

這個是內容有大寫英文字母即為 TRUE。所以，簡化公式為：

```
C4&"-"&E4&"-"&TEXTJOIN("-",,{"B";"M"})
```

TEXTJOIN 將 B 與 M 合併，分隔符號是橫槓 (-)。答案是 5-Y456-B-M。

我們再來看 D10 的另外解法：

```
FILTERXML(❸
    "<x><y>"
        &
    SUBSTITUTE(❷
        SUBSTITUTE(D4,"：","</y>-"),❶
        " ",
        "<y>"
    )&"</x>",
    "/x"
)
```

1. D4 有 2 個分隔符號，第 1 個是冒號 (：)，用 </y>- 取代冒號。答案是 " 顏色 </y>-B 尺寸 </y>-M"。

2. 第 2 個分隔符號是空格，用 <y> 取代。答案是 " 顏色 </y>-B<y> 尺寸 </y>-M"。

3. 這跟我們前面解法不太一樣，所以，FILTERXML 的 xml 是：

```
"<x>
    <y>顏色</y>
-B
    <y>尺寸</y>
-M
</x>"
```

將英文字母提升到根節點，而中文字部分一樣放在節點 y。

而 xpath=/x，取出根節點的內容。所以，整個公式簡化為：

```
C4&"-"&E4&FILTERXML("<x><y>顏色</y>-B<y>尺寸</y>-M</x>","/x")
```

然後，根節點的內容會自動合併，成為 C4&"-"&E4&"-B-M"，答案是 5-Y456-B-M。

05 找出購買產品的日期與數量

我們要取出字串的數字出來，包含日期與銷售量，可惜字串中沒有明確的分隔符號，數字接著文字。所以，我們要利用函數找出中文字，當分隔符號，或用數字也可以。

開啟「6.5 找出購買產品的日期與數量 .xlsx」。

	A	B	C	D	E
2		項目：	資料		
3			1/24小李購買蘋果10箱		
4			02/15老王購買奇異果20顆		
5			3/9小周購買遊戲卡150小時		
6			4/17張先生購買電視機3台		
7					
8		問題：	找出購買產品的日期與數量		
9		解答：	日期	數量	
10			1月24日	10	
11			2月15日	20	
12			3月9日	150	
13			4月17日	3	

C2:C6 是購買資料，想要在一連串的字串當中，找出日期與銷售量。

C10 的公式是：

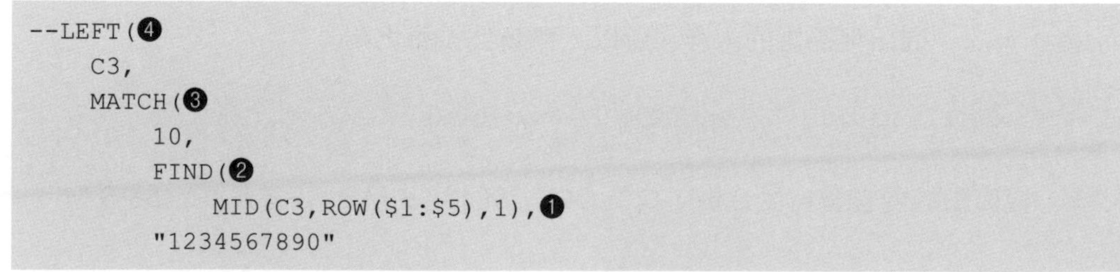

```
--LEFT(❹
    C3,
    MATCH(❸
        10,
        FIND(❷
            MID(C3,ROW($1:$5),1),❶
        "1234567890"
```

```
        )
    )
)
```

1. MID 一個字元一個字元取出，是前面 5 個字，因為日期最多 5 個字元。
2. 用 FIND 的 MID 擷取出來的字元，找 within_text=1234567890。得到

MID	FIND
1	1
/	#VALUE!
2	2
4	4
小	#VALUE!

   因為 within_text 是序數，所以會找到依照順序的位置。

3. MATCH 的 match_type=1(省略)，這是模糊搜尋。lookup_value=10，超過最大的 9，所以，會反映最後一個。答案是第 4 個位置。
4. LEFT 擷取前面 4 個字元，加上 2 個橫槓 (-) 轉為數值，就是日期。

除了用數值去找以外，也可以用搜尋第 1 個文字的方法。其公式是：

```
--LEFT(❸
    C3,
    MATCH(❷
        TRUE,
        CODE(MID(C3,ROW($1:$6),1))>5^6,❶
        0
    )-1
)
```

1. 數字和符號的 CODE 都在 1 萬以下，而 5^6 是 15625，所以利用這種轉碼可以輕易找到中文字。

MID	CODE	>5^6
1	49	FALSE
/	47	FALSE
2	50	FALSE
4	52	FALSE
小	**42096**	**TRUE**
李	**42997**	**TRUE**

2. 再利用 MATCH 的 lookup_value=TRUE，完全符合的搜尋方式，就可以找到第 5 個位置。數字在前一個位置，所以要扣掉 1，成為 4。

3. LEFT 擷取前面 4 個字元，加上 2 個橫槓 (-) 轉為數值，就是日期。

接下來，找出銷售量，D10 的公式是：

```
MATCH(❷
    ,
    -FIND(❶
        ROW($1:$999),
        RIGHT(C3,5)
    )
)
```

1. FIND 的 within_text 是 C3 的後 5 個字元 (蘋果 10 箱)，因為價格最多 3 個位數，就是千位以下，所以，find_text=1~999 的序數。1 是**蘋果 10 箱第** 3 個位置，一直到 10 也是同樣位置，11 以後找不到，都是顯示錯誤值。然後，FIND 之前加上負號。

2. MATCH 的 lookup_value=0(省略)，用模糊搜尋 match_type=1(省略)。如果 lookup_value 比 lookup_array 的值都大，而且是模糊搜尋方式，會找到最後一個數值。因此，會找到第 10 的位置，答案就是 10。

序數	-FIND
1	**-3**
2	#VALUE!
3	#VALUE!
4	#VALUE!
5	#VALUE!
6	#VALUE!
7	#VALUE!
8	#VALUE!
9	#VALUE!
10	**-3**
11	#VALUE!
12	#VALUE!

06 顯示字串中不規則的地號

不規則的字串總是很難拆解，如果遇到中文字夾雜數字與符號時，更是難上加難。這次我們應用 FILTERXML 或一般函數方法來一步一步地解析這個難題。原則上，利用 SUBSTITUTE 將字串的分隔符號用 xml 標籤替代，然後，用 FILTERXML 解析。可惜的是，FILTERXML 將數字都解析為數值型態，所以，遇到文字型的日期型態也通通解析為日期，因此，再次用 TEXT 解決。可惜 TEXT 日期格式也是有問題。只好用 SUBSTITUTE 替換多次來解決。

開啟「6.6 顯示字串中不規則的地號 .xlsx」。

	B	C	D	E	F
2	項目：	地號與地址			
3		2-8-10/冠軍路1號			
4		2-2-119/亞軍路2號			
5		2-17-3/季軍路3號			
6		(編號:2-1-4)季軍路13號			
7		A3-3-29/無名路5號			
8		(編號:3-120-11)有名路35號			
9					
10	問題：	顯示字串中的地號			
11	解答：	地號_1	地號_2	地號_3	地號_4
12		37478	02-8-10	2-8-10	2-8-10
13		2-2-119	2-2-119	2-2-119	2-2-119
14		2-17-3	2-17-3	2-17-3	2-17-3
15		37260	02-1-4	2-1-4	2-1-4
16		3-3-29	03-3-29	3-3-29	3-3-29
17		3-120-11	3-120-11	3-120-11	3-120-11

C3:C8 是地號與地址資料，格式不一，期望將地號取出。

資料的分隔符號是斜線 (/)、冒號 (:)、雙括號 (()) 與 A。顯然地，我們必須把某些資料替換成 FILTERXML 的 xml 標籤。

C15 的 FILTERXML 的 xml 運作之後，得到：

```
"<x>
     <y>(編號</y>
     <y>2-1-4</y>
     <y>季軍路13號</y>
</x>"
```

第 1 個左括號沒有用 SUBSTITUTE 替代，所以形成上面 xml 型態。地號在第 2 位置，所以，要取出這個內容。

xpath= "//y[not(translate(.,'-','')=.)]"，這個意思是把有橫槓 (-) 的內容取出，就是第 2 個位置，2-1-4，可惜的是，FILTERXML 把它當成日期格式，所以答案是 37260。C12 也是。

D15 用 TEXT 來解決這個問題，format_text 是 [>]y-m-d，這個意思是大於 0 的話，就是日期格式的 y-m-d，但是 y 會自動補 0，D12 與 D16 也是。

E15 採取另外一個解法，就是讓日期格式變成非日期，只要加入其他文字即可。所以，xml 是：

```
"<x>
     <y>(編號</y>
     <y>2-1-4/</y>
     <y>季軍路13號</y>
</x>"
```

我們在第 2 位置內容後面加上斜線 (/)，就成為文字格式。最後取出第 2 位置內容之後，再用 SUBSTITUTE 以空格取代即可。

接下來，我們用其他函數來解決這個問題。原則上是找到在字串中地號的第一個與最後一個數字即可。

地號的第一個數字是：

```
MIN(❹
     IF(❸
          ISNUMBER(❷
               FIND(MID(C3,ROW($1:$20),1),"1234567890")❶
          ),
```

```
        ROW($1:$20)
    )
)
```

1. MID 將 C3 的字串一個字元一個字元的取出來，然後用 FIND 搜尋 1234567890，得到各序數與錯誤值。
2. ISNUMBER 是判斷是否為數值，是的話，TRUE；反之，FALSE。
3. IF 的 logical_test=ISNUMBER，TRUE 的話，就執行 ROW，反之，顯示 FALSE。

MID	FIND	ISNUMBER	IF
2	2	TRUE	1
-	#VALUE!	FALSE	FALSE
8	8	TRUE	3
-	#VALUE!	FALSE	FALSE
1	1	TRUE	5
0	10	TRUE	6
/	#VALUE!	FALSE	FALSE
冠	#VALUE!	FALSE	FALSE
軍	#VALUE!	FALSE	FALSE
路	#VALUE!	FALSE	FALSE
1	1	TRUE	11
號	#VALUE!	FALSE	FALSE

4. 最後用 MIN 找出最小值，就是 C3 字串第 1 個數值的位置。

找了第一個數值之後，再來找地號最後一個數值。

```
IFERROR(
    FIND("/",C3),
    FIND(")",C3)
)
```

它有 2 種分隔符號，一個是斜線 (/)；另一個是右括號。所以，FIND 判斷 C3 斜線位置，如果找不到，就執行 IFERROR 的 value_if_error，找右括號的位置。

有了地號的開始位置與結束位置之後，就可以用：

```
MID(C3,G12,I12-G12)
```

G12 是開始的位置，I12 是結束的位置，I12-G12 就是要取得的數字數量，所以，從 C3 的第 1 個位置開始，取 6 個字元，就會得到地號。

07 把合併儲存格資料拆開並顯示固定主題與不同項目

如果只有一個主題並有許多項目，想要列出一個主題一個項目，原始資料都是一個項目一列的話，就比較簡單。但是，如果是合併儲存格就比較困難。

開啟「6.7 把合併儲存格資料拆開並顯示固定主題與不同項目 .xlsx」。

	A	B	C	D	E	F
2		項目：	地點_1	地點_2		
3			南京東路 6/1 基隆銀行 6/7 台北銀行 6/11 桃園銀行	南京東路 6/1 基隆銀行 6/7 台北銀行 6/12 桃園銀行		
4				中山北路 7/3 新北銀行 7/10 宜蘭銀行		
5						
6		問題：	把合併儲存格資料拆開並顯示固定主標與不同項目			
7		解答：	地點_1	地點_2		
8			南京東路 6/1 基隆銀行	南京東路 6/1 基隆銀行		
9			南京東路 6/7 台北銀行	南京東路 6/7 台北銀行		
10			南京東路 6/11 桃園銀行	南京東路 6/12 桃園銀行		
11				中山北路 7/3 新北銀行		
12				中山北路 7/10 宜蘭銀行		

C2:C3 是單格合併資料，D2:D4 是多格合併資料，想要剖析這些資料，一格主題 (南京東路) 合併項目 (6/1 基隆銀行)，下一格是同樣主題不同項目，一直延伸下去。

C8 公式中的：

```
LEFT(
    C$3,
    FIND(CHAR(10),C$3)-1
)
    &
CHAR(10)
```

這是公式前段固定列出主題 (南京東路)，FIND 是找到 CHAR(10)(分行符號)，然後減 1，來到 C3 的第 4 個位置。LEFT 列出 C3 的前 4 個字元就是南京東路。

公式的後段利用 FILTERXML 來依序擷取項目跟固定主題 (南京東路) 合併。xml 得到結果是：

```
"<x>
    <y>南京東路</y>
    <y>6/1 基隆銀行</y>
    <y>6/7 台北銀行</y>
    <y>6/11 桃園銀行</y>
</x>"
```

xpath= //y["&ROW()-6&"]，ROW() 是反映公式所在儲存格列號，它在 C8，所以，答案是 8，8-6=2。往下拖曳複製後，是 3 與 4，因此是取得節點 y 的第 3、4 與 5 的內容。當然也可以用 ROW(2:4) 方法，得到陣列答案。

剖析 D3:D4 多格又合併資料的方式是很麻煩的，我們分批解釋。首先，是列出各個項目，再列出各個主題，分別列出各個主題有多少個項目，然後，多少項目就列出多少個同樣主題，最後，合併同樣數量的主題與項目。

列出各個項目。

```
F8=FILTERXML("<x><y>"&SUBSTITUTE(TEXTJOIN(CHAR(10),,D$3:D$4),CHAR(10),
"</y><y>")&"</y></x>","//y[contains(.,'/')]")
```

首先要合併，D3 與 D4，中間分隔符號是 CHAR(10)，資料比較少可用 & 或 CONCATENATE，如果比較多格的話，以前說明過用新函數 TEXTJOIN、CONCAT(2016 版) 或輔助欄的方式解決。

xml 得到

```
"<x>
    <y>南京東路</y>
    <y>6/1 基隆銀行</y>
    <y>6/7 台北銀行</y>
    <y>6/12 桃園銀行</y>
    <y>中山北路</y>
    <y>7/3 新北銀行</y>
    <y>7/10 宜蘭銀行</y>
</x>"
```

xpath= "//y[contains(.,'/')]"，把有斜線 (/) 的內容取出，南京東路就不會顯示。

然後，取出主題。

```
G8=FILTERXML("<x><y>"&SUBSTITUTE(TEXTJOIN(CHAR(10),,D$3:D$4),CHAR(10),
"</y><y>")&"</y></x>","//y[contains(.,'路')]")
```

xml 跟上面一樣。

xpath= //y[contains(.,' 路 ')]，將有「路」的內容取出。

接下來，計算各主題下有幾個項目。

```
H8=LEN(D3:D4)-LEN(SUBSTITUTE(D3:D4,CHAR(10),""))
```

計算 D3:D4 各有幾個字元，並計算少了分行符號的字元數，然後，兩項相減就可以得到各主題的項目數量。

然後，再根據項目數量列出重複的主題。

```
I8=FILTERXML("<x><y>"&SUBSTITUTE(CONCAT(REPT(G8#&",",H8#)),",",
"</y><y>")&"</y></x>","//y")
```

CONCAT(REPT(G8#&",",H8#)) 會得到 " 南京東路 , 南京東路 , 南京東路 , 中山北路 , 中山北路 ,"，再用 SUBSTITUTE 替代為 xml 標籤進行 FILTERXML 剖析資料。

各項目	各主題	項目數量	重複主題
6/1 基隆銀行	南京東路	3	南京東路
6/7 台北銀行	中山北路	2	南京東路
6/12 桃園銀行			南京東路
7/3 新北銀行			中山北路
7/10 宜蘭銀行			中山北路
			#VALUE!

D8 的公式是 IFNA(I8#&CHAR(10)&F8#,"")，將各項目與各主題合併，然後消除錯誤值，就可以得到答案。

08 擷取批號中的字串並轉成日期

一些系統的日期格式是將月份以一個字元登錄，所以，轉到 Excel 就需要解開這些文字月份格式。

開啟「6.8 擷取批號中的字串並轉成日期 .xlsx」。

	B	C	D	E	F
2	項目：	批號_1	批號_2		
3		X0124ZA9	X0124ZA9		
4		B0D18GE8	B0C18GE8		
5		X0N21JI4	X0B21JI4		
6		X0930UE5	X0930UE5		
7		B0O08ER8	B0A08ER8		
8					
9	問題：	擷取批號中的字串並轉成日期			
10	解答：	日期_1	日期_2	月份_1	月份_2
11		2022/01/24	2022/1/24	1	1
12		2022/12/18	2022/12/18	12	12
13		2022/11/21	2022/11/21	11	11
14		2022/09/30	2022/9/30	9	9
15		2022/10/08	2022/10/8	10	10

C2:D7 是批號資料，月份在第 3 個字元，批號 _1 是以英文字母 O、N 與 D 代表 10、11 與 12 月份；批號 _2 是以 A-C 代表 10-12 月份。

C11 的公式是：

```
TEXT(❹
    TEXT(❸
        MAX(❷
            IF(MID(C3,3,1)={"O","N","D"},{10,11,12})❶
        ),
        "[=]!"&MID(C3,3,1)
```

```
    )&"/"&MID(C3,4,2),
    "yyyy/mm/dd"
)
```

1. MID 是 C3 的第 3 個字元開始，取 1 個字元，然後比對 O、N 與 D 是否一樣，是的話，依順序轉到 10、11 或 12；不是的話，就是 FALSE。
2. 用 MAX 顯示陣列的最大值。
3. TEXT 的 format_text="[=]!"&MID(C3,3,1)，意思是等於 0 就執行 MID(C3,3,1)。加驚嘆號 (!) 是強制執行，因為有內定代碼會產生衝突。然後跟 MID 擷取日期合併。

IF(1 月)	FALSE	FALSE	FALSE
MAX	0		
TEXT	1/24		

IF(12 月)	FALSE	FALSE	12
MAX	12		
TEXT	12/18		

這是 C11 與 C12 得到的答案。C11 的 MAX=0，所以，會保留原來的 1，而 C12 是將 D 轉為 12，12 不等於 0，所以維持 12。

4. 最後再用 TEXT 進行日期格式轉換。

D11 是另外個解法：

```
--TEXT(
    MAX(
        IFERROR(
            --SUBSTITUTE(MID(C3,2,4),{"O","N","D"},{10,11,12}),
            ""
        )
    ),
    "00-00"
)
```

MID 取出日期的部分，SUBSTITUTE 將其中的 O、N、D 依序轉為 10、11、12，2 個橫槓 (--) 轉為數字型，如果錯誤值產生，IFERROR 轉為空字串，然後用 MAX 取最大值，最後，TEXT 將格式轉為 00-00 日期格式，但要先加 2 個橫槓 (--) 轉為數字型才行。

如果文字是 A、B、C 代表 10、11、12 的話，可以用 16 進位的轉碼函數，E11=HEX2DEC(MID(D3,3,1))。HEX2DEC 是 16 進位轉 10 進位。

當然，也可以用 F11 的公式：

```
--IFERROR(
    LOOKUP(
        ,
        0/(MID(C3,3,1)={"O","N","D"}),
        {10,11,12}
    ),
    MID(C3,3,1)
)
```

LOOKUP 的 lookup_value=0(省略)，搜尋 lookup_vector=0 的位置，如果找到，就反映到 result_vector 的位置。如果都找不到的話，會產生錯誤值，透過 IFFERROR 來執行 value_if_error= MID(C3,3,1)

09 將產品資訊依據料號、名稱、數量與單位分別列出

這個產品資料混雜文字、數字與符號，我們試圖將字串的料號、品名、數量與單位分別列出。一般而言，會根據空白當分隔符號，可惜的是，有些類別是串接一起，沒有空格，而且有些料號沒有一致性。

開啟「6.9 將產品資訊依據料號、名稱、數量與單位分別列出 .xlsx」。

	A	B	C	D	E	F
2		項目：	產品資料			
3			1230 碳膜電阻AB10 PC			
4			4560 螺絲-M2*7mm扁頭 100 EA			
5			7890 陶瓷電容kk3328 PC			
6			3210 螺絲-M4*7mm圓頭 1322 EA			
7			7 5430 螺絲固定膠 0.211 KG			
8						
9		問題：	將產品資訊依據料號、名稱、數量與單位分別列出			
10		解答：	料號	品名	數量	單位
11			1230	碳膜電阻AB	10	PC
12			4560	螺絲-M2*7mm扁頭	100	EA
13			7890	陶瓷電容kk	3328	PC
14			3210	螺絲-M4*7mm圓頭	1322	EA
15			7 5430	螺絲固定膠	0.211	KG

C1:C7 是產品資料表，要將這些資料依照料號、品名、數量與單位分別表列。

C11 個公式是：

```
LEFT(C3,FIND(0,C3))
```

從資料中可知，料號可以用 0 當作分隔符號，我們用 FIND 找到 0，就可知它在 C3 的位置，然後可以用 LEFT 取出料號。如果用空格的話，在 C7 就會產生問題，只會

顯示 7 而已。當然，如果料號最後一個字不是 0 的話，也就是不一致的數值符號，也可以以中文字作為判斷，可參考 6.5 節搜尋第 1 個中文字的方法，找出適當位置。

D11 的公式是：

```
SUBSTITUTE(SUBSTITUTE(C3,C11,""),E11&" "&F11,"")
```

這個是 C3 取消料號、數量與單位就是品名資料。

E11 的公式的 xml 是：

```
"<x>
    <y>1230</y>
    <y>碳膜電阻AB10</y>
    <y>PC</y>
</x>"
```

xpath=//y[last()-1]，這是取內容倒數第 2 個，得到碳膜電阻 AB10。

所以，我們簡化公式是：

```
LOOKUP(❷
    9^5,
    --RIGHT(❶
        "碳膜電阻AB10",
        ROW($1:$5)
    )
)
```

1. RIGHT 取得後面算來到第 5 個字元，第一次取 1 個字元，第二次取 2 個字元，以此類推。因為數值只有 2 個，C7 一共有 5 個，所以取 5 個。然後用 2 個橫槓 (--) 將文字型數值轉數值型。

LOOKUP	--LOOKUP
0	0
10	**10**
B10	#VALUE!
AB10	#VALUE!
阻 AB10	#VALUE!

2. 最後，用 LOOKUP 的 lookup_value=9^5 來搜尋，因為 9^5 數值很大，所以會找不到，LOOKUP 會以數值最後一個為準，所以答案是 10。

接下來，看看單位如何擷取。F11 的公式是：

```
FILTERXML("<x><y>"&SUBSTITUTE(C3," ","</y><y>")&"</y></x>","//y[last()]")
```

這個公式以前我們就講過了，xpath=//y[last()]，反映節點 y 的最後一個內容，答案是 PC。

CHAPTER

07

擷取計算

擷取適當的字串，除了顯示原值以外，就是進行彙總處理。諸如 SUM、SUMPRODUCT、COUNT、AVERAGE、MAX、MIN 都屬於彙總函數。當然，我們認為 FILTERXML 的 xpath 只能取得節點的內容，無法改變內容。所以，只能透過外部的彙總函數來處理。這章也會說明一個 Marco 4.0 函數來計算返回的運算式。

本章重點

01 根據表格來計算項目的數值

本節先說明簡單的擷取數值加總功能，以及搜尋比對後加總。

開啟「7.2 根據表格來計算項目的數值 .xlsx」。

	B	C	D
2	項目：	2.3 1.57 6.299	
3			
4	問題：	計算同格換行數字	
5	解答：	合計	
6		10.169	

C2 是數值資料，C6 要計算這三個數值。

其公式是：

```
SUM(FILTERXML("<x><y>"&SUBSTITUTE(C2,CHAR(10),"</y><y>")&"</y></x>",
"//y"))
```

xml 是：

```
"<x>
    <y>2.3</y>
    <y>1.57</y>
    <y>6.299</y>
</x>"
```

以 CHAR(10) 做分隔符號，剖析出來得到三個數值。

xpath=//y，這是顯示全部內容 (數值)。

然後，用 Excel 函數 SUM 來計算總值，得到 10.169。

FILTERXML 剖析資料，並透過 xpath 取得適當的內容，就會形成陣列資料。外部在套一個 Excel 彙總函數就可以計算這些數值。

接下來，看看工作表 2。

	B	C	D	E	F
2	項目：	資料		序號	數值
3		2|1|3		1	12
4		1|3		2	20
5		2|1		3	50
6					
7	問題：	根據表格來計算項目的數值			
8	解答：	合計			
9		82			
10		62			
11		32			

我們要剖析 C 欄的資料，以 |(垂直條) 為分隔符號，取得其中數值，然後，比對 E 欄的序號，並返回 F 欄的數值。

C9 公式是：

```
SUM(VLOOKUP(FILTERXML("<x><y>"&SUBSTITUTE(C3,"|","</y><y>")&"</y>
</x>","x/y"),E$3:F$5,2,))
```

xml 是：

```
"<x>
    <y>2</y>
    <y>1</y>
    <y>3</y>
</x>"
```

VLOOKIUP 簡化公式為：

```
VLOOKUP({2;1;3},E$3:F$5,2,)
```

lookup_value 是 {2;1;3} 比對 lookup_array=E3:F5 的第 1 欄，col_index_num=2，所以，返回 lookup_array 的第 2 欄相對資料。range_lookup 是省略 0 值，所以查閱值要完全符合。

最後，SUM 在將這些數值合計，答案就是 82。

接下來，我們來看看工作表 3。

	B	C	D	E
2	項目：	資料		
3		6X123		
4		2X4566+6XF789		
5		1XS234+15X222+5XJ567		
6				
7	問題：	加總X前的數字		
8	解答：	合計		
9		6		
10		8		
11		21		

C2:C5 是資料內容，想要找出 X 之前的數字並合計。

C11 的公式是：

```
SUM(FILTERXML("<x><y>"&SUBSTITUTE(SUBSTITUTE(C5,"X","</y><y>"),"+",
"</y><y>")&"</y></x>","//y[position() mod 2 = 1]"))
```

xml 取得資料如表格：

序號	xml
1	**1**
2	S234
3	**15**
4	222
5	**5**
6	J567

所以，xpath=//y[position() mod 2 = 1]，這是取得奇數第 1、3 與 5 的內容 (1、15 與 5)。

最後，用 SUM 加總 1、15 與 5，答案就是 21。

02 計算開始與結束時間的時數

在第三篇會有完整的時間轉換與整理，本節說明如何擷取字串的時間並計算。

開啟「7.2 計算開始與結束時間的時數 .xlsx」。

	A	B	C	D	E
2		項目：	工作時間		
3			7:00~15:00		
4			6:30~15:00		
5			15:00~23:00		
6			23:00~08:00		
7					
8		問題：	計算開始與結束時間的時數		
9		解答：	合計		
10			8:00		
11			8:30		
12			8:00		
13			9:00		

C2:C6 是工作時間表，想要用結束時間減掉開始時間取得中間時數。

C10 的公式 FILTERXML 會得到 {0.291666666666667;0.625}，第 1 個是 7 點 (7/24)，第 2 個是 15 點 (15/24)。所以，簡化公式為：

```
TEXT(❷
    SUM(❶
        {0.291666666666667;0.625}
            *
        {-1;1}
    )+1,
    "h:mm"
)
```

1. SUM 的 number1 是 FILTERXML*{-1:1}，因為是後面的 15:00 減掉 7:00，所以，字串前面一個 7:00 要乘上負數；後面一個 15:00 就是要正數，這樣用 SUM 加總這兩個數值，就是 15:00-7:00=8:00，8/24=0.3333。

xml	FILTERXML	{-1,1}	SUM
07:00	0.29166667	-0.29167	0.333333
15:00	0.625	0.625	

   再加上 1 就是 1.333，因為如果是大夜班，過了 24:00 時，就會產生錯誤，所以，加上 1，1 就是 24:00。

2. 最後，要將數值 1.333 轉為時間型態需要用 TEXT，其 format_text= h:mm，所以答案是 8:00。工作時間是 8 小時。

接下來，我們來看工作表 2。

	A	B	C	D	E
2		項目：	05/12+100|06/07-30|07/21+78|		
3					
4		問題：	加總日期後的數字		
5		解答：	合計		
6			148		

C2 是資料，|(垂直條)是分隔符號，試圖計算日期後面的數值。

C6 的 FILTEXML 的 xml 是：

```
"<a>"&SUBSTITUTE(SUBSTITUTE(SUBSTITUTE(C2,"-","+-"),"+","<b>"),"|",
"</b>")&"</a>"
```

資料裡面有正負數，所以，我們必須用跟以前不同的方式轉換字串，用 3 個 SUBSTITUTE 轉換 -+ 與 | 等符號。從裡面開始剖析。

SUBSTITUTE(C2,"-","+-") 會得到：

```
"05/12+100|06/07+-30|07/21+78|"
```

這樣做的目的是當轉換 +(正號)為標籤時，可保留 -(負號)。

SUBSTITUTE("05/12+100|06/07+-30|07/21+78|","+","<b>") 會得到：

```
"05/12<b>100|06/07<b>-30|07/21<b>78|"
```

SUBSTITUTE("05/12<b>100|06/07<b>-30|07/21<b>78|","|","</b>") 會得到：

```
"05/12<b>100</b>06/07<b>-30</b>07/21<b>78</b>"
```

所以，xml 是：

```
"<a>
    05/12
        <b>100</b>
    06/07
        <b>-30</b>
    07/21
        <b>78</b>
</a>"
```

xpath= //b，顯示節點 b 全部內容。

最後，SUM({100;-30;78})，答案是 148。

如果照以前的方法，最後一個 |(垂直條)，會產生陣列最後一個錯誤值，而且 xpath 要用 mod 的方法取偶數內容。用這個方法可以避免錯誤值產生。

44693
100
44719
-30
44763
78
#VALUE!

03 合計各品項的數量

字串中擷取不同單位的數字是比較繁瑣，Excel 不支援規則運算式（Regular Expression），所以，要把單位重複去除，才能得出數值並計算。

開啟「7.3 合計各品項的數量.xlsx」。

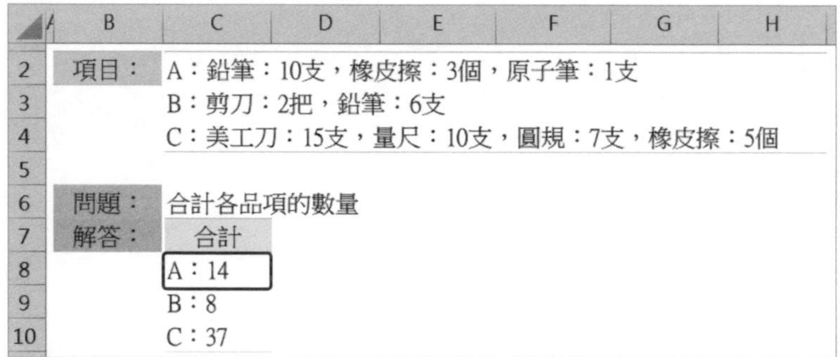

	B	C	D	E	F	G	H
2	項目：	A：鉛筆：10支，橡皮擦：3個，原子筆：1支					
3		B：剪刀：2把，鉛筆：6支					
4		C：美工刀：15支，量尺：10支，圓規：7支，橡皮擦：5個					
5							
6	問題：	合計各品項的數量					
7	解答：	合計					
8		A：14					
9		B：8					
10		C：37					

C2:C4 是產品數量表，單位有支、個、把等，分隔符號有分號。

C8 的公式是：

```
LEFT(C2,2)&SUM(IFERROR(FILTERXML("<x><y>"&SUBSTITUTE(SUBSTITUTE
(SUBSTITUTE(SUBSTITUTE(C2,"：","</y><y>"),"支","</y><y>"),"個","</y>
<y>"),"把","</y><y>")&"</y></x>","//y[number()=.]"),0))
```

此公式不會很困難，只是重複把單位替代為標籤符號。xml 是：

```
"<x>
    <y>A</y>
    <y>鉛筆</y>
    <y>10</y>
    <y>，橡皮擦</y>
    <y>3</y>
    <y>，原子筆</y>
```

```
    <y>1</y>
    <y></y>
</x>"
```

xpath=//y[number()=.]，就是顯示數值內容。答案是 10、3 與 1。

最後，用 SUM 把它加總，得到 14。

GOOGLE SHEETS 可以用規則運算式，如果想要結果可以到這個試算表測試。

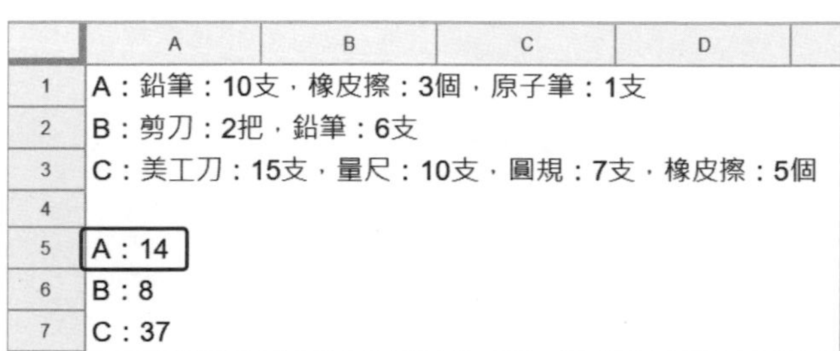

	A	B	C	D
1	A：鉛筆：10支，橡皮擦：3個，原子筆：1支			
2	B：剪刀：2把，鉛筆：6支			
3	C：美工刀：15支，量尺：10支，圓規：7支，橡皮擦：5個			
4				
5	A：14			
6	B：8			
7	C：37			

A5 的公式是：

```
LEFT(A1,2)❹
    &
SUMPRODUCT(❸
    ArrayFormula(
        REGEXEXTRACT(❷
            SPLIT(A1,"，"),❶
            "\d+"
        )
    )
)
```

1. SPLIT(Excel 無此函數) 是剖析 A1 字串，以逗號 (，) 為分隔符號。它的語法是：

```
SPLIT(text, delimiter, [split_by_each], [remove_empty_text])
```

text：要處理的字串。

delimiter：分隔符號。

[split_by_each]：可省略，逐個分割。

[remove_empty_text]：可省略，移除空白字串。

結果是：

A：鉛筆：10 支	橡皮擦：3 個	原子筆：1 支

2. REGEXEXTRACT(Excel 無此函數) 是擷取字串符合第 2 引數的規則運算式，它是 \d+，\d 是 digit(數值)，+(加號) 是整個的意思，沒有 + 就會擷取 1 個數字，10 就會取 1 而已，所以，這個規則會取出數值部分。它的語法是：

```
REGEXEXTRACT(text, regular_expression)
```

text：是字串。

regular_expression：是規則運算式。

結果是：

10	3	1

3. SUMPRODUCT 是加總陣列數值，所以，答案是 14。

4. LEFT 是取出 A1 字串前 2 個字，再合併 14，答案是 A：14。

REGEXEXTRACT 的第二引數 regular_expression 用法相當複雜，可到 GOOGLE 的文件編輯器說明查閱用法。

接下來，我們來說明工作表 2。

	A	B	C	D	E	F	G	H
2		項目：	單位	價格				
3			A	炸魚飯$100				
4			B	滷肉飯$60, 白飯$15				
5			C	炸魚飯$100, 滷肉飯$60				
6			D	滷肉飯$60, 排骨飯$80				
7			E	炸魚飯$100, 滷肉飯$60, 排骨飯$80				
8			F	炸魚飯$100, 滷肉飯$60, 排骨飯$80, 雞腿飯$180				
9								
10		問題：	將各套餐的價格取出並合計					
11		解答：	單位	合計	合計			
12			A	100	100			
13			B	75	75			
14			C	160	160			
15			D	140	140			
16			E	240	240			
17			F	420	420			

C2:D8 是各單位訂購的餐點，我們要計算各個餐點合計價格。

D13 的公式是：

```
SUMPRODUCT(FILTERXML("<x><y>"&SUBSTITUTE(SUBSTITUTE(D4,",","</y>
<y>"),"$","</y><y>")&"</y></x>","//y[(number()=.)]"))
```

其中的 xml 的結果是：

```
"<x>
    <y>滷肉飯</y>
    <y>60</y>
    <y>白飯</y>
    <y>15</y>
</x>"
```

Xpath=//y[(number()=.)]，取得數值內容，再用 SUMPRODUCT 加總，得到 75。

上面的方法，以前已經說明過了，接下來，E13 是另外一種方法。

```
SUM(❺
    IFERROR(
        SUBSTITUTE(❹
            MID(❸
                D4,
                IF(❷
                    FIND("$",MID(D4,ROW($1:$30),1)),❶
                    ROW($1:$30)
                ),
                4
            ),
            ",",
            ""
        ),
        0
    )*1
)
```

1. 我們找到分隔符號 $(錢號)，所以用 FIND 去搜尋，但 FIND 通常只能找一個值，D4 有多值，因此，我們用 MID 將 D4 一個一個字元取出來。如表所示。

2. 然後，用 IF 將找到的值轉為序數，不等於 0 就是 TRUE，所以會執行 ROW(1:30) 所建立的 1~30 序數。IF 也可以取消，直接用 FIND*ROW 也是可行。

3. 我們就知道 $ 在字串的位置。接下來，要把數值取出來，使用 MID 取 4 個字元，因為最多 3 位數加上 $。

4. 有些數值會有多出逗號 (,)，如 $15,，所以要去掉逗號，使用 SUBSTITUTE 將空字串取代逗號。

序數	FIND	IF	MID	SUBSTITUTE
1	#VALUE!	#VALUE!	#VALUE!	#VALUE!
2	#VALUE!	#VALUE!	#VALUE!	#VALUE!
3	#VALUE!	#VALUE!	#VALUE!	#VALUE!
4	**1**	**4**	**$60,**	**$60**
5	#VALUE!	#VALUE!	#VALUE!	#VALUE!
6	#VALUE!	#VALUE!	#VALUE!	#VALUE!
7	#VALUE!	#VALUE!	#VALUE!	#VALUE!
8	#VALUE!	#VALUE!	#VALUE!	#VALUE!
9	#VALUE!	#VALUE!	#VALUE!	#VALUE!
10	#VALUE!	#VALUE!	#VALUE!	#VALUE!
11	**1**	**11**	**$15**	**$15**
12	#VALUE!	#VALUE!	#VALUE!	#VALUE!

5. 要加總這些數值，但有錯誤值存在，所以，用 IFERROR 將錯誤值轉為 0。

   最後，再用 SUM 合計這些數值，答案是 75。*1 是為了將文字型數值轉為數字型，SUM 才能計算。

04 計算字串中的出差費用

剖析這種數值跟文字一起的資料，我們通常用 FILTERXML 解決，這個函數看起來很繁雜，但了解其中的原理，其實是很簡便的一種方式。當然，我們前面也說明如何應用 RegEx 與 SPLITE 的用法，但可惜的是，Excel 不支援這 2 種函數。這次我們利用其他函數來解決這個問題。

開啟「7.4 計算字串中的出差費用 .xlsx」。

	A	B	C	D	E	F
2		項目：	資料			
3			住宿費2000+誤餐費600+交通費3000			
4						
5		問題：	計算字串中的出差費用			
6		解答：	合計			
7			5,600			
8			5,600			
9			5,600			
10			5,600			

C2:C3 是費用表資料，要取出費用並合計。

C7 的公式是：

```
SUMPRODUCT(FILTERXML("<x><y>"&SUBSTITUTE(SUBSTITUTE(C3,"+","</y>
<y>"),"費","</y><y>")&"</y></x>","//y[number()=.]"))
```

這個方法已經說過很多遍，原則上是以 +(加號) 與費這個字作為分隔符號，轉為標籤。然後，取得數值內容，最後，全部加總。

C8 的公式是：

```
SUM(--MIDB(FILTERXML("<x><y>"&SUBSTITUTE(C3,"+","</y><y>")&"</y>
</x>","//y"),SEARCHB("?",FILTERXML("<x><y>"&SUBSTITUTE(C3,"+","</y>
<y>")&"</y></x>","//y")),5))
```

簡化為：

```
SUM(
    --MIDB(
        {"住宿費2000";"誤餐費600";"交通費3000"},
        SEARCHB("?",{"住宿費2000";"誤餐費600";"交通費3000"}),
        5
    )
)
```

SEARCHB 是找到單位元組的第 1 個字元，以前也說明過了，答案是 {7;7;7}，3 個都是第 7 個位置。

MIDB 找到字串中的第 7 個位置，並取 5 個位元組。然後，SUM({2000;600;3000})=5600。

C9 的公式是：

```
SUM(❺
    --MID(❹
        TRIM(❸
            MID(❷
                SUBSTITUTE($C$3,"+",REPT(" ",50)),❶
                (COLUMN(A4:C4)-1)*50+1,
                50
            )
        ),
        4,
        4
    ),
)
```

1. SUBSTITUTE 將 C3 的加號 (+) 以 50 個空格取代，50 個空格變成分隔符號。

2. 然後，MID 的 start_num=(COLUMN(A4:C4)-1)*50+1，這個答案是 {1,51,101}，num_chars=50，就是取 50 個字元。要注意將分隔符號改成空格數，需要考量字串大小，小心拿捏範圍，否則會無法正確取得各個分隔的字串。

資料	住宿費 2000		誤餐費 600		交通費 3000
位置	1	**51**	57	**101**	113
擷取範圍	←——————→		←——————→		←——————→

3. TRIM 刪除空格，取得 {" 住宿費 2000"," 誤餐費 600"," 交通費 3000"}。

4. MID 是從第 4 格開始，取 4 格，再將文字型改數字型。答案是 {2000,600,3000}。

5. 然後，SUM 加總這些數值。

C10 是融合 C9 與 C8 的方法，來抓取適當的字串並加總。

05 剖析訂單的產品名稱與數量並搜尋價格進行合計

一些沒有多大規模的組織常常以自己的方便性來記載交易單，這些單據如果不是很多，可以一個一個慢慢手動解決這些資料。但是資料比較多的時候，就需要用到函數將適當字串擷取出來。這節要擷取交易表的產品名稱與數量，也要根據名稱來計算價格。

開啟「7.5 剖析訂單的產品名稱與數量並搜尋價格進行合計 .xlsx」。

	A	B	C	D	E	F	G	H
2		項目：	訂單序號	產品	數量		產品	價格
3			X_01	桌燈/吊燈/壁燈	3/1/2		桌燈	600
4			X_02	60"電視/50"電視	1/2		吊燈	1500
5			X_03	杯子	6		壁燈	300
6							杯子	60
7							60"電視	15000
8							50"電視	10000
9								
10		問題：	剖析訂單的產品名稱與數量並搜尋價格進行合計					
11		解答：	訂單序號	合計_1	合計_2	合計_3		
12			X_01	2400	2400	2400		
13			X_02	25000	25000	25000		
14			X_03	60	60	60		
15								
16			訂單序號	數量x價格				
17			X_01	3900				
18			X_02	35000				
19			X_03	360				

C2:E5 是產品交易表，G2:H9 是產品價格表，想要取得各訂單的交易價格。

D12 計算單筆產品的價格，其公式是：

```
MMULT(❸
    IFERROR(❷
        FIND(TRANSPOSE(G3:G8),D3:D5)^0,❶
        0
    ),
    H3:H8
)
```

1. FIND 的 find_text 是橫列的產品 (G3:G8)，搜尋訂單的產品，找到之後，再進行 0 次方計算，除了 0 以外，0 次方都是 1。

2. 然後，IFERROR 將錯誤值改為 0，因為，要使用 MMULT 計算就必須是數值。

產品	桌燈	吊燈	壁燈	杯子	60" 電視	50" 電視
桌燈 / 吊燈 / 壁燈	1	1	1	0	0	0
60" 電視 /50" 電視	0	0	0	0	1	1
杯子	0	0	0	1	0	0

從這張表可知，交易表的產品對照價格表的產品，比對正確就是 1，沒有就是 0。

3. 最後，利用 MMULT 計算，要計算橫列，資料要放在第 1 引數，所以，第 2 引數必須是直欄陣列。欄列數必須相同，第 1 個引數每個橫列都是 6 格，所以，第 2 引數是 6 個的直欄。相乘後相加就得到 {2400;16000;60}。1*600+1*1500+1*300+0*60+0*15000+0*10000=2400。

E12 的方式就如以前所說明的，應用 VLOOKUP 來搜尋 FILTERXML，並用 SUM 來合計。

```
SUM(VLOOKUP(FILTERXML("<x><y>"&SUBSTITUTE(D3,"/","</y><y>")&"</y></x>","//y"),G$3:H$8,2,0))
```

F12 的公式是：

```
SUMPRODUCT(
    COUNTIF(D3,"*"&$G$3:$G$8&"*"),
$H$3:$H$8
```

```
)
```

COUNTIF 的 range=D3，criteria="*"&$G$3:$G$8&"*"， 就 是 {"* 桌 燈 *";"* 吊 燈 *";"* 壁燈 *";"* 杯子 *";"*60"" 電視 *";"*50"" 電視 *"}，COUNTIF 可以使用萬用字元，criteria 的準則字串在 D3 比對，如果有，就是 TRUE。答案是 {1;1;1;0;0;0}。最後，SUMPRODUCT 將 {1;1;1;0;0;0} 與 H3:H8 相乘後相加，答案就是 2400。

接下來，我們來看數量乘上價格的總價運作方法。

```
SUM(VLOOKUP(FILTERXML("<x><y>"&SUBSTITUTE(D3,"/","</y><y>")&"</y>
</x>","//y"),G$3:H$8,2,0)*FILTERXML("<x><y>"&SUBSTITUTE(E3,"/","</y>
<y>")&"</y></x>","//y"))
```

第 1 個 FILTERXML 得到 {" 桌燈 ";" 吊燈 ";" 壁燈 "}；第 2 個是 {3;1;2}，所以，我們可以將公式簡化為：

```
SUM(
    VLOOKUP(
        {"桌燈";"吊燈";"壁燈"},
        G$3:H$8,
        2,
        0
    )*
    {3;1;2}
)
```

VLOOKUP 的第 1 引數查閱值是 {" 桌燈 ";" 吊燈 ";" 壁燈 "}，搜尋 G3:H8 的產品價格表，返回第 2 欄的價格欄，然後乘上銷售數量。得到 {1800;600;1200}。最後，用 SUM 來加總這些數值。

產品
桌燈
吊燈
壁燈

產品	價格
桌燈	**600**
吊燈	**1500**
壁燈	**300**
杯子	60
60" 電視	15000
50" 電視	10000

×

數量
3
1
2

=

結果
1800
600
1200

06 擷取並統計全部的訂單品項與銷售量

統計需要進行全部交易紀錄的合併，新版的可以用TEXTJOIN、CONCAT、ARRAYTOTEXT，舊版可以用CONCATENATE、PHONETIC或&符號，我們也曾經說過用輔助欄的方式來串接字串。

開啟「7.6 擷取並統計全部的訂單品項與銷售量 .xlsx」。

	B	C	D	E	F	G	H	I	J	K	L
2	項目：	序號	訂單						單筆交易合計		
3		1	原子筆(3入)[量:5]						5		
4		2	釘書機(1入)[量:6]						6		
5		3	原子筆(3入)[量:8],膠帶(5入)[量:2],釘書機(1入)[量:2]						8	2	2
6		4	鉛筆(2入)[量:10]						10		
7		5	原子筆(3入)[量:4],鉛筆(2入)[量:5]						4	5	
8		6	釘書機(1入)[量:2],原子筆(3入)[量:3],膠帶(5入)[量:4]						2	3	4
9											
10	問題：	擷取並統計全部的訂單品項與銷售量									
11	解答：	品項	銷量_1	銷量_2							
12		原子筆(3入)	20	20							
13		釘書機(1入)	10	10							
14		鉛筆(2入)	15	15							
15		膠帶(5入)	6	6							

C2:D8 是產品訂單表，我們要計算各產品的總交易數量。首先，我們要計算各筆的交易量 J2:L8。

J5 的公式是：

```
=IFERROR(FILTERXML("<x><y>"&SUBSTITUTE(SUBSTITUTE(D5,":","</y>
<y>"),"]","</y><y>")&"</y></x>","//y[.*0=0]["&COLUMN(A:C)&"]"),"")
```

以冒號 (:) 和右中括號 (]) 為分隔符號，而 xml 是：

```
"<x>
    <y>原子筆(3入)[量</y>
```

```
    <y>8</y>
    <y>,膠帶(5入)[量</y>
    <y>2</y>
    <y>,釘書機(1入)[量</y>
    <y>2</y>
    <y></y>
</x>"
```

另外，xpath=//y[.*0=0]["&COLUMN(A:C)&"]"，先取出數值內容，依照由左至右橫式顯示數值，如果沒有 COLUMN 的話，會是由上而下直式顯示。當然也可以用 TRANSPOSE 函數，將直式顯示改為橫式顯示。答案是 8、2、2。

接下來，統計各品項的銷售量，D12 的公式是：

```
SUM(❹
    IFERROR(
        IF(❸
            FIND(C12,$D$3:$D$8)=1,❶
            $J$3:$J$8,
            IF(FIND(C12,$D$3:$D$8)>=15,$L$3:$L$8,$K$3:$K$8)
        ),
    0
    )
)
```

1. 這是 IF 巢狀函數，FIND 判斷訂單是否有原子筆 (C12) 的品項，有的話，對照合計表 (J3:J8)。
2. 沒有的話，來到另一個 IF，FIND 一樣判斷是否有原子筆，只是要 >=15，有的話，是執行 L3:L8，沒有的話，就執行 K3:K8。
3. 整個交易表的每一筆交易量最多是 3 筆，所以用 IF 來切割 3 個部分，分隔是以 FIND 找到品項所產生的序號，品項名稱與數量長度不一，但可大約估計，所以，第 1 個就是 1，最後 1 個大於 15 個字元，第 2 個就是中間部分。當然，如果是多個交易品項，就要更多的判斷。
4. 最後，用將錯誤值設為 0，並用 SUM 加總。

上面的方法，如果用 IF 巢狀公式的話，比較多個交易紀錄就會很迷惑，所以，也可以用另外一個方法來解決這個問題。

一樣我們需要一個輔助欄，J12 的公式是：

```
SUBSTITUTE(IFERROR(FILTERXML("<x><y>"&SUBSTITUTE(SUBSTITUTE(PHONETIC
(D3:D8),"[量:","</y><y>"),"]","</y><y>")&"</y></x>","//y[.*0!=0]"),
""),",","")
```

這個類型的公式，大家都很熟悉了，以 [量 : 和] 作為分隔符號，然後取出文字內容，最後把逗點 (,) 去除，形成品項對照表。

而銷量對照表的公式，與上面類似，只是 xpath 改為 //y[.*0=0]，就是顯示數值部分。

有了對照表作為輔助查閱之後，就可以用 E12 的公式：

```
SUMIF(J$12:J$22,C12,K$12:K$22)
```

range：品項對照 (J12:J22)。

criteria：單品項 (原子筆 (3 入))。

sum_range：比對成功就計算銷量 (K12:K22)。

這個方式可以避免 IF 巢狀函數的困惑。

07 剖析訂單品項與數量來比對適當售價並合計

上節我們用 IF 巢狀函數來查閱價格表，這次品項與數量同樣在單一儲存格，我們必須進行剖析並根據兩個查閱值比對價格折扣表來進行彙總。

開啟「7.7 剖析訂單品項與數量來比對適當售價並合計」。

	B	C	D	E	F	G	H	I	J	K
2	項目：	編號	訂單					產品價格折扣表		
3		A_01	夾心餅(5),方塊酥(2)				數量	夾心餅	方塊酥	洋芋片
4		A_02	方塊酥(3)				1	180	250	320
5		A_03	洋芋片(2)				2	352	490	627
6		A_04	夾心餅(3),方塊酥(4),洋芋片(5)				3	518	720	921
7		A_05	洋芋片(1),方塊酥(5)				4	676	940	1203
8		A_06	夾心餅(3)				5	828	1150	1472
9										
10	問題：	剖析訂單品項與數量來比對適當售價並合計								
11	解答：	編號	價格							
12		A_01	1318							
13		A_02	720							
14		A_03	627							
15		A_04	2930							
16		A_05	1470							
17		A_06	518							

C2:D8 是訂單資料。H3:K8 是產品價格折扣表，根據訂單品項與括號內的數量交叉搜尋取得產品價格。

D12 的公式是：

```
SUM(❸
    IFERROR(
        INDEX(❷
            I$4:K$8,
            Amount,
```

```
                MATCH(Item,I$3:K$3,0)❶
            ),
            0
        )
)
```

1. MATCH 的 lookup_value 是 Item(定義名稱)，它是取得品名。然後根據品項來找折扣表的 J3:K3，要完全符合才是 TRUE。

2. INDEX 的 array=I4:K8，是折扣表價格範圍，row_num=Amount，它是取得訂購數量。這就是 INDEX(價格範圍 , 訂購數量 , 品項位置)，橫列與直欄交叉就是價格。

3. 最後，將錯誤值轉為 0，用 SUM 加總這些數值。

定義名稱 Item 的公式是：

```
SUBSTITUTE(FILTERXML("<x><y>"&SUBSTITUTE(SUBSTITUTE($D3,"(","</y>
<y>"),")","</y><y>")&"</y></x>","//y[position() mod 2 = 1]"),",","")
```

這是以左右括號 (()) 為分隔符號，所以，xml 是：

```
"<x>
    <y>夾心餅</y>
    <y>5</y>
    <y>,方塊酥</y>
    <y>2</y>
    <y></y>
</x>"
```

xpath=//y[position() mod 2 = 1]，這是取出奇數內容部分 (夾心餅、, 方塊酥)。

而 Amount 的公式與 Item 類似，只是 xpath=//y[position() mod 2 = 0]，取出偶數內容部分 (5、2)。透過 INDEX 將橫列的品項位置與訂單數量就可以在折扣表交叉找到折扣價格，最後再進行 SUM 取得彙總價格。

08 使用 Excel4.0 巨集計算樓層總面積

計算公式裡有文字時，必須取出算式，但取出來之後，即使前面加上等號 (=) 也無法計算，因為它是文字型。所以，我們必須應用 Excel4.0 巨集來計算這個公式。

開啟「8. 使用 Excel4.0 巨集計算樓層總面積 .xlsm」

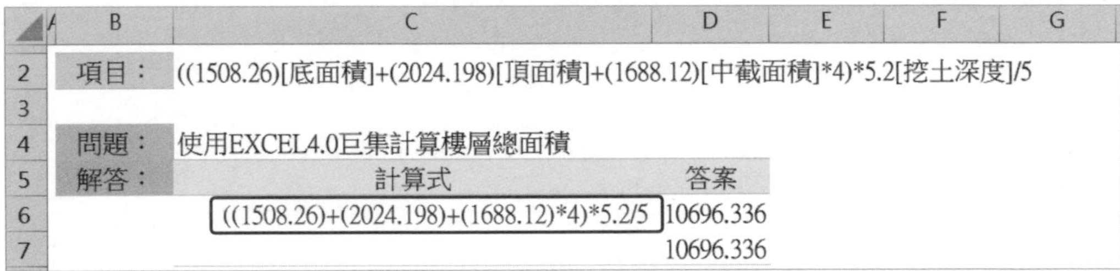

	B	C	D
2	項目：	((1508.26)[底面積]+(2024.198)[頂面積]+(1688.12)[中截面積]*4)*5.2[挖土深度]/5	
3			
4	問題：	使用EXCEL4.0巨集計算樓層總面積	
5	解答：	計算式	答案
6		((1508.26)+(2024.198)+(1688.12)*4)*5.2/5	10696.336
7			10696.336

C2 是一些面積的計算，要取出這些數字求得總面積。

C6 的公式是：

```
FILTERXML("<x><y>"&SUBSTITUTE(SUBSTITUTE(C2,"[","<z>"),"]","</z>")&
"</y></x>","//y")
```

以中括號 ([]) 為分隔符號，xml 的結果是：

```
"<x>
    <y>
        ((1508.26)
            <z>底面積</z>
        +(2024.198)
            <z>頂面積</z>
        +(1688.12)
            <z>中截面積</z>
        *4)*5.2
            <z>挖土深度</z>
```

```
        /5
    </y>
</x>"
```

我們將文字部分移到最後的節點 z。

xpath=//y，這是顯示節點 y 的內容，結果是：

```
((1508.26)+(2024.198)+(1688.12)*4)*5.2/5
```

但這只是文字部分，要能計算就需要使用 4.0 巨集功能，可是新版已經被封存，所以，必須啟動這項功能。

點選**檔案 → 選項**。

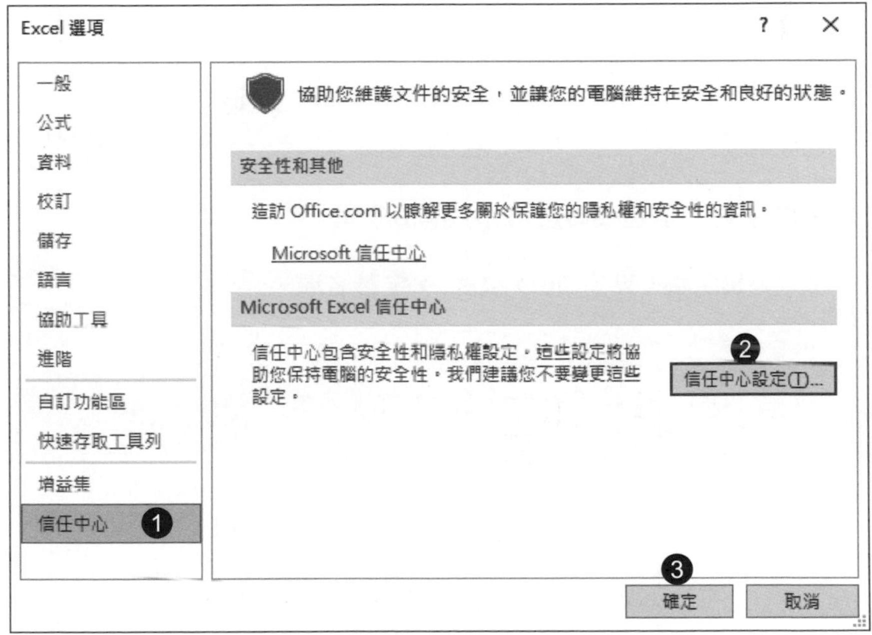

點選**信任中心 → 信任中心設定**。

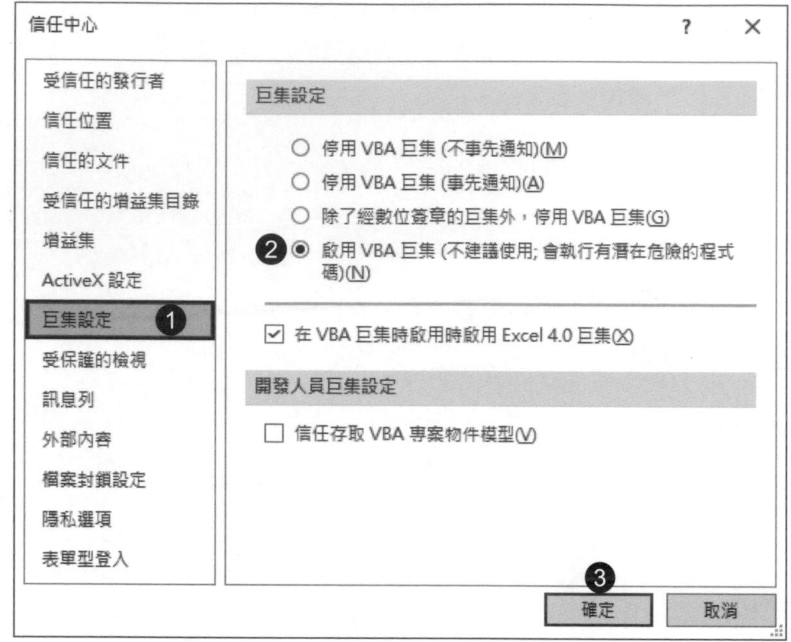

點選**巨集設定 → 在 VBA 巨集時啟用 Excel4.0** 巨集。

接下來，設定巨集函數。點選 **D6→ 公式 → 定義名稱**。

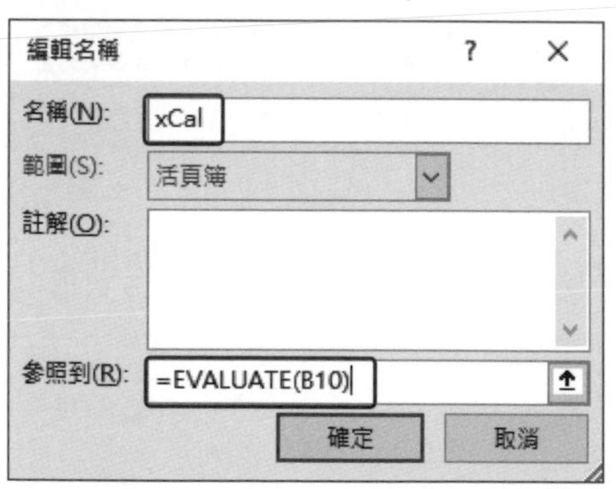

在名稱輸入 xCal，參照到輸入 =EVALUATE(B10)，計算 B10 的數學式。

然後，在 B10 輸入 =xCal，得到答案是 10696.34。

PART III

第三篇

時間整理

時間紀錄在資料檔案裡是很重要的一個項目，透過時間紀錄才可以了解資料的進行與交易軌跡，如此對了解事態狀況有更深刻的認知。在 Excel 有很多關於時間的函數，可以協助我們來解析資料。對 Excel 而言，時間核心就是數值，所以，這牽涉到如何轉換與計算，而且有些時間是以文字型態紀錄，這會造成計算障礙，因此，這一篇我們將牽涉幾個部分，日期時間轉換、日期計算、週別計算與時間計算。我們將從淺到深來剖析時間應用的奧秘。

CHAPTER 08

日期時間轉換

本章要進行日期與時間的轉換，因為紀錄日期時間的方式很多，我們要將這些紀錄轉換為適當和可用的日期與時間格式。所以，我們必須理解格式與重要函數才能正確轉換。

本章重點

01 TEXT 格式代碼 - 時間 - 日期格式 I

在第一篇的文字整理中，我們說明如何用 TEXT 來轉換資料，包含數字轉換邏輯判斷、文數轉換等，這次我們說明如何進行日期格式的轉換。

開啟「8.1 TEXT 格式代碼 - 時間 - 日期格式 I.xlsx」。

	B	C	D
2	資料	格式	Text
3	20160101	0-00-00	2016-01-01
4	2020/1/2	yyyy/mm/dd	2020/01/02
5	2021/11/3	mm-dd-yy	11-03-21
6	2019/1/5	gggyy/mm/dd	中華民國108/01/05
7	2021/12/13	gge/mm/dd	民國110/12/13
8	1090102	gge年mm月dd日	民國109年01月02日
9	110年1月1日	r	2021/01/01
10	2021/3/1	emmdd	1100301
11	2022/7/10	[$-x-sysdate]	2022年7月10日
12	0850801	yyyy/mm/dd	1996/8/1
13	921005	000!.00!.00	092.10.05
14	20210109	0-00-00	2021/01/09
15	2021-1-1	yyyy/mm/dd	2021/01/01
16	1100301	0-00-00	2021/3/1
17	03/11/1980	!0emmdd	0690311

B 欄是原始資料格式，C 欄 TEXT 的 format_text 轉換原始資料的格式代碼，D 欄是 TEXT 函數應用。底下挑選幾個說明。

B3 看起來是日期，卻是一般的數值，前面已經解釋過了，如轉成日期格式。C3 是 format_text=0-00-00，他是依續右邊先補齊，所以得到 2016-01-01。

D4 是依照年度 4 位數，月跟日是兩位數的格式。C4 是 yyyy/mm/dd 就表示同樣位數，看起來比較整齊。

D6 是顯示中華民國紀元與日期，C6 是 format_text=gggyy/mm/dd，gg 是中華民國的代碼，所以會將西元曆改為民國曆。

D7 只是民國 2 個字，代碼用 gg，年度也可以用 e 就會顯示民國曆。

B8 跟 B3 類似，只是它是民國曆，所以，我們要利用公式來剖析這個現象。D8 的公式是：

```
TEXT(
    DATE(
        LEFT(B8,3)+11,
        MID(B8,4,2),
        RIGHT(B8,2)
    ),
    C8
)
```

DATE(年 , 月 , 日) 要先轉為西元紀年，所以 LEFT 取出 109 之後，再加上 11=120。也可以直接加上 1911，轉到 2020 年。然後，取月與日。TEXT 的 format_text=gge 年 mm 月 dd 日就轉為民國紀年。

B9 是民國紀年，要轉為西元紀年 D9，這裡我們應用特殊的代碼 r，它的公式是 TEXT(C9&B9,"yyyy/mm/dd")，也就是將 r 連接 B9 的日期格式，就可以根據 formte_text 轉為西元紀年。

B12=0850801 是數值，跟 B3 是同樣狀況，只是它以民國紀年表示，我們要將轉為西元紀年。D12 的公式是：

```
--TEXT("r"&TEXT(B12," 0-00-00"),C12)
```

內層 TEXT 是 "r85-08-01"，加入 r 之後，外層 TEXT 就可以用 yyyy/mm/dd 轉為西元紀年。

B16=1100301 跟 B3 也是一樣狀況，D16 用另外一個方法解決，其公式是：--TEXT (B16+19110000,C16)。

1100301+19110000=20210301，這就是西元紀年。然後，再轉成 0-00-00 的格式。而 D8 也可以用這方式解決，TEXT(TEXT(B8+19110000,C3),C8)。

B17=03/11/1980，這是常見的日期格式，但在輸入或載入其他檔案的資料時，這個格式就成為文字型。因此，要將它轉為正常的民國紀元的日期格式，D17 的公式是：

```
TEXT(
    LEFT(
        RIGHT(B17,4)&"/"&B17,
        LEN(B17)
    ),
    C17
)
```

用 RIGHT 取出 1980 並串接斜線 (/) 與 B17，然後，用 LEFT 取出原來字串的長度 LEN(B17)，接下來用 TEXT 的 fomat_text=!0emmdd 轉成民國紀年格式。

02 TEXT 格式代碼 - 時間 - 日期格式 II

上節我們用 TEXT 剖析日期格式，本節繼續說明日期格式的轉換，只是擷取其中一部分，如日、月、年與週別等來解析其中的技巧。

開啟「8.2 TEXT 格式代碼 - 時間 - 日期格式 II.xlsx」。

	B	C	D
2	資料	格式	Text
3	2021/1/13	d	13
4	2018/11/9	dd	09
5	2022/1/2		2
6	2022/10/15	m	10
7	2016/1/16	mm	01
8	2016/1/17	mmm	Jan
9	2016/1/18	mmmm	January
10	2020/3/7	[$-404]mmmm	三月
11	2020/7/8	mmmmm	J
12	2016/1/19	[$-404]mmmmm	一
13	2020/3/6	[dbnum2][$-804]m月	叁月
14	2021/9/7	[dbnum2][$-404]m月	玖月
15	2020/3/8		3

D3:D5 是擷取 B3:B5 的天數，format_text=d 是取天數，dd 是天數一個數字時，會補上 0，所以 9 就轉成 09。D5 是函數 DAY(A5) 也可以取出天數。

D6:D15 是擷取月份，C8 是 mmm，它是轉換縮寫英文的月份，mmmm 才是完整的英文的月份。C10 的 $-404 是轉換繁體中文，加上 mmmm 就是取中文月份。C11 是 5 個 m，只顯示一個英文字母的月份 (J)，如果加上 [$-404] 的話，就是取一個字的中文月份 (一)。

C13 的 dbnum2 是國字數字，而 $-804 是轉為簡體字，所以，再加上 m 月，就會顯示簡體月份 (叁月)。$-404 是轉為繁體字，所以，D14 是玖月。當然，你也可以直接用函數 MONTH(B15) 取得月份。

	B	C	D
2	資料	格式	Text
16	2016/1/20	yy	16
17	2018/1/21	yyyy	2018
18	2022/4/22	e	111
19	2016/3/3		2016
20	2019/1/6	aaa	週日
21	2022/4/7	aaaa	星期四
22	2022/1/8	ddd	Sat
23	2019/7/11	dddd	Thursday
24	2016/1/12		2
25	2022/5/22	@	44703
26	2022/7/1	dddd, mmmm dd	Friday, July 01
27	2021/1/1	mm/dd (aaa)	01/01 (五)

D16:D19 是取得 B16:B19 的年度，用 y 即可，也可用 e 將西元紀年轉為民國紀年，當然用 YEAR(B19) 也可以完成。

D20:D24 是擷取星期數值部分，D20 用 aaa 可以取得週日，如果只想要日的話，可以用 RIGHT(TEXT(B20,C20))，取最右邊的字元，第 2 引數可以省略，表示是 1，所以，取右邊第 1 個字，就是日。也可用 ddd 或 dddd 來轉換英文星期數值。當然，用 D24=WEEKDAY(B24,2) 也行，或許也可以用 NUMBERSTRING(WEEKDAY(B24,2),1)，將數值轉國字，跟上面的 RIGHT(TEXT) 是一樣的。

D25 的 format_text 是用 @，大部分是代表文字，但這裡可以將日期轉為一般數值。D26 是混合前面所提的代碼，形成另外一種日期的顯示方式。D27 是很常用的日期顯示的樣態，它的公式是：

```
SUBSTITUTE(
    TEXT(B27,C27),
    "週",
    ""
)
```

TEXT(B27,C27)=01/01（週五），然後用 SUBSTITUTE 將週取消即可。根據上面解說，公式很簡單，只是臨時要用時，想不起來就可以翻開書籍參考。

03 TEXT 格式代碼 - 時間 - 時間格式

前面我們說明剖析日期、星期天數，這節將說明如何用 TEXT 與其他時間函數配合來取得秒、分與時。

開啟「8.3 TEXT 格式代碼 - 時間 - 時間格式 .xlsx」。

	B	C	D
2	資料	格式	Text
3	07/05 22:21:22.75	s.00	22.75
4	2021/12/1 17:11	ss	20
5	2021/12/1 17:11		20
6	1900/1/4 01:12	mmss	1200
7	1900/1/1 00:00	[m]	1440
8	03:20	[m]	200
9	02:30	[m]	2.5
10	02:30		2.5
11	10:25	!0:m:s	25
12	2022/7/9 17:56	m.s	56
13	2020/1/3 01:05		5

D3 是取毫秒，格式是 s.00。D4 是取秒數，格式是 ss，也可以用函數 SECOND(B5)。

接下來，看看如何取得分鐘數，D6 的格式是 mmss，m 可以是月，也有可能是分，如果格式是 mm 會取得月份，mmss 是取分與秒，所以答案是 1200，12 分 0 秒。D7 的格式是 [m]，Excel 的日期是以 1900/1/1 為起始值，所以，TEXT(B7,"d")=1，[m] 從起始值開始計算的分鐘，1 天就是 60*24=1440 分。從而推論，計算分鐘是從 1900/1/0 00:00 開始，但沒有這種時間表示法，1900/1/1 之前的日期會被當成文字。

B8 沒有日期，只有時間，所以是 3*60+20=200。B9 是 02:30 轉為 10 進位表示，D9=TEXT(B9,C9)/60，就是 2.5 小時。也可以用 D10 的方式，直接將 02:30*24=2.5 小時。B11=10:25，要取 25 分鐘，D11=TEXT(TEXT(B11,C11),"[m]")，內層 TEXT 的格式是 !0:m:s 得到 0:25:0，利用強制符號 (!) 強制顯示 0 代替時數，最後，外層 TEXT 的 [m] 取得分鐘數。還有一種方式 C12=m.s 將 B12 的時間轉為小數的方式，最後，用 INT 去除小數 (秒數) 即是分鐘數。當然，D13=MINUTE(B13) 也是可行。

	B	C	D
2	資料	格式	Text
14	1900/1/1 00:00	h	0
15	1900/1/2 03:00	h	3
16	1900/1/1 00:00	[h]	24
17	1900/1/2 01:00	[h]	49
18	1900/1/3 01:00		1
19	2021/2/2 21:04	h:mm AM/PM	9:04 PM
20	2021/12/3 05:45	h:mm A/P	5:45 A
21	2021/1/24 09:18	[$-404]h:mm AM/PM	9:18 上午
22	03:15		195
23	09:20	[h]:mm	9:35
24	930	0!:00	9:30
25	9:30	hm	930

D14 的格式是 h，就是取時數，這只是單純取日期中的時數。D17 的格式是 [h] 從 1911/01/01 開始計算第 1 天，所以 B16 是 1900/1/1　12:00:00 AM，算第 1 天就是 24 小時。D17 是 1/2，算 2 天，2*24=48，再加上 1 小時，就是 49。

接下來，D19 是轉換 AM/PM 格式。D21 的格式有 $-404，表示將 AM/PM 以繁體中文表示。

時間就是數值，所以我們也可以用數字計算來取得適當的值。D22=B22*24*60，1 天是 24 小時，1 小時是 60 分鐘，所以，將 B22=03:15 乘上 24 小時與 60 分鐘，就可以得到總分鐘數。Quarter 是 1/4 的意思，以 10 進位而言，是 0.25。如果 B23=09:20+0.25 小時，時間是 TEXT(B23+0.25/24,C23)=9:35。60*0.25=15，所以是 09:20 又增加 15 分鐘就是 9:35，但不能這樣相加，單位不一樣。要用 0.25/24，10 進位改 24 進位，然後加上 09:20 就是 9:35。因為沒有牽涉日期，所以，格式 [h]:mm 與 h:mm 的答案一致。

D24=TIMEVALUE(TEXT(B24,C24))，TIMEVALUE 是轉文字型的時間格式，其的語法是：

```
TIMEVALUE(time_text)
```

Time_text 是時間格式的文字字串。

TEXT(B24,C24)=9:30，但這是文字型，所以透過 TIMEVALUE 將它轉成時間型。如果轉成數值時，答案是 0.396。D25 是 930，這是將 9:30 透過格式 hm 來轉換。也用最簡單的方法 TEXT 前加兩個負號即可。

要取得 1 小時來計算有很多方法，其中可以用：

```
TIME(1,,)、1/24、TIMEVALUE("1:")、--TEXT(1/24,"[h]:m")
```

取 1 分鐘的方法有：

```
TIME(,1,)、1/24/60、TIMEVALUE("0:01")、--TEXT(1/24/60,"[h]:m")
```

04 TEXT 格式代碼 - 時間 - 小案例

我們已經了解時間轉換的原理，接下來有許多時間計算的問題。在後面章節裡，有更深入的日期與時間的計算，我們先試試這些小案例的計算。

開啟「8.4 TEXT 格式代碼 - 時間 - 小案例 .xlsx」。

	A	B	C	D
2		資料	格式	Text
3		11:30		
4		15:48	h	4
5		18:00		
6		21:30	[mm]	1050
7		2021/2/1	e	110
8		2009/5/18	mm	2
9		2015/12/3	dd	1
10		06:25	[m]	6.417
11		1.5		1小時30分鐘
12		21:30		23:00

D4 是 B4-B3，計算這個時間的差距，以小時計，我們用 TEXT，格式是 h 就可得出差距 4 小時。你也可以用 FLOOR(B4-B3,1/24)，FLOOR 是第二引數的倍數，最接近第一引數並往下最高的數值，其語法是：

```
FLOOR(number, significance)
```

number 是要捨位的數值。

significance 是要捨位的倍數。

如 FLOOR(3.5,2) 的答案是 2，2*1=2，2*2=4，2<3.5>4，FLOOR 往下數值最高倍數就是 2。另外，有個函數 CEILING，是往上數值最小的倍數就是 4。所以是以

significance 判斷最接近 number 的倍數，FLOOR 是往下找 significance 倍數，3.5 往下找 2 的倍數是 2，而 CEILING 是往上找 2 的倍數是 4，最接近 3.5 的值。從而推論原公式，signification=1 小時，用 1/24 轉為十進位，B4-B3=4:18，捨去分鐘就是 4 小時。

D6=TEXT(B6-B5,C6)，計算 B6 與 B5 的差距，以分鐘計。如果再除以 60 就是 3.5 小時。

D7=MAX(TEXT(B$7:B$9,C7)+0)，這是找出 B7:B9 最大的年份，轉民國紀元，所以是 110。D8 是顯示最小的月份，而 D9 是顯示最小的日數。

D10 是將 B10 轉為 10 進位。D11=TEXT(B11/24,"[h] 小時 m 分鐘 ")，這是將十進位，轉時間格式，所以，先將 value=B11/24。D12 =B12+TEXT(B11/24,"h:mm")，這是加總 B11 與 B12，所以要先將 B11 轉為時間格式。

	B	C	D
2	資料	格式	Text
13	1090102	0-00-00	130
14	1090511		130
15	2020/4/1		FY21Q1
16	2020/7/1		FY21Q2
17	2020/10/1		FY21Q3
18	2021/1/1		FY21Q4
19	0810115		30
20	0691116		42
21	0770607		34
22	民國110年3月5日-3月15日		週五-一

D13 是計算 B14 與 B13 差距多少日數，這個格式是一般數值，民國紀元格式，將它轉成西元紀元格式，B14+19110000= 20200511，再用 C13=0-00-00 轉日期格式，最後 2 數相減。日期的差距也可以用 DATEDIF，其語法是：

```
DATEDIF(start_date,end_date,unit)
```

start_date 是開始日期。

end_date 是結束日期。

unit 是返回數值的類型。

unit=Y 是計算開始與結束日期的年度差距。所以答案是 2021-2019=2 年

M 是計算開始與結束日期的月份差距。

D 是計算開始與結束日期的天數差距。

unit 也可以混合使用。

MD 是只計算兩日期的天數部分。所以是 17-10=7 天。

YM 是只計算日期的月份部分。所以是 8-5=3 個月。

YD 是忽略年度的天數，只計算月日差距。所以是 8/17-5/10=99 天

D15 是 4 月以後算下一會計年度 (Fiscal Year)，其公式是：

```
"FY"❶
        &
IF(❷
    MONTH(B15)>3,
    TEXT(B15,"yy")+1,
    TEXT(B15,"yy")
)
    &"Q"&
TEXT(❸
    TRUNC(MONTH(B15)/3),
    "[=]4;0"
)
```

1. 這個公式透過 & 串接 4 段文字與數字，是 FY& 年份 &Q& 季別。

2. IF 的 logical_test 是判斷是否 >3，因為規則是 4 月以後算下個會計年度。如果是的話，取年度加 1；不是的話，就是原來年度。

3. TEXT 轉換季別，value 是將季別除以 3 並取整數，得到 1。TRUNC 是取整數，去除小數的函數，跟 INT 類似，差別在於負數的處理，如 TRUNC(-8.1)，會去除小數，答案是 -8；而 INT(-8.1) 的答案是 -9。format_text 是 [=]4;0，這表示 value=0 就是 4，否則維持原值。D18 的 value=TRUNC(MONTH(B18)/3)，答案是 0，所以，轉為 4。

D19 是計算 B19 到今天的年齡，公式是：

```
TEXT(TODAY(),"r")-LEFT(B19,3)
```

Format_text 是 r，表示取得今天的民國紀年年度，然後減掉去出 B19 的年度就是年齡。

D22 是取得 2 個日期的星期值，其公式是：

```
TEXT(❷
     "r"&MID(B22,3,FIND("-",B22)-3),❶
     "aaa-"
)
     &
RIGHT(❹
     TEXT(❸
          "2021年"&RIGHT(B22,LEN(B22)-FIND("-",B22)),
          "aaa"
     )
)
```

1. B22 以橫槓 (-) 將日期分隔，所以，要取前段日期並轉為星期值，並合併後段日期的星期值。用 FIND 找到橫槓 (-) 位置，減 3 是橫槓 (-) 跟民國這三個字。然後，MID 取得 110 年 3 月 5 日，前面多個 r 表示這是民國紀年。
2. 接下來，TEXT 的 format_text 是 aaa-，轉換為週五 -。
3. LEN 是取得 B22 字串的長度，減掉 FIND 橫槓 (-) 的位置，就會得到後段的字元數，再用 RIGHT 取得 B22 後面的字元。接下來，TEXT 取得週一。
4. 然後，用 RIGHT 最後一個字。最後，前後段星期值合併。

05 統計各員工加班時間-將文字轉為時間

本節要討論統計中文的時間格式，也就是時間是以中文顯示，要將其轉為標準時間格式。另外，計算生產日期＋保存期＝截止年月。

開啟「8.5 統計各員工加班時間 - 將文字轉為時間 .xlsx」。

	A	B	C	D	E	F
2		項目：	員工	3月7日	3月8日	3月9日
3			郭敬	2小時30分50秒	1小時5分50秒	1小時55分58秒
4			黃融	1小時35分4秒	45分51秒	3小時15分41秒
5			歐陽風	3小時10分52秒	4小時1分52秒	2小時22分52秒
6			周柏童	2小時25分53秒	1小時48分3秒	2小時12分47秒
7						
8		問題：	統計各員工加班時間-將文字轉為時間			
9		解答：	員工	合計		
10			郭敬	5時32分38秒		
11			黃融	2時41分45秒		
12			歐陽風	9時35分36秒		
13			周柏童	6時26分43秒		

C2:F6 是員工各日期加班時間，要計算各員工的時間。

D10 的公式是：

```
SUM(
    --SUBSTITUTE(
        SUBSTITUTE(
            SUBSTITUTE(D3:F3,"小時",":"),
            "分",
            ":"
        ),
        "秒",
        ""
```

```
    )
)
```

這個公式是很簡單，利用 SUBSTITUTE 將小時與分改成冒號 (:)，然後，移除秒字，答案是 2:30、1:05 與 1:55。最後用 SUM 加總各時間。

接下來，到工作表 2。

	B	C	D	E
2	項目：	生產年月	保存期	截止年月
3		202101	5個月	202106
4		202010	6個月	202104
5		202011	12個月	202111
6				
7	問題：	生產日期+保存期=截止年月		
8	解答：	如上表		

C 欄是生產年月，D 欄是保存期，E 欄是 C 欄 +D 欄。

E3 的公式是：

```
TEXT(❹
    DATE(❸
        LEFT(C3,4),❶
        RIGHT(C3,2)+SUBSTITUTE(D3,"個月",""),❷
        1
    ),
    "yyyymm"
)
```

1. DATE 的 year= LEFT(C3,4)，取 C3 的前 4 個數字，這是年度 (2021)。
2. DATE 的 month 是用 RIGHT 取 C3 後面 2 個數字，這是月份 (01)，再加上 D3 去掉中文字 (個月) 的數字 (5)，答案是 06。
3. DATE 的 day=1，所以，答案是 2021/6/1。
4. TEXT 的 format_text 是 yyyymm，所以是 202106。

06 不同格式的日期轉成統一格式

檔案中會有不同的日期格式出現，這節將要說明如何用公式將日期改為統一的格式。我們會用 CELL 函數來判斷日期，畢竟，日期格式也是數值，所以，用一般判斷數值的函數是無法解決這個問題。因此，我們使用 CELL 來判斷，這也是唯一的方法。

開啟「8.6 不同格式的日期轉成統一格式.xlsx」。

	B	C	D	E
2	項目：	原始日期	解答	
3		110/2/5	2021/02/05	
4		1111023	2022/10/23	
5		2022/5/9	2022/05/09	
6		3月8日	2020/03/08	
7		110/10/26	2021/10/26	
8		4/25/22	2022/04/25	
9		1100109	2021/01/09	
10				
11	問題：	不同格式的日期轉成統一格式		

C 欄有不同格式的日期，要轉換成統一格式。

D3 的公式是：

```
TEXT(❹
    IF(❸
        LEFT(❷
            CELL("format",C3)❶
        )="D",
        C3,
        "r"&TEXT(C3,"0-00-00")
    ),
```

```
    "yyyy/mm/dd"
)
```

CELL 是關於儲存格的資訊，它的語法是：

CELL(info_type, [reference])

info_type 是一些資訊類型的設定，如 address、col、color、format…。reference 是儲存格參照，取得資訊。

1. CELL 的 info_type=format，這儲存格格式，參照 C3 取得資訊。

日期	CELL
110/2/5	G
1111023	G
2022/5/9	D1
3 月 8 日	D3
110/10/26	G
4/25/22	D1
1100109	G

   G 是常規狀況，某些數值與文字之類。D 開頭是日期型態。C3 是文字型，所以得到 G，C5 是日期型，所以得到 D1。

2. LEFT 取第 1 個字並判斷是否等於 D。

3. IF 是 logical_text=D 是 TRUE 就執行 C3。C3 是文字型，所以是 FALSE，執行 "r"&TEXT(C3,"0-00-00")。因此，答案是 "r110/2/5"。D5 是 TRUE 就維持 D5 的時間格式。

4. 最後，TEXT 的 format_text 是 yyyy/mm/dd，所以得到 2021/0205，每個原始日期都改成這種日期格式。

CHAPTER

09

日期計算

日期在資料分析上佔有很重要的地位，上一章我們曾提過會計年度跟一般的曆法不同，所以，需要轉換來符合所需。的確企業為了作業方便或符合法規，有許多關於日期的變動，如結帳日的差異、工作日不同、加班日、特休日判斷…等。因此，我們必須轉換格式，再進行計算。

本章重點

9.1 計算日期差距的基本函數
9.2 依條件取得最初與最後日期
9.3 判斷各廠商的結帳日期
9.4 計算出差補助金額
9.5 除假日外，工作多少天？
9.6 計算各員工的加班總時數
9.7 統計某區間的在職天數
9.8 以 8 小時為 1 天計算總特休假

01 計算日期差距的基本函數

轉換日期格式通常是為了分析資料，計算日期差距是必備的工具。然而，日期函數非常多樣，這節介紹幾個比較常用的函數，以後章節會陸陸續續介紹其他有用的時間函數應用。

開啟「9.1 計算日期差距的基本函數 .xlsx」。

	B	C	D	E	F	G	H	I	J	K
2	項目：	開始日	2020/12/6	2020/12/1						
3		結束日	2022/2/8	2022/12/2						
4										
5	問題：	計算日期的基本函數								
6	解答：	相差	Datedif	Datedif	Date	YMD	Yearfrac	Days360	Datevalue	Networkdays
7		年	1	2		2	1.1753425			
8		月	14	24		-10				
9		日	429	731	429	2	1.1753425	422	429	307
10		無月的天數	2	1						
11		無年的月數	2	0						
12		無年的天數	64	1						

DATEDIF 是 LOTUS123 遺留的函數，所以，在 Excel 不會有仔細説明，我們前面已經説明它的應用方式。語法就是根據 unit 的引數來判斷開始日期與結束日期的差距，其中 unit 有 Y、M、D 跟混合使用的 MD、YM、YD 等 6 種方式來計算 2 個日期的差距。

C2:E3 是 2 組日期表，依照日期函數計算開始日與結束日的差距。

DATEDIF(D$2,D$3,"Y")=1，開始日 =2020/12/6，結束日 =2022/2/8，顯然地，2 個日期差距沒有滿 2 年，1 年多，unit=Y，所以答案是 1 年。

D8 的 unit=M，計算 2 個日期的月份差距，答案是 14 個月。

D9 的 unit=D，計算 2 個日期的天數差距，答案是 429 天。

可見上面的 unit 的定義是要日期差距要滿期才會進位。

接下來，我們來看 unit 的混合應用。

D10 的 unit=MD，不會考慮年與月，所以是 8-6=2。而 E10 是 E3 的 2 減掉 E2 的 1，答案是 1。

D11 的 unit=YM，不會考慮年的月數，12~2 月之間，答案是 2 個月。E11 都是 12 月，所以是 0。

D12 的 unit=YD，不會考慮年，但包含月的天數，12/6~2/8 之間，答案是 64 天。而 E12 是 12/1~12/2 之間，答案是 1 天。

F9= DATE(2022,2,8)-DATE(2020,12,6)，用 DATE 函數判斷 2 個日期的天數差距，答案是 429 天，跟 D9 是一樣的。

G7 =YEAR(D3)-YEAR(D2) 是取出年度相減，所以是 2。G8 是取出月份相減，G9 是取出天數相減，跟 D10 一樣。

H10 =YEARFRAC(D2,D3,3)，這是計算天數在年度比例。語法是：

```
YEARFRAC(start_date, end_date, [basis])
```

start_date 是開始日期。

end_date 是結束日期。

[basis] 是計算比例的類型。3 是實際值 (結束 - 開始)/365 天，而 2 是實際值 /360 天，4 是歐規以 30/360 天計算。

所以，答案是 1.175 跟 D9 =F9/365 是一樣。

I9=DAYS360(D2,D3)，這是以 360 天來計算。所以，I9/360=YEARFRAC(D2,D3,4)。

J9=DATEVALUE("2022/2/8")-DATEVALUE("2020/12/6")，DATEVALUE 是將文字型日期轉為序列值。所以答案是 429，跟 D9 與 F9 一樣。直接用日期會產生錯誤值，如 DATEVALUE(D2)、DATEVALUE(2022/2/8) 或 DATEVALUE("44171")。可以用 TEXT 轉成文字型日期格式，DATEVALUE(TEXT(D3,"yyyy/mm/dd"))。

K9=NETWORKDAYS(D2,D3)，這是計算去除假日的 2 日期差距。

02 依條件取得最初與最後日期

把同條件的某個日期找出，或者更進一步計算，並不需要用查閱函數，可以用 IF 與等號 (=) 就可以找到所有最小的日期，並可以用彙總函數處理。

開啟「9.2 依條件取得最初與最後日期 .xlsx」。

	B	C	D	E	F	G
2	項目：	在表2				
3						
4	問題：	依條件取得最初與最後日期				
5	解答：	方案：	高雄場			
7		名稱	最初日期	最後日期	最初日期	最後日期
8		小李	2022/02/15	2022/11/02	2022/02/15	2022/11/02
9		小周	2022/06/04	2022/10/27	2022/06/04	2022/10/27
10		老趙	2022/04/27	2022/07/19	2022/04/27	2022/07/19
11		小陳	2022/04/05	2022/08/14	2022/04/05	2022/08/14

資料在工作表 2，裡面有人員、日期與方案所在地。要找出各人的最初與最後日期。D8 是最初日期，公式是：

```
MIN(❸
    IF(❷
        (工作表2!A:A=C8)*(工作表2!C:C=D$5),❶
        工作表2!B:B
    )
)
```

1. IF 的 logical_test 判斷工作表 2 的 A 欄 (人員) 是否等於小李 (C8)，並且工作表 2 的 C 欄是否等於高雄廠 (D5)，AND 是且的意思，而星號 (*) 也是一樣，只是 AND 返回一個值，星號 (*) 返回陣列。其實星號 (*) 是相乘，前段是 TRUE，後段也是 TRUE，TRUE 是 1，所以，1*1=1，也是 TRUE。前後段有一個是 FALSE，相乘之後是 0，也是 FALSE。

人員	日期	方案
小李	2022/11/28	台北場
小周	2022/11/13	台中場
老趙	2022/04/27	高雄場
小陳	2022/03/07	台北場
小李	2022/03/19	高雄場
老趙	2022/07/19	高雄場

前段	後段	相乘 (*)
TRUE	FALSE	0
FALSE	FALSE	0
FALSE	TRUE	0
FALSE	FALSE	0
TRUE	TRUE	1
FALSE	TRUE	0

第 1 個小李是一個 TRUE 一個 FALSE，所以相乘之後是 0。第 2 個小李是 2 個都是 TRUE，答案就是 1。

2. IF 判斷如果是 TRUE 的話，就執行工作表 2 的 B 欄 (日期)。

3. 最後，從這些找到的日期欄位，MIN 顯示小李最小的日期。

```
E8 =MAX(IF((工作表2!A:A=C8)*(工作表2!C:C=D$5),工作表2!B:B))
```

這個原理跟 D8 是一樣，只是它用 MAX，也就是找出最大的值 (日期)。

如果你是新版 Excel，也可以用 MINIFS 或 MAXIFS。

```
MINIFS(工作表2!B:B,工作表2!A:A,C8,工作表2!C:C,D$5)
```

它的原理跟 MIN(IF) 很類似，第 1 引數是計算範圍，第 2 引數範圍等於 C8 就是 TRUE，第 4 引數範圍等於 D5 就是 TRUE。MAXIFS 處理原理也是一樣。

除了上面的函數用法之外，也可以用 PERCENTILE，其語法是：

```
PERCENTILE(array,k)
```

array 是陣列或範圍。

k 是百分位數，0-1 之間。

F8 的公式是：

```
PERCENTILE(
    IF(
        (工作表2!A:A=C8)*(工作表2!C:C=D$5),
        工作表2!B:B
    ),
    {0,1}
)
```

原則上 IF 跟上面一樣。至於，PERCENTILE 的 k={0,1} 的意思是找到範圍的 0 最小值與 1 最大值。所以，這個公式會得到 2 個值，最初與最後的日期。如果你用舊版的話，必須按 CSE 公式。

如果想要得到最初與最後日期的差距，就如上一節所説的，你可以利用這個公式，例如：

```
SUM(
    PERCENTILE(
        IF((工作表2!A:A=C8)*(工作表2!C:C=D$5),工作表2!B:B),{0,1}
    )*{-1,1}
)
```

後面多一個 *{-1,1} 的常數陣列。

PERCENTILE 會得到 2022/2/15 與 2022/11/2。乘上 {-1,1} 會得到 -2022/2/15 與 2022/11/2，然後用 SUM 加起來就是最後日期減掉最初日期，答案是 260 天。

03 判斷各廠商的結帳日期

付給供應廠商款項是依據合約的訂定，各廠商合約有不同的結帳狀況，根據這些狀況計算出實際結帳日，方便付款。

開啟「9.3 判斷各廠商的結帳日期 .xlsx」。

	A	B	C	D	E	F	G	H	I
2		項目：							解答：
3			廠商	月結方式	月結天數	結帳日	付款日	出貨日期	匯款日
4			A	次月結	30	25	5	2022/03/28	2022/07/05
5			B	次月結	60	25	5	2022/04/02	2022/08/05
6			D	次月結	60	31	5	2022/04/27	2022/08/05
7			E	當月結	30	25	15	2022/05/06	2022/07/15
8			G	當月結	30	31	15	2022/06/28	2022/08/15
9			H	當月結	60	31	15	2022/10/01	2023/01/15
10									
11		問題：	判斷各廠商的結帳日期						

C3:G9 是各廠商的付款條件，H 欄是出貨日期，我們要計算匯款的日期。

匯款日 I4 的公式是：

```
EOMONTH(
    H4,
    (DAY(H4)>F4)+(D4="次月結")+E4/30
)+G4
```

EOMONTH 是根據指定月份取得月底的日期，其語法是：

```
EOMONTH(start_date, months)
```

start_date 是開始日期。

months 是開始日期的前後月份，例如：1 是增加一個月，-1 是減少一個月。

這個公式的 start_date=H4 是 2022/3/8，而 months=(DAY(H4)>F4)+(D4=" 次月結 ")+E4/30。

DAY(H4)>F4 是判斷出貨日期的天數 (28) 是否大於 F4(結帳日 25)，這是 TRUE。

D4=" 次月結 "，這個也是 TRUE。

```
E4/30=1
```

TRUE 就是 1，所以，2 個 TRUE+1=3。EOMONTH(2022/3/8,3) 得到 2022/6/30，再加 G4=5，所以答案是 2022/7/5。

也可以用另外一個函數 EDATE，是指定月份的日期，EOMONTH 是月底，EDATE 是開始日期的天數。其語法是：

```
EOMONTH(start_date, months)
```

start_date 是開始日期。

months 是開始日期的前後月份，例如：1 是增加一個月，-1 是減少一個月。

```
EDATE(
    DATE(
        YEAR(H4),
        MONTH(H4)+(DAY(H4)>F4)+(D4="次月結")+E4/30,
        G4
    ),
    1
)
```

DATE 的 year 是取 H4 年度，month 是取 H4 的月份再加上其他條件，跟上面公式一樣，然後 day 是 G4 付款日。答案是 2022/6/5。所以，整個公式是 EDATE(2022/6/5,1)=2022/7/5。

來到工作表 2 的問題。

	A	B	C	D	E	F
2		項目：	廠商	到期日		
3			A	111/01/31		
4			B	111/02/28		
5			C	111/03/03		
6			D	111/04/30		
7			E	111/10/31		
8						
9		問題：	將到期日延一個月，月底還是月底			
10		解答：	廠商	延一個月		
11			A	111/02/28		
12			B	111/03/31		
13			C	111/04/03		
14			D	111/05/31		
15			E	111/11/30		

C2:D7 是各廠商到期日表，每個到期日都延一個月，注意！月底的到期日。D11 的公式是：

```
TEXT(
    EOMONTH(
        DATE(LEFT(D3,3)+1911,MID(D3,5,2)+1,1),
        0
    ),
    "e/mm/dd"
)
```

D3 是民國紀年，要改成西元紀年，所以，DATE 的 year= LEFT(D3,3)+1911= 2022，month 取 D3 的月份再 +1，day=1，答案是 2022/2/1。再來 EOMONTH 的 months=0，是本月月底，答案是 2022/2/28。最後，TEXT 的 format_text= e/mm/dd，答案就是 111/02/28。

因為到期日年月都是固定位數，所以可以用 LEFT 和 MID 擷取，如果不是固定，就要用其他方法。

TEXT(EOMONTH(TEXT("r"&D3,"m/d"),1),"e/mm/dd") 或用 TEXT(EOMONTH("r"&D3,1), "e/mm/dd")，也會得到相同答案。

04 計算出差補助金額

前面我們有稍微說明 NETWORKDAY 的應用，這次再深入探討這個好用的函數。我們將計算各個不同日期的加班費用。

開啟「9.4 計算出差補助金額 .xlsx」。

	B	C	D	E	F	G
2	項目：	開始日	結束日		出差補貼日	金額
3		4月1日	4月10日		上班日	500
4		週四	週六		週休假日	1000
5					國定假日	1500
6						
7	問題：	計算出差補助金額				
8	解答：	出差補貼日	日數	金額		
9		上班日	5	2500		
10		週休假日	3	3000		
11		國定假日	2	3000		
12		合計		8500		

C2:D4 是開始與結束日期表，F2:G5 是出差補貼金額表。

D9 的公式是：

```
NETWORKDAYS(C$3,D$3,I$3:I$21)
```

start_day 是 C3，4/1。

end_day 是 D3，4/10。

holidays 是 I3:I21 的國定假日表。

NETWORKDAYS 是計算開始到結束扣掉週六日的工作天數，除此之外，也扣除 holidays 放假日，假日表要另外製表 (I 欄)。

```
D10=NETWORKDAYS.INTL(C3,D3,"1111100",I3:I21)
```

這個函數多了 weekend 引數，是 1111100，一共有 7 個數字，只能 0 與 1，0 是工作日，1 是休假日，所以，這是星期一 ~ 五是工作日，六日是週休日，但是，我們要計算週末日期，所以，就以 0 代表六日是工作日。

```
D11=COUNTIFS(I3:I21,">="&C3,I3:I21,"<="&D3)
```

這是計算個數，criteria_range=I3:I21，這是假日表，大於 4/1 並且 (AND 關係) I3:I21 小於 4/10。也就是假日表有哪些日期是在 4/1~4/10 之間，有 4/2 與 4/5 共 2 個。也可以用 D3-C3+1-D9-D10 計算。

E9 計算補貼金額的公式是：

```
D9:D11*G3:G5
```

即可算出多少金額。

來到工作表 2，計算加班日。

	A	B	C	D	E	F	G
2		項目：	開始日	結束日		加班日	
3			4月1日	4月15日		4月2日	週五
4			週四	週四		4月10日	週六
5						4月17日	週六
6		問題：	加上加班日一共上幾天班？				
7		解答：	一般狀況	加班日			
8			9	11			

```
C8 =NETWORKDAYS.INTL(C3,D3,,I3:I21)
```

第 3 引數 weekend 省略，所以，只考慮假日表與週休，一般情況的答案是 9 天。

D8 的公式是：

```
NETWORKDAYS.INTL(C3,D3,,I3:I21)
    +
COUNTIFS(F3:F5,">="&C3,F3:F5,"<="&D3)
```

這是 C8 公式在加上加班日期。COUN TIFS 是計算在 4/1~4/15 之內的加班日 F3:F5，只有 2 天是在區間之中，所以答案是 11 天。

05 除假日外，工作多少天？

延續上個函數 NETWORKDAYS.INTL 應用，我們這次使用下拉式選單的方式，然後選擇員工之後，顯示他工作天數。

開啟「8.5 3、4 月除假日外，工作多少天？ .xlsx」。

	B	C	D	E
2		年假		
3	項目：	張三	李四	王五
4		3月5日	3月17日	3月19日
5		4月7日	3月25日	
6		4月16日		
7				
8	問題：	3、4月除假日外，工作多少天？		
9	解答：	42	43	44
10				
11		輸入姓名	李四	
12			43	

C2:E6 是員工年假休假表，計算他們在 3 月與 4 月的工作天數。

C9 的公式是：

```
NETWORKDAYS.INTL("2021/3/1","2021/4/30",,C4:C6)
```

引數 start_date 從 3/1 開始，end_date 是 4/30 結束。weekend 省略，holiday 是 C4:C6 張三的年假。從這些設定之中就可以得到工作 42 天。

D12 的公式是：

```
NETWORKDAYS.INTL(
    "2021/3/1",
    "2021/4/30",,
    OFFSET(C4,,MATCH(D11,C3:E3,0)-1,3)
)
```

NETWORKDAYS.INTL 的 holiday 是 OFFSET，其中 reference 是參照範圍適從 C4 開始，rows 是根據 reference 上下移動，這裡是省略。cols 是根據 reference 左右移動，是 MATCH 以 D11(李四) 查閱 C3:E3，0 是完全符合，然後減 1 是因為 reference 設定值是 0 開始移動。height 是以數值來標定範圍高度，高度是 3。因此，會得到 {44272;44280;0}，最後答案是 43。

06 計算各員工的加班總時數

加班時數的計算方式，可分為日與夜班，還有平常日與假日，所以有四種不同的狀況。根據加班表格來計算各個員工的加班總時數。

開啟「9.6 計算各員工的加班總時數 .xlsx」。

	B	C	D	E	F	G	H	I	J	K	L	M	N
2	項目：	員工	6/1	6/2	6/3	6/4	6/5	6/6	6/7		固定加班時數		
3			週三	週四	週五	週六	週日	週一	週二		班別	週一~五	週六
4		李小明		日	日	日		夜	夜		日	2.5	9
5		王大偉	夜		夜	夜		日	日		夜	2	7.5
6		周忠卷	日	日	日	日		夜	夜				
7		陳小帝	夜	夜	夜	夜		日	日				
8		趙大歌	日	日	日	日		日	日				
9													
10	問題：	計算各員工的加班總時數											
11	解答：	員工	加班時數										
12		李小明	18										
13		王大偉	16.5										
14		周忠卷	20.5										
15		陳小帝	18.5										
16		趙大歌	21.5										

C2:J8 是各員工加班登錄表，可分為日為日間加班；夜是夜間加班。而 L2:M5 是各狀況的加班時數表。

D12 的公式是：

```
SUM(❸
    IFNA(
        (D$3:J$3=N$3)*❶
        VLOOKUP(D4:J4,L$4:N$5,3,0)+
        (D$3:J$3<>N$3)*❷
```

```
        VLOOKUP(D4:J4,L$4:N$5,2,0),
        0
    )
)
```

1. 首先，判斷是否等於週六，然後判斷日夜時數，再將符合週六與日夜時數相乘，就會得到週六的加班時數。

星期值	週三	週四	週五	週六	週日	週一	週二
等於週六	FALSE	FALSE	FALSE	TRUE	FALSE	FALSE	FALSE
日夜時數	#N/A	9	9	**9**	#N/A	7.5	7.5
週六時數	#N/A	0	0	**9**	#N/A	0	0

2. 接下來，判斷是否是週一到週五，然後，判斷日夜時數，再兩判斷式相乘，就會得到週一到週五的加班時數。

週一週五	TRUE	**TRUE**	**TRUE**	FALSE	TRUE	**TRUE**	**TRUE**
日夜時數	#N/A	**2.5**	**2.5**	2.5	#N/A	**2**	**2**
週一～五時數	#N/A	**2.5**	**2.5**	0	#N/A	**2**	**2**

3. 兩者相加，錯誤值就顯示 0。

加班時數	0	**2.5**	**2.5**	**9**	0	**2**	**2**

4. 最後，用 SUM 將所有數值加總。

07 統計某區間的在職天數

在 4.2 節我們曾經用 TEXT 計算員工某月的在職工作時間，這次用另外一個方法計算，還有計算整個在職時間，包含年月日。

開啟「9.7 統計某區間的在職天數 .xlsx」。

	A	B	C	D	E	F	G	H
2		項目：		計算區間				
3				111/03/01	111/03/31			
4						解答		
5			姓名	到職日	離職日	在職天數		
6			Robert	111/02/24	111/03/23	23	23	23
7			Peter	111/02/01	111/02/27	0	0	0
8			May	111/03/04		28	28	28
9			Joan	111/03/01	111/03/19	19	19	19
10			Sam	111/02/16		30	30	30
11			Marry	111/03/20	111/03/28	9	9	9
12								
13		問題：	計算某區間的在職天數					

F6 是 4.2 節的公式，計算 3/1~3/31 員工在職天數，超過 30 天以 30 天計算。

G6 是巢狀函數 IF，其公式是：

```
IF(❶
    E6="",
    IF(D6<D$3,30,E$3-D6+1),❷
    IF(❸
        E6<D$3,
        0,
        E6-IF(D6<D3,D3,D6)+1❹
    )
)
```

1. 第 1 個 IF 是判斷 E6 是否是空字串，如果是空字串，表示目前在職中。
2. TRUE 的話，來到第 2 個 IF，判斷 D6 是否小於 D3，如果是的話，表示到職日是在 3/1 之前，所以答案是 30；如果不是的話，3/31-3/4(如 D8)。
3. 如果 E6 有數值的話，就會來到第 3 個 IF，判斷 E6 是否小於 D3，是的話，表示離職日小於 3/1，結果是 0。
4. 如果 E6>=D3 的話，表示在 3 月有在職工作，來到第 4 個 IF，判斷到職日是否小於 D3(3/1)，如果是的話，就是 3/1；不是的話，就是到值日 3/20(如 D11)，然後，E6(3/31)-3/20+1。

我們來看另一個方法，H6 的公式是：

```
TEXT(IF(E6:E11="",E3,E6:E11)+1-IF(D6:D11<=D3,D3,D6:D11),"[=31]3\0;
[<]\0;0")*1
```

其中的 IF 是：

```
IF(E6:E11="",E3,E6:E11)+1
    -
IF(D6:D11<=D3,D3,D6:D11)
```

這是一個陣列公式，如果你是舊版需要按 CSE 公式鍵。

第 1 個 IF 直接判斷離職日是否等於空字串，是的話，就是還在職工作，E3(3/21)；不是的話，就是原來離職日，然後 +1。就是空白格填入 3/31。

離職日	+1		到職日		結果
2022/3/23	2022/3/24		2022/3/1		23
2022/2/27	2022/2/28		2022/3/1		-1
2022/3/31	2022/4/1	-	2022/3/4	=	28
2022/3/19	2022/3/20		2022/3/1		19
2022/3/31	2022/4/1		2022/3/1		31
2022/3/28	2022/3/29		2022/3/20		9

然後，第 2 個 IF 判斷到職日是否小於 3/1，是的話，就是 3/1；不是的話，一樣是到職日。下一步，相減之後，取得答案，有負數存在，也有 31，最後經過 TEXT 的判斷之後，負數成為 0，31 成為 30 日。

我們在來看這個表格，要取得全部在職的期間。

姓名	到職日	離職日	在職期間
歐陽風	1999/2/3	2018/5/7	19 年 3 個月又 4 天
令狐聰	2016/4/18		5 年 8 個月又 13 天
林評知	2008/7/8	2021/12/3	13 年 4 個月又 25 天
周柏桐	2010/9/16	2019/8/2	8 年 10 個月又 17 天

M6 的公式是：

```
CONCAT(
    DATEDIF(
        K6,
        IF(L6="","2021/12/31",L6),
        {"y","ym","md"}
    )&
    {"年","個月又","天"}
)
```

DATEDIF 是判斷開始日期與結束日期的差距，由第 3 引數 unit 來決定日期的擷取，這裡 y 是擷取年，ym 是擷取忽略年的月份，md 是擷取忽略年的天數。K6 是到職日，IF 是判斷離職日是否等於空字串，是的話，就填入 2021/12/31；不是的話，一樣是 L6 離職日。因為，unit 是 3 個判斷，所以，會產生 3 個答案，要給一個單位，所以，要串接字串陣列 {" 年 "," 個月又 "," 天 "}，然後產生了 {"19 年 ","3 個月又 ","4 天 "}。最後，用 CONCAT 合併。

08 以 8 小時為 1 天計算總特休假

一般而言，24 小時為一天，但工作或休假時間是以 8 小時為一天。我們要合計 2 年的員工休假時間，它是以中文記錄，所以要轉時間記錄方式才能以 8 小時為一天計算。

開啟「9.8 以 8 小時為 1 天計算總特休假 .xlsx」。

	B	C	D	E
2	項目：	員工	110年	111年
3		Peter	8天3時	10天6時
4		Amy	6天1時	9天0時
5		Sherry	11天7時	13天2時
6		Sam	8天5時	14天5時
7				
8	問題：	以8小時為1天計算總特休假		
9	解答：	員工	合計_1	合計_2
10		Peter	19天1時	19天1時
11		Amy	15天1時	15天1時
12		Sherry	25天1時	25天1時
13		Sam	23天2時	23天2時

C2:E6 是員工 110-111 年的特休時間，要合計 2 年，以 8 小時為 1 天計算。

D10 的公式是：

```
TEXT(❹
    SUM(❶
        SUM(--LEFT(D3:E3,FIND("天",D3:E3)-1))&0,❷
        --DEC2OCT(SUM(--RIGHT(SUBSTITUTE(D3:E3,"時",""))))❸
    ),
"0天0時"
)
```

1. SUM是先加總天數，再把加總的時數轉八進位，然後合計天與時，最後轉中文時間單位。
2. 用FIND找天，然後用LEFT擷取D3:E3的天數，然後加總。這是常見的抓取特的字元的方法，後面再串接0，就會形成180，後面的0是為了填補小時。
3. 用SUBSTITUTE把**時**去除，小時數值就會在最後一個字元，因為8小時為一天，所以沒有2個字元，我們就可以用RIGHT取最後一個字元，第2引數可以省略，就是抓取最後一個字元3與6，然後合計為9。9超過8小時，是1天又1小時，因此，使用DEC2OCT這是8進位轉10進位，9轉為11。
4. 180+11=191，TEXT的value=191，format_text=0天0時，答案是19天1時。

CHAPTER

10

週別計算

關於週別函數，前面已經介紹過 WEEKNUM、ISOWEEKNUM、WEEKDAY、WORKDAY.INTL、NETWORKDAY.INL，還有 TEXT 都可以處理週別問題。接下來，我們繼續探討星期值計算案例。

本章重點

- 10.1 星期只顯示一三五
- 10.2 計算星期假日的便當預訂量
- 10.3 假日不顯示補班日要顯示
- 10.4 合計每週客戶合約進度狀況
- 10.5 將客戶送貨時間集中在各分店收貨的規定時間內
- 10.6 安排工作日程必須避開特定日期並重新規劃

01 星期只顯示一三五

原始日期的星期值根據條件跳到另外一個星期值，可以使用 WORKDAY.INTL 函數處理，此函數解決很多星期值的難題。這次我們延伸這個函數應用來解決許多辦公作業的問題。

開啟「10.1 星期只顯示一三五 .xlsx」。

	A	B	C	D	E	F	G	H	I
2		日期：	3月3日	3月4日	3月5日	3月6日	3月7日	3月8日	3月9日
3			星期三	星期四	星期五	星期六	星期日	星期一	星期二
4									
5		問題：	星期只顯示1、3、5						
6		解答：	3月3日	3月5日	3月8日	3月10日	3月12日	3月15日	3月17日
7			星期三	星期五	星期一	星期三	星期五	星期一	星期三

工作表 1 的 C2:I3 是一般日期序列，想要在 3/3 開始，以後只顯示星期一、三、五的日期。NETWORKDAY.INTL 是計算 2 個日期間差距；而 WORKDAY.INTL 是從開始日期算起，給特定數值。然後，得到結果日期。其語法是：

```
WORKDAY.INTL(start_date, days, [weekend], [holidays])
```

days 是 start_date 增加 (減少) 多少天。其他引數設定都跟 NETWORKDAY.INTL 一樣。

D6 的公式是：

```
WORKDAY.INTL(C6,1,"0101011")
```

這個函數前面已經説明過了，它的 weekend 是 0101011，依序所代表的是星期一～日，0 是工作日，1 是休假日。從 C6(3/3) 開始，每次加 1 天，所以，第 1、3、5 是 0，所以會顯示星期一、三、五的日期，並跳過二、四、六與日的日期。

點選工作表 2。

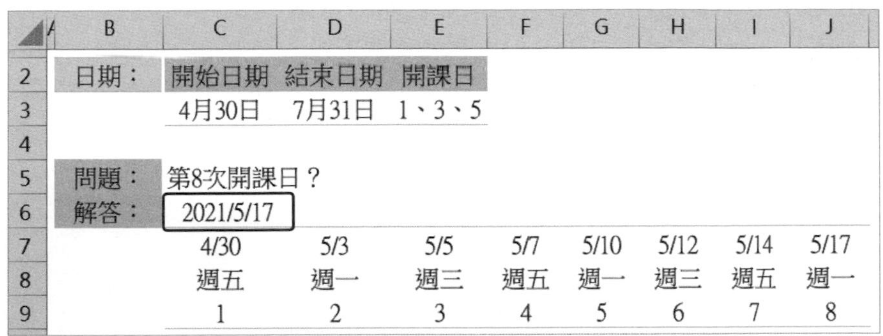

	A	B	C	D	E	F	G	H	I	J
2		日期：	開始日期	結束日期	開課日					
3			4月30日	7月31日	1、3、5					
4										
5		問題：	第8次開課日？							
6		解答：	2021/5/17							
7			4/30	5/3	5/5	5/7	5/10	5/12	5/14	5/17
8			週五	週一	週三	週五	週一	週三	週五	週一
9			1	2	3	4	5	6	7	8

課程開始日期是 4/30，結束日期是 7/31，每週開課日是星期一、三、五。第 8 次開課是哪一天？

C6 的公式是：

```
WORKDAY.INTL(C3,7,"0101011")
```

從 C3(4/30) 開始，跳 7 次，是根據 0 工作日才是 TRUE，所以，跳日的方式是根據星期一、三、五的規則。

我們可以看 C7:J9 的開課日計算，4/30 是 1，依據星期一、三、五的規則，第 8 次就是 5/17。

來到工作表 3。

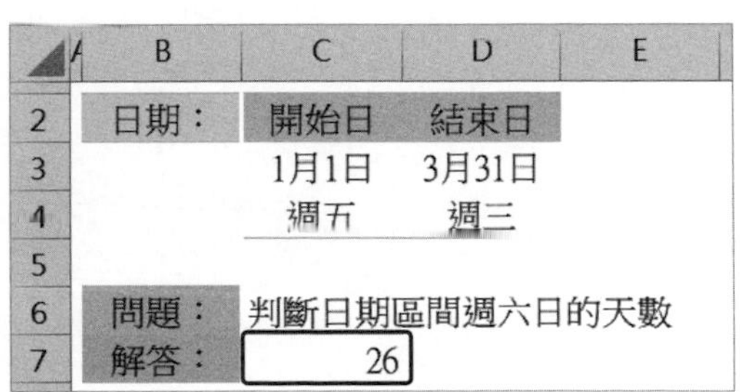

	A	B	C	D	E
2		日期：	開始日	結束日	
3			1月1日	3月31日	
4			週五	週三	
5					
6		問題：	判斷日期區間週六日的天數		
7		解答：	26		

C2:D4 是開始日與結束日，想要判斷這期間週六與週日的天數。

C7 的公式是：

```
NETWORKDAYS.INTL(C3,D3,"1111100")
```

NETWORKDAYS.INTL 是判斷開始與結束 2 日期的差距，我們可以透過 weekend 的規則來判斷。1111100 表示星期一～五是休假日，而星期六與日是工作日，所以，計算時，會忽略星期一～星期五，只計算週六與週日。取得答案是 26 天。

02 計算星期假日的便當預訂量

計算某星期值的預定量需要用到 WEEKDAY，它是顯示序列值來表示星期值，我們可以根據數值來決定計算項目。它是 Excel 很常用的計算星期值的方法。

開啟「10.2 計算星期假日的便當預訂量 .xlsx」。

	A	B	C	D	E	F	G	H	I	J
2		項目：	日期	5/1	5/2	5/3	5/4	5/5	5/6	5/7
3			星期	週日	週一	週二	週三	週四	週五	週六
4			中餐	6	2	11	10	5	6	0
5			晚餐	5	5	6	17	16	6	0
6										
7		問題：	計算星期假日的便當預訂量							
8		解答：	星期六與日的加班天數？							
9			6							
10			便當周末加班預定量？							
11			89							

C2:AH5 是 5 月份中餐與晚餐便當預定量。首先，要計算週末 (六與日) 的加班天數是多少？

C9 的公式是：

```
SUM(❸
    COUNTIFS(
        3:3,❶
        {"週六","週日"},
        4:4,❷
        ">0"
    )
)
```

1. COUNTIFS 是根據條件計算個數，而且可以進行多條件判斷，其中 criteria1={"週六","週日"}，也就是判斷列 3(criteria_range1) 是否等於週六或週日，是的話就是 TRUE。

2. 第 2 組判斷是否列 4 的值大於 0。COUNTIFS 的引數跟其他 xIFS(SUMIFS、AVERAGEIFS…) 的函數有差異，在於其他大都只計算一個範圍，如 SUMIFS 的 sum_range。而 COUNTIFS 可以很多的 criteria_range，一個範圍，一個準則為一組。

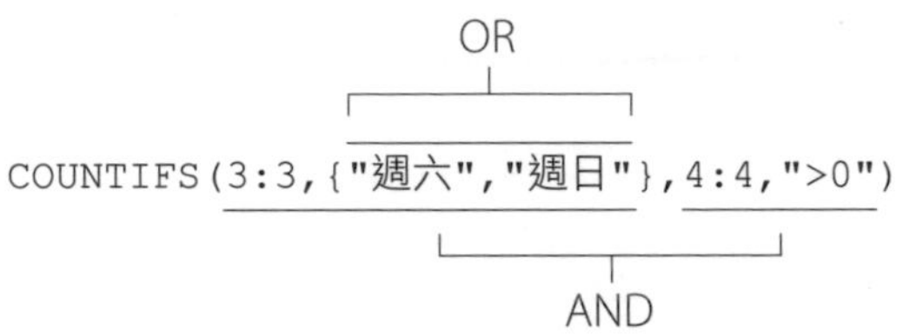

各組之間是 AND 關係，criteria1=TRUE，criteria2=TRUE 才是 TRUE，所以，D3= 週日是 TRUE，D4=6>0 是 TRUE，2 個是 TRUE 才是 TRUE，才能計算為 1 個。J3= 週六是 TRUE，J4=0>0 是 FALSE，所以，其中有一個 FALSE 就計算為 0 個。用文字或常數陣列的方式，如 {"週六","週日"}，這是屬於 OR 關係，也就是列 3 有符合週六或週日都是 TRUE。所以，5/14(六) 與 5/15(日) 是都是 TRUE，而且 Q4(6) 與 R4(8) 都大於 0，所以，這兩個週末都是 TRUE。得到 {2,4}，這表示週六 (5/14、5/21) 有 2 個符合，週日 (5/1、5/8、5/15、5/22) 有 4 個符合。

3. 最後 SUM 加總 2 和 4，共 6 個符合。

接下來，我來看統計週末加班便當的預定量。

C11 的公式是：

```
SUM(
    (WEEKDAY(D2:AH2,2)>5)
        *
    (D4:AH4+D5:AH5)
)
```

WEEKDAY 是判斷序列值是否大於 5，return_type=2 的話，序列值是星期一～星期日會得到 1~7 的值，所以，大於 5 只有 6 跟 7，表示星期六與日才是 TRUE。D4:AH4 是中餐預定量，D5:AH5 是晚餐預定量，兩個數量相加表示當天便當總預定量。然後，星期六與星期日是 TRUE，而星期一與星期五是 FALSE，乘上 5 月份各日的便當預定量，結果只有週末 TRUE 才會有值，其他都是 0。

最後，SUM({11,0,0,0,0,0,0,28,0,0,0,0,0,12,11,0,0,0,0,0,13,14,0,0,0,0,0,0,0,0,0})，得到 89 個便當。

03 假日不顯示補班日要顯示

如何跳過某些日期並顯示或標記適當的日期，這需要依賴日期函數來實現。我們要顯示上班日與加班日，還有另外取得行銷週期。

開啟「10.3 假日不顯示補班日要顯示 .xlsx」。

	A	B	C	D	E	F	G	H	I	J	K	L	M	N
2		日期：	2/18	2/19	2/20	2/21	2/22	2/23	2/24	2/25	2/26	2/27		
3			週四	週五	週六	週日	週一	週二	週三	週四	週五	週六		
4														
5		問題：	假日不顯示，補班日要顯示											補班日
6		解答：	2/18	2/19	2/20	2/22	2/23	2/24	2/25	2/26	2/27	3/1		2/20
7			週四	週五	週六	週一	週二	週三	週四	週五	週六	週一		2/27

C2:L3 是所有日期，我們要顯示一般工作日與加班日。

D6 的公式是：

```
MIN(❸
    IF(❷
        C6+1=$N6:$N7,
        $N6:$N7,
        WORKDAY.INTL(C6,1,"0000011")❶
    )
)
```

1. WORKDAY.INTL 的 start_date=C6，2/18 開始算起，每次前進 1 天，依據 weekend 0 是工作日與 1 休假日的設定，可知星期六與日是休假日。Weekend 的設定是 1，也可以省略，所以，可以簡化為 WORKDAY.INTL(C6,1)，當然也可以用 WORKDAY(C6,1)。

2. IF 判斷 C6+1 是 2/19 是否等於補班日 2/20 或 2/27，是的話，顯示這兩個日期，不是的話，就跳到 WORKDAY.INTL。

3. MIN({44246;44246}) 取最小的日期，2 個都是 2/19，所以，答案是 2/19。E6=MIN({44247;44249})，最小的是 44247=2/20。K6=MIN({44256;44254})，最小的是 44254=4/27。

接下來，進入工作表 2。

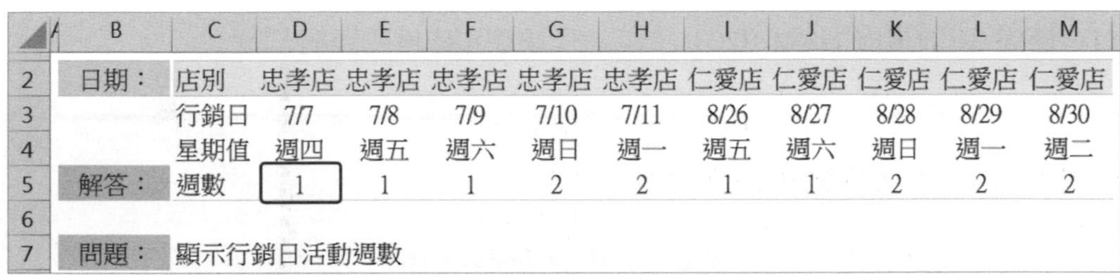

	B	C	D	E	F	G	H	I	J	K	L	M
2	日期：	店別	忠孝店	忠孝店	忠孝店	忠孝店	忠孝店	仁愛店	仁愛店	仁愛店	仁愛店	仁愛店
3		行銷日	7/7	7/8	7/9	7/10	7/11	8/26	8/27	8/28	8/29	8/30
4		星期值	週四	週五	週六	週日	週一	週五	週六	週日	週一	週二
5	解答：	週數	1	1	1	2	2	1	1	2	2	2
6												
7	問題：	顯示行銷日活動週數										

C2:M4 是店面的行銷日期與星期值，想要取得行銷日的活動週數。

D5 的公式是：

```
WEEKNUM(D3)❶
    -
WEEKNUM(
    WORKDAY.INTL(D3,-7)❷
)
```

1. WEEKNUM(D3)=7/7 是第 28 週，第 2 引數省略是 1，一週的開始是星期日，2 的話，是從星期一開始。

2. WORKDAY.INTL(D3,-7) 是 D3 往前 7 天到 6/28，然後，是 WEEKNUM(44740)=27，28-27=1。這個方法是週日為一週的第一天，如果想要星期一為一週開始，就在第一步驟的改為 WEEKNUM(D3,2)，那麼，7/11(一) 就換成第 2 週。

跳過某個日期或星期值有很多方法，利用 WORKDAY 是個好方法。假設 D10=7/7，我們希望顯示沒有週末的日期，所以，公式是 WORKDAY($D10,COLUMN(A1)-1)，就會跳過週末，顯示週一～週五的日期。

04 合計每週客戶合約進度狀況

客戶進入到合約各個階段，預計統計每一週各階段的個數。一般而言，大都使用 WEEKNUM 來計算日期的整年度的週期，但 WEEKNUM 無法用在陣列運算，所以，使用 ISOWEEKNUM（2013 版以後）來標定年度的週期。

開啟「10.4 合計每週客戶合約進度狀況 .xlsx」。

	B	C	D	E	F	G
2	項目：	日期	客戶	進度		
3		2022/4/6	Robert	拒絕		
4		2022/4/8	Amy	取消		
5		2022/4/10	Peter	拒絕		
6		2022/4/12	Sam	拒絕		
7		2022/4/14	John	核准		
8		2022/4/16	Ander	跟進		
9		2022/4/18	Lee	核准		
10		2022/4/20	Joan	拒絕		
11		2022/4/22	Kent	跟進		
12		2022/4/24	May	跟進		
13		2022/4/26	Tina	取消		
14		2022/4/28	Sherry	簽約		
15						
16	問題：	合計每週客戶合約進度狀況				
17	解答：	進度	合計_1週	合計_2週	合計_3週	合計_4週
18		簽約	0	0	0	1
19		核准	0	1	1	0
20		跟進	0	1	2	0
21		拒絕	2	1	1	0
22		取消	1	0	0	1

C2:E14 是合約各客戶的進度表，C 欄為日期，D 欄是客戶，E 欄為進度狀況說明，我們要統計各週的進度狀況。

D21 有進度狀況，它的公式是：

```
SUMPRODUCT(❹
    (ISOWEEKNUM($C$3:$C$14)❶
        -
    (ISOWEEKNUM(❸
        DATE(YEAR($C$3:$C$14),MONTH($C$3:$C$14),1)❷
    )-1
    )=COLUMN(A4)
    )
        *
    ($E$3:$E$14=$C21)
)
```

1. 我們用 ISOWEEKNUM 判斷年度週期，當然，WEEKNUM 也是可以，但它無法執行陣列公式，而 ISOWEEKNUM 是可以運算陣列。
2. DATE 取各日期的月份的第 1 天，所以都是 2022/4/1，表示該月份的第 1 週。
3. ISOWEEKNUM 取 2022/4/1 的年度週期，得到第 13 週，再減 1 週，因為原始日期 (C 欄) 要減掉 4/1 的週期，可能會 0，如 C3 的 4/3。所以，再減一週就是第 12 週，而 4/3 為第 13 週，13-12=1，第 1 週。然後，判斷是否等於 1(COLUMN(A4))。
4. 最後一個條件是 E 欄進度判斷是否等於 C21(拒絕)，接下來，SUMPRODUCT 把各陣列相乘後是 TRUE 加總。

1_ISO WEEKNUM	2_ISO WEEKNUM	相減	判斷 =1	判斷 =C21	判斷相乘
13	12	1	TRUE	TRUE	1
14	12	2	FALSE	FALSE	0
14	12	2	FALSE	TRUE	0
15	12	3	FALSE	TRUE	0
15	12	3	FALSE	FALSE	0
15	12	3	FALSE	FALSE	0
16	12	4	FALSE	FALSE	0
16	12	4	FALSE	TRUE	0
16	12	4	FALSE	FALSE	0
16	12	4	FALSE	FALSE	0
17	12	5	FALSE	FALSE	0
17	12	5	FALSE	FALSE	0

05 將客戶送貨時間集中在各分店收貨的規定時間內

每家分店的每週收貨時間不同，物流部要計算各店每日需求，然後，在各店可收貨的日期送達。所以，首先要了解各店收貨時間，然後，要統計各店需求量到送貨日為止，最後，標記各店送貨日。

開啟「10.5 將客戶送貨時間集中在各分店收貨的規定時間內 .xlsx」。

	B	C	D	E	F	G	H	I	J	K
2	項目：	各分店收貨週時間表								
3		分店	週一	週二	週三	週四	週五	週六	週日	編碼
4		A.忠孝店			●				●	1101110
5		B.仁愛店		●		●		●		1010101
6		C.信義店	●							0111111
7		D.和平店	●		●		●			0101011
8										
9	問題：	將客戶送貨時間集中在各分店收貨的規定時間內								

C3:J7 是各店每週收貨時間表，全黑圓是可收貨時間。為了 WORKDAY.INTL 的 weekend 運作，所以，我們先取得 01 的變數，0 代表工作日可收貨；1 代表收貨休息日不可收貨。K4 的公式是：

```
CONCAT(
    IF(D4:J4="",1,0)
)
```

IF 是判斷 D4:J4 是否為空字串，TRUE 就是 1，非收貨日，FALSE 就是 0，可收貨日。最後，用 CONCAT 把 01 串接起來，CONCAT 是 2016 版才能用。如果你是更早版本，可用 CONCATENATE(IF(D4="",1,0),IF(E4="",1,0),IF(F4="",1,0),IF(G4="",1,0),IF(H4="",1,0),IF(I4="",1,0),IF(J4="",1,0))。

用 CONCATENATE 不能用陣列，所以，只能一格一格合併。

接下來，看看分店每日的預計送貨量(需求)與送貨量累計到各分店的收貨日。

	B	C	D	E	F	G	H	I	J	K	L	M
10	解答：			預計送貨量				送貨量				
11		日期	星期	忠孝店	仁愛店	信義店	和平店	忠孝店	仁愛店	信義店	和平店	忠孝店
12		5月1日	日	5	4	0	4	5	4	0	4	
13		5月2日	一	13	5	5	0	18	9	5	4	5月4日
14		5月3日	二	8	6	0	0	26	15	0	0	5月4日
15		5月4日	三	0	0	10	15	26	0	10	15	5月4日
16		5月5日	四	6	0	20	6	6	0	30	6	5月8日

E10:H25(後半資料請參考操作檔案)是預計送貨量表，I10:L25 是累計送貨量表。I13 是收貨日期與需求日期相同者，保留預計送貨量；日期不同就累計數量，其公式是：

```
IF(❶
    M12=$C12,
    E13,
    IF(M13>=$C13,I12+E13,0)❷
)
```

1. IF 判斷 M12(收貨日期)是否等於 C12(需求日期)，是的話，顯示 E13(預計送貨量；不是的話，就執行第 2 步驟。
2. IF 判斷 M13(收貨日期)是否大於等於 C13(需求日期)，是的話，就是 I12+E13(送貨量 + 預計送貨量，累積數量)；不是的話，就是 0。

然後，看看收貨日期的判斷。

	B	C	D	K	L	M	N	O	P
2	項目：	各分店收貨週時間表							
3		分店	週一	編碼					
4		A.忠孝店		1101110					
5		B.仁愛店		1010101					
6		C.信義店	●	0111111					
7		D.和平店	●	0101011					
8									
9	問題：	將客戶送貨時間集中在各分店收貨的規定時間內							
10	解答：			送貨量		收貨日			
11		日期	星期	信義店	和平店	忠孝店	仁愛店	信義店	和平店
12		5月1日	日	0	4				
13		5月2日	一	5	4	5月4日	5月3日	5月2日	5月2日
14		5月3日	二	0	0	5月4日	5月3日	5月9日	5月4日
15		5月4日	三	10	15	5月4日	5月5日	5月9日	5月4日
16		5月5日	四	30	6	5月8日	5月5日	5月9日	5月6日

M13 是顯示收貨日，其公式是：

```
WORKDAY.INTL($C12,1,$K$4)
```

C12 開始日是需求日期，days=1，weekend 是 K 欄的編碼。所以是判斷 C11 日期欄並配合收貨時間表決定收貨日。5/1(日) 忠孝店不收貨，而是 5/4 收貨，所以，送貨日就開始累計 5/1 有 5 個、5/2 有 13，5/3 有 8 合計 26 個，在 5/4 將累計數量送到忠孝店。

最後，將同樣送貨日期最後一天上色。

首先，選擇 M12:P25，上色的範圍。

然後，點選**常用 → 條件式格式設定 → 新增規則 → 使用公式來決定格式化哪些儲存格**。

輸入公式：=$C12=M12。然後，點選**格式**。

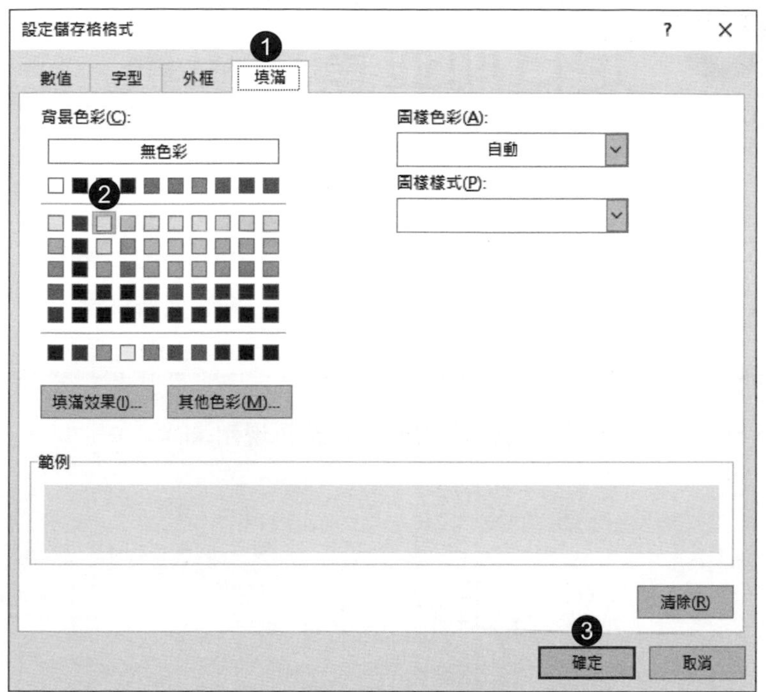

接下來，進入**設定儲存格格式**對話方塊，點選**填滿**上色。

06 安排工作日程必須避開特定日期並重新規劃

我們曾經學過 NETWORKDAYS.INTL，這是計算天數，而這次我們要學的是 WORKDAY.INTL，此函數是根據天數取得日期，所以，一個答案是天數；另一個答案是日期。這題是原訂日程時，要跳開某個特定日期，重新排定。

開啟「10.6 安排工作日程必須避開特定日期並重新規劃 .xlsx」。

	A	B	C	D	E	F	G	H
2		項目：			解答			
3			日期	星期值	安排_1	星期值	安排_2	星期值
4			2021/1/9	星期六	1/12	星期二	1/15	星期五
5			2021/2/9	星期二	2/13	星期六	2/19	星期五
6			2021/3/5	星期五	3/9	星期二	3/12	星期五
7			2021/4/14	星期三	4/17	星期六	4/19	星期一
8			2021/5/16	星期日	5/18	星期二	5/21	星期五
9			2021/6/21	星期一	6/26	星期六	6/28	星期一
10			2021/7/13	星期二	7/17	星期六	7/19	星期一
11			2021/8/26	星期四	8/31	星期二	9/3	星期五
12								
13		問題：	安排工作日程必須跳開周末與假日					

規則是：

<table>
<tr><td rowspan="7">原日期</td><td>星期一</td><td rowspan="3">星期六</td><td rowspan="3">星期一</td></tr>
<tr><td>星期二</td></tr>
<tr><td>星期三</td></tr>
<tr><td>星期四</td><td rowspan="4">星期二</td><td rowspan="4">星期五</td></tr>
<tr><td>星期五</td></tr>
<tr><td>星期六</td></tr>
<tr><td>星期日</td></tr>
</table>

原日期 → 星期一～三 → 下個星期六，其他 → 下個星期二(不考慮國定假日)。

下一步是星期六 → 下個星期一，星期二 → 星期五，顯示日期，如遇到國定假日就跳到下一個星期一或五。

E4 的公式是：

```
C4+CHOOSE(WEEKDAY(C4,2),5,4,3,5,4,3,2)
```

星期一如果要跳到星期六的話，要加 5，星期二加 4，星期三加 3。而星期四要跳到星期二的話，要加 5，以此類推星期日要加 2。

WEEKDAY(C4,2) 是取得星期值，星期一是 1，以此類推星期日是 7。所以，CHOOSE 根據 index_num=WEEKDAY 來判斷需要執行第幾個 value，1 的話就是 5，2 的話就是 4，一直到 7 是 2。接下來將原來日期 C4+value 就會顯示星期六或二的日期。

因為這不用思考國定假日，比較簡單，如果要考慮國定假日的話，可以使用 WORKDAY.INTL 函數。

G4 公式是：

```
WORKDAY.INTL(E4,1,"0111011",K$3:K$21)
```

start_date=E4，1/12。

Days=1，1/12 開始增加 1 天。

[weekend]= 0111011，意思是星期一與五是工作天。

[holidays]=K3:K21，這是國定假日表。

所以，這個函數遇到星期一或五才會顯示日期，另外，跳過國定假日。沒有第三引數 weekend 表示跳過週末(星期六與日)，有標示 01 就以這個標示來表示休假日與工作日。

G5=2/19(五)，本來 2/13(六)是跳到 2/15(一)，但 2/15 是春假，所以跳到下一個日期 2/19(五)。

E4 也可以用 WORKDAY.INTL，其公式是：

```
WORKDAY.INTL(❸
    C4,
    1,
    IF(❷
        OR(WEEKDAY(C4,2)={1,2,3}),❶
        "1111101",
        "1011111"
    )
)
```

1. WEEKDAY 取得星期值，並判斷是否等與星期～星期三 (1、2、3)，OR 是只要一個比對相等就是 TRUE。
2. IF 判斷 OR(WEEKDAY) 的值是否是 TRUE，是的話，執行 1111101(星期六工作天)；不是的話，執行 1011111(星期二工作天)。
3. 以此來判斷 C4(1/9)，加一天之後，根據 weekend 判斷來決定跳到星期六或星期二。

CHAPTER 11

時間計算

了解日期、週別的轉換與計算技巧之後，來到時間計算技巧。時間計算有很多方式，畢竟時間就是數字的另外一種樣式，可以用彙總函數來計算。當然，時間函數是最主要的轉換與計算工具，這章我們將深入了解這些函數對時間的運作。

本章重點

11.1 計算物料檢驗時間並顯示逾期
11.2 判斷員工出勤狀況 .xlsx
11.3 計算員工上班時間扣除中午休息 1 小時
11.4 根據輸入的時間判斷來找到最接近的時間並顯示相對名稱
11.5 分店員工排班規劃與統計
11.6 計算員工外出打卡一出一進的時間
11.7 半小時計算一次停車費用

01 計算物料檢驗時間並顯示逾期

我們要計算兩個時間的差距，依照檢驗時間的長度來判斷是否逾期，所以日期與時間要分別計算，畢竟有週末時間要排除，然後，再將日期與時間相加，顯示完整時間格式。

開啟「11.1 計算物料檢驗時間並顯示逾期 .xlsx」。

	A	B	C	D	E	F	G	H
2		項目：	料號	開始時間	結束時間			
3			X_01	3/1 10:20	3/2 08:00	週二	週三	
4			X_02	3/3 13:40	3/3 21:31	週四	週四	
5			X_03	3/4 08:10	3/7 03:00	週五	週一	
6			X_04	3/7 09:20	3/8 18:25	週一	週二	
7			X_05	3/8 11:25	3/10 14:30	週二	週四	
8								
9		問題：	計算物料檢驗時間並顯示逾期(超過48小時，排除週末假日)					
10		解答：	料號	檢驗時間				
11			X_01	21時40分				
12			X_02	7時51分				
13			X_03	18時50分				
14			X_04	33時05分				
15			X_05	逾期				

C2:E7 是產品檢驗時間表，其中日期區間有週末假日必須排除，而超過 2 日 (48 小時) 就是逾期。

D11 的公式是：

```
TEXT(❸
    NETWORKDAYS(D3,E3)❶
        +
    SUM(TEXT(D3:E3,"h:m")*{-1,1})-1,❷
```

```
    "[>=2]逾期;[h]時mm分"
)
```

1. NETWORKDAYS 是計算 2 日期的差距，排除週末假日，答案是 2。D5:E5(3/4 與 3/7) 原則上是超過 2 日，但其中有週末假日，所以答案也是 2。

2. TEXT 的 format_text=h:m，取得時間是 {"10:20","8:0"}。乘上 {-1,1} 的常數陣列是因為結束時間減掉開始時間得到兩時間的差距，{-0.4306,0.3333} 是數值格式，然後，用 SUM 加總 2 個數值就是結束減掉開始時間。得到 2-0.0972-1=0.9028。

3. TEXT 的 value=0.9028，format_text 是 [>=2] 逾期 ;[h] 時 mm 分，有分號 (;) 是區隔碼作為邏輯判斷，[>=2] 是 value 大於 2 是逾期，如果沒有的話，就顯示 [h] 時 mm 分，[h] 是超過 24 小時不會截斷，如 D14 是 33 時 05 分，如果是 h 的話，答案就是 9 時 05 分，24 小時就會進位為 1 日。所以，D11 計算結果是 21 時 40 分，而 D15 超過 48 小時就顯示逾期。

02 判斷員工出勤狀況

大部分公司員工上班時間是固定的，早上上班與下午下班的打卡時間都限定某個特定時間。這節要判斷員工出勤狀況，記錄打卡時間、遲到與早退時間。

開啟「11.2 判斷員工出勤狀況.xlsx」。

	B	C	D	E	F	G	H	I	J
2	項目：	日期	星期	上班時間	下班時間	正常出勤	上班時間	下班時間	解答
3		5月3日	一	084505	180200	TRUE	8:45	18:02	-
4		5月4日	二	092800	182210	FALSE	9:28	18:22	遲到1h
5		5月5日	三	084520	184500	TRUE	8:45	18:45	-
6		5月6日	四	090000	183000	TRUE	9:00	18:30	-
7		5月7日	五	083035	182550	TRUE	8:30	18:25	-
8		5月10日	一	082500	181000	TRUE	8:25	18:10	-
9		5月11日	二	102500	173018	FALSE	10:25	17:30	遲到2h+早退1h
10		5月12日	三	111003	181200	FALSE	11:10	18:12	遲到3h
11		5月13日	四	085501	193000	TRUE	8:55	19:30	-
12		5月14日	五	083000	163040	FALSE	8:30	16:30	早退2h

C2:F12 是員工出勤狀況表，出勤判斷規則如下：

1. 9 點到 18 點，上班正常，顯示 -。
2. 遲到：9 點以後上班打卡。不足 1h 就以 1h 計算。
3. 早退：9 點上班，18 點之前下班打卡。不足 1h 就以 1h 計算。
4. 遲到 + 早退：9 點以後上班，並且 18 點之前下班。不足 1h 就以 1h 計算。

G3 判斷是否正常出勤，H:I 欄是將數字轉為上班時間格式。G3 的公式是：

```
AND(❸
    --TEXT(LEFT(E3,4),"00!:00")❶
        <=
    TIMEVALUE("9:00"),
    --TEXT(LEFT(F3,4),"00!:00")❷
        >=
    TIMEVALUE("18:00")
)
```

1. TEXT 的 value 是用 LEFT 取 E3(上班時間) 的前 4 個字元，這是時分，format_text 是 00!:00，所以，取得 8:45。然後，判斷是否小於 9:00，答案是 TRUE，這表示他沒有遲到。TIMEVALUE 也可以用 9/24。
2. 這是判斷下班時間 18:02 是否大於 18:00，答案是 TRUE，這表示他沒有早退。
3. 最後是 AND(TRUE,TRUE)，答案也是 TRUE。

整個公式可以簡化為：

```
AND(--TEXT(E3,"00!:00!:00")<=9/24,--TEXT(F3,"00!:00!:00")>=18/24)
```

H3 上班時間是 --TEXT(LEFT(E3,4),"00!:00")，將數值轉為時間格式。

J3 是，依據上面的規則作為出勤判斷，其的公式是：

```
IF(❶
    AND(H3<=9/24,I3>=18/24),
    "-",
    IF(❷
        AND(H3>9/24,I3<18/24),
        "遲到"&TEXT(CEILING(H3-9/24,1/24),"h!h")&
            "+早退"&TEXT(CEILING(18/24-I3,1/24),"h!h"),
        IF(❸
            AND(H3>9/24,I3>=18/24),
            "遲到"&TEXT(CEILING(H3-9/24,1/24),"h!h"),
            "早退"&TEXT(CEILING(18/24-I3,1/24),"h!h")
        )
    )
)
```

1. 我們用 3 個 IF 巢狀函數來解決出勤規則，有四種狀況，準時上下班、遲到 + 早退、遲到 (沒有早退)、早退 (沒有遲到)。IF 的 logical_test= AND(H3<=9/24,I3>=18/24)，這是判斷是否在 9 點以前並且在 18 點以後打卡上班。是的話，就標示橫槓 (-)；如果不是的話，就來到 value_if_false，下一個 IF 巢狀函數。

2. 這個是判斷遲到 + 早退的狀況，其中 CEILING(H3-9/24,1/24) 的 signification =1/24，這是 1 小時的數值，也就是 value= -0.010417 的 1 小時的倍數，答案是 0。J9 的 value=0.059027 會得到 0.08333，經過 TEXT 的 format_text=h!h 的轉換之後，得到 2h，這個答案是遲到 2h，然後，加上後面的 TEXT 成為遲到 2h+ 早退 1h。

3. 除了前面 2 種出勤狀況之後，還有 2 個，一個是遲到；另一個是早退狀況。H3 上班時間大於 9 點，而且下班時間大於等於 18 點就是遲到狀況，就會執行 value_if_true，就如 J10。如果上面出勤狀況都不是的話，就是早退，就如 J12。

03 計算員工上班時間扣除中午休息 1 小時

計算員工上班時間，必須先轉為整點，不然，時間相減有可能錯誤。另外，我們還要繼續探討員工遲到的計算。

開啟「11.3 計算員工上班時間扣除中午休息 1 小時 .xlsx」。

	B	C	D	E	F
2	項目	上班時間	下班時間	解答	
3		5/02 07:50	5/02 17:50	8:00	
4		5/03 07:49	5/03 19:49	10:00	
5		5/04 07:44	5/04 17:54	8:00	
6		5/05 08:08	5/05 18:07	8:00	
7		5/06 12:03	5/06 18:03	4:00	
8		5/09 09:59	5/09 15:39	4:00	
9		5/10 08:01	5/10 17:57	7:00	
10		5/11 07:48	5/11 17:58	8:00	
11		5/12 07:55	5/12 12:01	3:00	
12					
13	問題：	計算員工上班時間扣除中午休息1小時			

C 欄是上班時間，D 欄是下班時間。顯示扣掉中間休息一小時的上班時間。

一般而言，下班時間減掉上班時間再扣掉一小時，就可以得到中間上班時間 D3-C3-1/24。但這種方法在不同日就會產生問題，所以，要先把時間提出來計算，如：

```
TEXT(D3,"h:mm")
    -
TEXT(C3,"h:mm")
    -
1/24
```

先把 D3 的時間提出來減掉 C3 的時間，扣除 1 小時，"17:50"-"7:50"-1/24。但這種方法也有問題，如果上班時間打卡是 7:30，下班時間則是 17:30，這樣就會多出一小時，所以，要先將 7:30 改為 8:00，17:30 改為 17:00，扣除一小時之後，這樣才是正確上班時間。超過整點才能用小時計算。

E3 的公式是：

```
--TEXT(❸
    FLOOR(D3,"1:00")❶
        -
    CEILING(C3,"1:00")❷
        -
    "1:00",
    "[<]0"
)
```

1. FLOOR 的 signification=1:00，當然也可以用 1/24，或用小數也可以。這表示 1 小時的最大倍數不能高於 D3，本來是 17:50，轉為 17:00。
2. CEILING 的 signification 也是 1 小時，所以，是 1 小時最小的倍數不能低於 C3，本來是 7:50，轉為 8:00。兩數相減再扣除 1 小時得到 08:00。
3. 原則上，上個步驟就解決問題了，使用 TEXT 是預防負數產生，所以，format_text=[<]0，意思是小於 0 就顯示原值。

點選工作表 2，上一節學習了如何標記遲到早退的出勤狀況，這次計算我們來統計員工遲到天數。C 欄是一欄式打卡時間，E3 將時間提出來，使用 --TEXT(C3,"h:mm") 解決。C16 的公式是：

```
SUM(❸
    COUNTIFS(❷
        OFFSET(E2,{1,3,5,7,9},),❶
        ">"&TIMEVALUE("08:00:00")
    )
)
```

1. COUNTIFS 的 criteria_range 不能有任何計算，其他函數的引數是 range 也不能，但它可以用參照函數 OFFSET、INDIRECT 與 INDEX 參照儲存格範圍。OFFSET 從 E2 開始，rows 是 {1,3,5,7,9} 的常數陣列，也就是它會取得：

序號	1	3	5	7	9
儲存格	E3	E5	E7	E9	E11
時間	7:50	7:49	7:44	**8:08**	**8:03**

2. 然後，criteria=">"&TIMEVALUE("08:00:00")，計算大於 8 點的個數。

3. 最後，用 SUM 把它加總，答案是 2。

如果資料很多，用常數陣列是很不方便，所以，C17 的公式是：

```
SUM(COUNTIFS(OFFSET(E2,IF(ISODD(ROW(1:10)),ROW(1:10)),),">"&8/24))
```

用 IF(ISODD(ROW(1:10)),ROW(1:10)) 來取代常數陣列。

ISODD(ROW(1:10) 判斷是否為奇數，如果是的話，來到 ROW(1:10) 取得奇數值。

C19 是另外一種方法，其公式是：

```
SUM(❸
    N(❷
        (
            ISODD(ROW(1:10))*E3:E12,❶
        )>TIME(8,,)
    )
)
```

1. 上面是用 OFFSET(IF) 來取得間隔儲存格的值，這次用 ISODD 判斷 ROW(1:10) 是否奇數，然後再乘上 E3:E12。

ISODD		時間		結果
TRUE		7:50		7:50
FALSE		17:30		0:00
TRUE		7:49		7:49
FALSE		17:05		0:00
TRUE	×	7:44	=	7:44
FALSE		16:05		0:00
TRUE		8:08		**8:08**

ISODD	時間	結果
FALSE	17:15	0:00
TRUE	8:03	**8:03**
FALSE	17:13	0:00

2. 然後，判斷是否大於 TIME(8,,)(8:00)，得到 TRUE 或 FALSE，再用 N 將他們轉成 1 或 0。

3. 最後，SUM 加總大於 8 點的個數。

我們也可以直接取 C 欄的時間，統計大於 8 點的個數。D16 的公式是：

```
COUNT(
    IF(
        --TEXT(ISODD(ROW(1:10))*C3:C12,"h:mm")>8/24,
        1
    )
)
```

ISODD 跟上面類似，只是乘上 C 欄日期，所以，必須透過 TEXT 的 format_text=h:mm 取出時間部分，然後判斷是否大於 8/24(8 點)，如果是的話，轉到 IF 的 value_if_true=1。

ISODD		時間		TEXT		IF
TRUE		5/2 7:50		7:50		FALSE
FALSE		5/2 17:30		0:00		FALSE
TRUE		5/3 7:49		7:49		FALSE
FALSE		5/3 17:05		0:00		FALSE
TRUE	×	5/4 7:44	=	7:44	→	FALSE
FALSE		5/4 16:05		0:00		FALSE
TRUE		5/5 8:08		8:08		1
FALSE		5/5 17:15		0:00		FALSE
TRUE		5/6 8:03		8:03		1
FALSE		5/6 17:13		0:00		FALSE

最後，用 COUNT 計算數值個數，答案是 2。

04 根據輸入的時間判斷來找到最接近的時間並顯示相對名稱

通常用查閱函數的模糊尋找資料時，會返回上一筆資料。如果想要依據查閱值找最近的時間，就需要一點函數應用技巧。尤其是 FREQUENCY 計算頻率的函數，其實它的功能是非常強大的，我們會一一的解說。

開啟「11.4 根據輸入的時間判斷來找到最接近的時間並顯示相對名稱 .xlsx」。

	A	B	C	D	E	F	G	H
2		項目：	時間	名稱				
3			3/5 11:01	Amy				
4			3/5 07:35	Robert				
5			3/5 10:28	Peter				
6			3/5 13:01	May				
7			3/5 14:32	Sherry				
8								
9		問題：	根據輸入的時間判斷來找到最接近的時間並顯示相對名稱					
10		解答：	時間判斷	名稱				
11			3/5 09:30	Peter				
12			3/5 10:50	Amy				
13			3/5 13:50	Sherry				

C 欄是時間，D 欄是名稱，在 C11 輸入時間後，D11 返回最接近時間的名稱。

假設 B15:B17 的值是 8:10、8:20 與 8:30，查閱值是 8:25，公式是 VLOOKUP(TIME(8,25,),B15:B17,1)，這是部分符合的模糊尋找方式，得到答案是 8:20，也就是查閱值 8:25 在 8:20 到 8:30 之間，會取得上一筆 8:20。

FREQUENCY 在英文的解釋是頻率的意思，所以，它就是計算頻率，某範圍出現次數，其語法是：

```
FREQUENCY(data_array, bins_array)
```

data_array 是計算頻率的一組資料。

bins_array 是分組的區間資料。

C11 是 9:30，D11 的公式是：

```
LOOKUP(❸
    1,
    0/❷
        FREQUENCY(❶
            0,
            (C$3:C$7-C11)^2
        ),
    D$3:D$7
)
```

1. FREQUENCY 的 data_array=0，它只計算 1 個 0 的值，而 bins_array=(C$3:C$7-C11)^2，這是將各個時間減掉 C11(9:30)，平方是消除負數。所以，這是判斷 0 是屬於哪個區間，表示那個時間是最接近 9:30。

序數	bins_array	FREQUENCY	0/FREQUENCY
1	0.00399354	0	#DIV/0!
2	0.0063778	0	#DIV/0!
3	0.0016223	**1**	**0**
4	0.02147039	0	#DIV/0!
5	0.04398341	0	#DIV/0!
6		0	#DIV/0!

2. 0/FREQUENCY 會產生錯誤值與 0 值，為了 LOOKUP 搜尋正確值。

3. LOOKUP 的 lookup_value=1，它會搜尋 lookup_vector(0/FREQUENCY) 的陣列資料。找到第 3 筆資料，反映到 result_vector(D3:D7) 的第 3 筆 (Peter)。

05 分店員工排班規劃與統計

一個星期的店面值班班表已經排定，我們要計算員工這個星期的值班時數。值班時段各有不同，所以，先取得時段的時數，再判斷員工當日的值班與時數，最後，統計各員工的一個星期的總時數。

開啟「11.5 分店員工排班規劃與統計 .xlsx」。

	B	C	D	E	F	G	H	I	J	K
2	項目	5月忠孝店班表								
3		日期	5月1日	5月2日	5月3日	5月4日	5月5日	5月6日	5月7日	時數
4		星期	週日	週一	週二	週三	週四	週五	週六	
5		07:00~15:00	惠倫	美娟	帛通	美娟	惠倫	惠倫	帛通	8:00
6		08:00~17:00	美娟	帛通	佩茲	哲賢	美娟		哲賢	9:00
7		10:30~19:00	佩茲	冠輝		惠倫	佩茲	佩茲	冠輝	8:30
8		11:30~20:30	哲賢		星宸		哲賢	冠輝	美娟	9:00
9		14:30~22:00	冠輝	星宸	冠輝	帛通		星宸	宜璇	7:30
10		18:00~24:00	小琪	宜璇	小琪	小琪	宜璇	小琪	星宸	6:00

C3:J10 是一星期的班表，K3:K10 是各時段的時數。我們要計算 C 欄的時數，K5 的公式是應用 FITERXML 的方法，我們再次複習這個函數：

```
--TEXT(❸
    SUM(❷
        FILTERXML(❶
            "<x><y>"&SUBSTITUTE(C5,"~","</y><y>")&"</y></x>",
            "//y"
        )*{-1;1}
    ),
    "h:mm"
)
```

1. FILTERXML 的 xml 是：

```
"<x>
    <y>07:00</y>
    <y>15:00</y>
</x>"
```

波浪號(~)是分隔符號，用 SUBSTITUTE 將 C5 的 ~ 改成標籤符號。xpath= //y，顯示所有內容，所以，答案是{0.2917;0.625}，再乘上{-1;1}，得到{-0.2917;0.625}。

2. SUM 加總 FILTERXML，得到 0.3333。

3. TEXT 的 format_text=h:mm，將 0.3333 轉成時間格式，答案是 8:00。

時間格式 07:00~15:00 是很簡單的固定字串，所以，也可以用其他方法將其拆解。

```
SUM(
    IF({1,0},LEFT(C5,5),RIGHT(C5,5))
        *
    {-1,1}
)
```

IF 的{1,0}常數陣列是建立 2 個陣列空間，1 是 value_if_true= LEFT(C5,5)，0 是 value_if_false= RIGHT(C5,5)，接下來，乘上{-1,1}的常數陣列，最後，用 SUM 加總，答案是 0.3333，將格式轉為時間即可。

引數	value_if_true	value_if_false
{1,0}	1	0
LEFT&RIGHT	07:00	15:00
{-1,1}	-1	1
number1	-0.2916667	0.625

接下來，可以根據個時段的工作時數來計算個員工的一星期工作時數。

	B	C	D	E	F	G	H	I	J	K
12	問題：	分店員工排班規劃與統計								
13	解答：	名稱	5月1日	5月2日	5月3日	5月4日	5月5日	5月6日	5月7日	合計
14		帛通		9:00	8:00	7:30			8:00	32:30
15		美娟	9:00	8:00		8:00	9:00		9:00	43:00
16		佩茲	8:30		9:00		8:30	8:30		34:30
17		哲賢	9:00			9:00	9:00		9:00	36:00

C13:J22 是各員工的一星期工作時間表，K 欄是統計。E14 的公式是：

```
IFNA(❸
    IF(❷
        $C14="",
        "",
        LOOKUP(0,0/(E$5:E$10=$C14),$K$5:$K$10)❶
    ),
    ""
)
```

1. E$5:E$10=$C14，這是判斷週一的員工是否等於帛通，然後，用 0 去除。result_vector 是 K 欄的時數。答案是 9:00。

序數	E5:E10=C14	0/E5:E10=C14	result_vector
1	FALSE	#DIV/0!	8:00
2	**TRUE**	**0**	**9:00**
3	FALSE	#DIV/0!	8:30
4	FALSE	#DIV/0!	9:00
5	FALSE	#DIV/0!	7:30
6	FALSE	#DIV/0!	6:00

2. 判斷 C14 是否是空字串，是的話，就顯示空字串。

3. IFNA 是如果是錯誤值，就顯示空字串。

接下來，合計各員工這個星期的上班時數。K14 的公式是：

```
TEXT(SUM(D14:J14),"[h]:mm")
```

SUM 加總帛通這星期的值班時數，然後，TEXT 將數值轉為時間格式。

06 計算員工外出打卡一出一進的時間

員工因公務外出辦事，必需打卡了解其外出花費時間。這是一欄式的打卡進出時間表，必須將打卡時間欄分成出去與進來的時間，方便計算時間差距，也就是員工外出的時間。

開啟「11.6 計算員工外出打卡一出一進的時間 .xlsx」。

	A	B	C	D	E	F	G
2		項目：	姓名	打卡時間	輔助欄		
3			May	09:50:13	1		
4			Amy	10:10:15	1		
5			Robert	10:20:51	1		
6			Robert	10:39:10	2		
7			May	10:47:01	2		
8			Robert	11:10:41	3		
9			Amy	11:15:03	2		
10			Robert	11:45:11	4		
11							
12		問題：	計算員工外出打卡一出一進的時間				
13		解答：	姓名	次數	打卡-出	打卡-進	耗時
14			May	1	9:50:13	10:47:01	0:56:48
15			Amy	1	10:10:15	11:15:03	1:04:48
16			Robert	1	10:20:51	10:39:10	0:18:19
17			Robert	2	11:10:41	11:45:11	0:34:30

C2:D10 是員工外出打卡時間，為了計算員工姓名出現次數，所以，需要輔助欄 (E2:E10) 作為計算公式的參照。E3 的公式是：

```
COUNTIF(C$3:C3,C3)
```

這是計算 C3=MAY 在 C3:C3 的次數，答案是 1。Range 的 C$3 是列的絕對位置，表示向下拖曳複製時，不會變動。另外，C3 會隨著向下拖曳複製而變動。如 D7=COUNTIF(C$3:C7,C7)，C7 也是 MAY， 而 range 成為 C$3:C7，計算 MAY 在 C$3:C7 的次數，C3 與 C7 都是 MAY，所以，答案是 2。

有了員工的次數表後，接下來，看看 D13:D17，這是員工姓名的唯一值次數。D14 的公式是：

```
LOOKUP(❸
    0,
    0/❷
        (
            C14&COUNTIF(C$14:C14,C14)*2❶
            =C$3:C$10&E$3:E$10
        ),
    E$3:E$10
)/2
```

1. C14=MAY，串接 COUNTIF 得到 MAY2，判斷是否等於姓名欄與輔助欄的合併。

序數	C14 姓名	姓名 & 輔助欄	=	0/	輔助欄
1	May2	May1	FALSE	#DIV/0!	1
2		Amy1	FALSE	#DIV/0!	1
3		Robert1	FALSE	#DIV/0!	1
4		Robert2	FALSE	#DIV/0!	2
5		**May2**	**TRUE**	**0**	**2**
6		Robert3	FALSE	#DIV/0!	3
7		Amy2	FALSE	#DIV/0!	2
8		Robert4	FALSE	#DIV/0!	4

2. 用 0 去除是為了顯示 0 值，因為 FALSE 是 0，0/0 就會產生錯誤值；TRUE 是 1，0/1 還是 0。

3. LOOKUP 要查閱 0 值，在第 5 位置，result_vector 是輔助欄，所以反映到輔助欄的第 5 個位置 (2)。然後，再除以 2，答案就是 1。表示 MAY 只有外出 1 次。

接下來，將打卡時間分成兩欄。E14 的公式是：

```
VLOOKUP(❹
    C14,
    INDIRECT(❸
        "c"&
        MATCH(❷
            C14&COUNTIF(C$14:C14,C14)*2-1,❶
            C$3:C$10&E$3:E$10,
            0
        )+2&":d10"
    ),
    2,
    0
)
```

1. 這個公式跟上面類似，只是後面再減 1，得到 MAY1。

2. MATCH 的 lookup_value=MAY1，查閱姓名 & 輔助欄的資料，match_type=0 是完全符合，答案是 1。

序數	C14& 次數	姓名 & 輔助欄	MATCH
1	May1	May1	**1**
2		Amy1	
3		Robert1	
4		Robert2	
5		May2	
6		Robert3	
7		Amy2	
8		Robert4	

3. INDIRECT 的 ref_text 可以簡化為 "c"&1+2&":e10"，得到 c3:d10，這是儲存格範圍。

4. VLOOKUP 的 lookup_value=MAY，table_array=c3:d10，col_index_num=2，range_lookup=0，表示完全符合。

最後，看看花費多少時間，G14=TEXT(F14-E14,"h:mm:ss")，得到 0:56:48。

07 半小時計算一次停車費用

計算停車費用，以半小時為一單位，不足半小時仍以半小時計算，所以，我們要了解如何讓時間以半小時進位。

開啟「11.7 半小時計算一次停車費用 .xlsx」。

	A	B	C	D	E	F	G
2		項目：	進場時間	出場時間			
3			5/05 12:00	5/05 14:11			
4			5/06 11:10	5/07 01:05			
5			5/08 13:55	5/08 21:00			
6			5/13 14:11	5/13 17:11			
7			5/19 09:25	5/20 07:56			
8			5/20 10:00	5/21 10:30			
9			5/29 10:13	5/29 10:27			
10							
11		問題：	半小時計算一次停車費用，不足半小時以半小時計算				
12		解答：		半小時25		半小時30	
13			停留時間	收費_1	收費_2	收費_3	
14			2:11	125	125	150	
15			13:55	700	700	840	
16			7:05	375	375	450	
17			3:00	150	150	180	
18			22:31	1150	1150	1380	
19			24:30	1225	1250	1500	
20			0:14	25	25	30	

C2:C9 進場時間，D2:D9 是出場時間，要計算兩個時間差距，也就是停留在停車場的時間，並計算停車費用。

C14 的公式是：

```
D3-C3
```

出場時間減掉進場時間，通常這會顯示小數，這裡是顯示時間格式。可以按 **Ctrl+1→ 數值 → 自訂**，在類型框輸入：[h]:mm。

當然，也可以直接輸入：TEXT(D3-C3,"[h]:mm")。

D14 的公式是：

```
CEILING(
    TEXT(C14*24,"[<0.5]0.5"),
    0.5
)*50
```

TEXT 的 C14*24 是將數值轉成小時制，format_text=[<0.5]0.5，這是值小於 0.5 通通以 0.5(半小時) 計算。

CEILING 的 significance=0.5，表示大於值的 0.5 最小倍數，答案就是 2.5，然後乘上 50 等於 125。

另外一個方法，E14 的公式是：

```
CEILING(
    IF(C14*24<0.5,0.5,C14*24),
    0.5
)*50
```

IF 的 logical_test 是小時小於 0.5 就是 0.5，否則就是 C14*24。其他就如上面說明。

還有一個更簡便的方法，我們將停車費提升為每半小時 30 元。F14 的公式是：

```
ROUNDUP(
    C14/(0.5/24),
    0
)*30
```

半小時是 0.5/24，然後 C14(2:11) 除以半小時，得到 4.3666666665813，接下來，無條件進位，答案是 5，最後乘上 30，達到 150。

PART IV

第四篇

表格整理

Excel 表格中有許多數據呈現方式不是我們所需，無法進行分析、比對、計算等操作，所以，我們需要將資料轉移、分類、比對…的處理。此時，使用適當的函數處理是必須的，當然，有些可以用 POWER QUERY，我們將在第 6 篇說明多表格的合併、附加、轉換等功能。

CHAPTER

12

表格轉移

資料顯示在表格裡，可能是一列想要轉一欄，一欄要轉一列，這個用TRANSPOSE就可以完成。可是表格轉移有許多難題，不是TRANSPOSE可以解決的，例如：想要轉換一列固定標題一列內容的表格陳列的話，是比較困難的。所以，我們將在此應用函數來解決這些難題。

本章重點

12.1 顯示穿插相同表頭不同橫列資料
12.2 將勾選資料轉為新資料表
12.3 將一欄資料分成兩欄
12.4 依照層級填入姓名重新整理表格
12.5 表格轉清單再轉表格
12.6 將清單不等區隔資料轉為表格
12.7 將表格轉直欄 - 產品數量分別列出
12.8 依需求擷取表格資料並計算需求量
12.9 將不固定筆數的直式轉成橫式銷售表

01 顯示穿插相同表頭不同橫列資料

表格通常是一列表頭下面是資料，如果我們想要一列相同的表頭，一列資料，接下來相同表頭不同資料，表頭與資料穿插形成另外一種表格的呈現方式。

開啟「12.1 顯示穿插相同表頭不同橫列資料 .xlsx」。

	A	B	C	D	E	F	G
2		項目：	判斷詞	關鍵字_1	關鍵字_2	關鍵字_3	關鍵字_4
3			口碑	不錯	好	強	厲害
4			疑問	多少	如何	何時	甚麼
5			價格	價格	錢		
6			性能	照相	畫素	記憶體	
7							
8		問題：	顯示穿插相同表頭不同橫列的資料				
9		解答：	判斷詞	關鍵字_1	關鍵字_2	關鍵字_3	關鍵字_4
10			口碑	不錯	好	強	厲害
11			判斷詞	關鍵字_1	關鍵字_2	關鍵字_3	關鍵字_4
12			疑問	多少	如何	何時	甚麼
13			判斷詞	關鍵字_1	關鍵字_2	關鍵字_3	關鍵字_4
14			價格	價格	錢		
15			判斷詞	關鍵字_1	關鍵字_2	關鍵字_3	關鍵字_4
16			性能	照相	畫素	記憶體	

C2:G2 是表頭，C3:G6 是資料。預計列出同樣表頭不同資料。

C9 的公式是：

```
TEXT(❸
    IF(❶
        ISODD(ROW()),
        C$2:G$2,
        OFFSET(C$2,ROW(C2)/2,,,5)❷
    ),
```

```
    "[=] "
)
```

1. 首先來看 IF 的的運作，logical_test 是 ISODD(ROW())，這是目前所在列的列號是不是奇數，ROW 在列 9，所以是 TRUE，也可以改成 ROW(A1)。如果是的話就跳到 value_if_true=C2:G2，就是表頭範圍，因此，往下拖曳複製時，遇到單數列都會顯示表頭。

2. 如果不是的話，就來到 value_if_false=OFFSET，因為單數格顯示標頭，所以，這個要顯示雙數格。OFFSET 從 C2 開始，rows= ROW(C2)/2，C2 跟 A2 都是一樣，ROW 只看數字部分，所以是 2/2=1。橫列跳一格來到 C3，width=5，寬度範圍 5 格，所以是 C3:G3 的範圍。

3. OFFSET 遇到空格時，會顯示 0。所以，TEXT 的 format_text="[=] "，意思是等於 0 顯示空一格。

點選工作表 2，如果表頭有 2 個的話，必須用另外一種公式。

	A	B	C	D	E	F
2		項目：	今年最新產品			
3			品項	功能	價格	
4			電視	100"	100000	
5			冰箱	500L	30000	
6			洗衣機	15KG	20000	
7						
8		問題：	分別顯示兩列標題與一列產品資料			
9		解答：	今年最新產品			
10			品項	功能	價格	
11			電視	100"	100000	
12			今年最新產品			
13			品項	功能	價格	
14			冰箱	500L	30000	
15			今年最新產品			
16			品項	功能	價格	
17			洗衣機	15KG	20000	

C2:E3 是 2 列表頭，C4:E6 是資料。想要顯示固定 2 列表頭，一列資料。

C10的公式是：

```
TEXT(
    IF(❶
        MOD(ROW()+1,3),
        OFFSET(C$2,MOD(ROW()+1,3)-1,),❷
        OFFSET($C$3,ROW(A1)/3,COLUMN(A1)-1,)❸
    ),
    "[=] "
)
```

1. IF的logical_test= MOD(ROW()+1,3)，ROW=9，所以是MOD(9+1,3)，10/3的餘數是1。往下11/3的餘數是2，再往下12/3的餘數是0。由此可知，它是1、2、0、1、2、0…重複循環一組數值。大於0是TRUE，執行value_if_true；0則是FALSE，執行value_if_false。

2. 從上面數值循環之中，可知1與2會來到value_if_true。這個OFFSET是從C2開始，rows= MOD(ROW()+1,3)跟上面一樣，還要扣除1。所以，它是0、1、2重複循環，0=C2，1=C3。

3. logical_test=0時，來到value_if_false。我們來看看C11，OFFSET從C3開始，rows=ROW(A3)/3，得到1，從C3開始往下1格，來到C4。cols= COLUMN(A3)-1，1-1=0，所以，顯示C3(電視)。

最後的TEXT就如上個案例所述。

02 將勾選資料轉為新資料表

當我們用篩選功能時，只要按幾個鍵就可以把需求列出來，但對於不規則的資料表而且需要轉移資料的話，卻是一件難事。這節要根據勾選的資料，依照日期順序將名稱顯示出來。

開啟「12.2 將勾選資料轉為新資料表 .xlsx」。

	A	B	C	D	E	F	G
2		項目：	組別	姓名	5月1日	5月2日	5月3日
3			A	Amy		V	V
4			B	Peter		V	
5			A	Robert		V	V
6			B	May	V	V	
7			B	Joan			V
8			A	Andy	V		V
9							
10		問題：	將勾選資料轉為新資料表				
11		解答：	日期	組別		姓名	
12			5月1日	A	Andy		
13			5月2日	A	Amy	Robert	
14			5月3日	A	Amy	Robert	Andy

C2:G8 是勾選的資料表格，根據勾選依照日期與組別顯示姓名。

E12 的公式是：

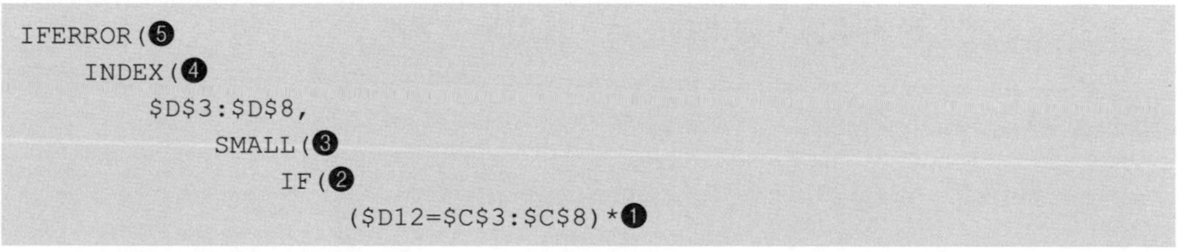

```
IFERROR(❺
    INDEX(❹
        $D$3:$D$8,
            SMALL(❸
                IF(❷
                    ($D12=$C$3:$C$8)*❶
```

```
                        ("V"=OFFSET($D$3,,ROW(A1),6)),
                    ROW($1:$6)
                ),
                COLUMN(A2)
            )
        ),
    ""
)
```

1. 要把日期 E2:G2 的資料，轉到 C12:C14 需要一點技巧，我可以用 OFFSET 來解決。IF 的 logical_test 判斷組別是否相等，然後判斷資料是否有 V 字。我們要往下拖曳複製，但日期是由右到左，往下是無效複製。因此，要借重 OFFSET，從 D3 開始，cols=ROW(A1)，往下拖曳複製時，就成為 ROW(A2)=2，也就是 cols=2，從第 1 欄 (5/1) 到第 2 欄 (5/2)，而 height=6，也就是長度 6 格。所以，它是 "V"=E3:E8，往下拖曳複製時，成為 "V"=F3:F8。將組別相等的 T/F 乘上有 V 的 T/F，就得到底下圖表的相乘欄。

序數	組別相等	V	相乘	IF 結果
1	TRUE	FALSE	0	FALSE
2	FALSE	FALSE	0	FALSE
3	TRUE	FALSE	0	FALSE
4	FALSE	TRUE	0	FALSE
5	FALSE	FALSE	0	FALSE
6	TRUE	TRUE	1	6

2. IF 的 logical_test 如果是 TRUE，就執行 ROW($1:$6)，結果如上表。

3. SMALL 的 k=ROW(A1)=1，答案是 6。

4. INDEX 的 array 是姓名欄，第 6 個是 Andy。

5. IFERROR 是判斷錯誤值，如果是的話，就顯示空字串。

03 將一欄資料分成兩欄

我們曾經討論過打卡上下班時間在同一欄分成兩欄的問題，這次我們持續探討其他類型一樣的問題。

開啟「12.3 將資料 1 欄分成 2 欄 .xlsx」。

	B	C	D	E	F
2	項目：	資料_1	資料_2		
3		蘋果	蘋果		
4		100元	100元		
5		香蕉	香蕉		
6		80元	80元		
7		芭樂	85元		
8		85元	芭樂		
9		西瓜	西瓜		
10		120元	85元		
11					
12	問題：	將資料1欄分成2欄			
13	解答：	產品_1	價格_1	產品_2	價格_2
14		蘋果	100元	蘋果	100元
15		香蕉	80元	香蕉	80元
16		芭樂	85元	芭樂	85元
17		西瓜	120元	西瓜	85元

C2:C10 是資料 _1，一格產品名稱，一格價格，要將產品名稱與價格分成兩欄。

C14 的公式是：

```
OFFSET(
    $C$3,
    (ROW(A1)-1)*2
        +
    COLUMN(A1)-1,
)
```

OFFSET 是從 C3 開始，rows 的 ROW(A1)-1=0，乘上 2 還是 0，加上 COLUMN(A1)-1 =0，所以，C14=C3 是蘋果。

往下拖曳複製之後，(ROW(A2)-1)*2=2，再加上 COLUMN(A2)-1=0，所以，答案是 C5 香蕉。從而可知，往下拖曳複製是跳 2 格，顯示產品名稱。接下來，往右拖曳複製，D14 的 rows= (ROW(B1)-1)*2+COLUMN(B1)-1，這是 0+1=1，C3 跳 1 格到 C4=100 元。D15 是 2+1=3，跳到 C6=80 元。

接下來，看看 D2:D10，這一欄的名稱與價格並沒有照順序。公式必須改變才能適當地分成兩欄。E14 的公式是：

```
INDEX(❸
    D$3:D$10,
    SMALL(❷
        IF(❶
            ISERR(--LEFT(D$3:D$10)),
            ROW($1:$8)
        ),
        ROW(A1)
    )
)
```

1. IF 的 logical_test=ISERR(--LEFT(D$3:D$10))，LEFT 是擷取 D3:D10 的第一個字元，加上 2 個橫槓 (-) 是將文字型數字轉成數字型數字，而中文字就會產生錯誤。ISERR 是錯誤值就是 TRUE，執行 value_if_true=ROW(1:8) 序數。

--LEFT	ISERR	ROW	IF 結果
#VALUE!	**TRUE**	**1**	**1**
1	FALSE	2	FALSE
#VALUE!	**TRUE**	**3**	**3**
8	FALSE	4	FALSE
8	FALSE	5	FALSE
#VALUE!	**TRUE**	**6**	**6**
#VALUE!	**TRUE**	**7**	**7**
8	FALSE	8	FALSE

錯誤值是 TRUE，結果是第 1、3、6、7 是中文字。

2. SMALL 的 k=ROW(A1)=1，找最小的值。

3. INDEX 的 array=D3:D10，第 1 個是蘋果。

接下來，開啟工作表 2。

	A	B	C	D	E	F	G
2		項目：	名稱	日期	時間	星期	
3			劉得驊	6月1日	08:56	三	
4			劉得驊	6月2日	18:01	四	
5			任弦期	6月3日	08:40	五	
6			任弦期	6月6日	18:30	一	
7			蔡衣霖	6月7日	09:02	二	
8			蔡衣霖	6月8日	18:00	三	
9							
10		問題：	將表格的打卡時間分成2欄				
11		解答：	名稱	日期	上班時間	下班時間	星期
12			劉得驊	6/1	8:56	18:01	三
13			任弦期	6/3	8:40	18:30	五
14			蔡衣霖	6/7	9:02	18:00	二

E 欄的打卡時間是一欄式，要分成上班與下班時間兩欄式。C12 的公式是：

```
INDEX(
    $C:$F,
    ROW(1:1)*2 + {1,1,1,2,1},
    {1,2,3,3,4}
)
```

INDEX 的 array=C:F，ROW(1:1)=1，乘上 2=2，再加上常數陣列 {1,1,1,2,1}，row_num 就等於 {3,3,3,4,3}，而 col_num={1,1,1,2,1}，列欄交叉配對之後，C12={3,1}、D12={3,1}、E12={3,1}、F12={4,2}、G12={3,1}。答案是：

名稱	日期	上班時間	下班時間	星期
劉得驊	6/1	8:56	18:01	三

也可以用 OFFSET。

```
OFFSET(C$3,ROW(A1)*2-2,)
```

工作表 1 的 C14 也可以這個方法。

04 依照層級填入姓名重新整理表格

本來是以姓名排序的技能資料表，要轉換成以技能排序的姓名資料表。表中的重點轉換之後，強化點的意義就會不一樣。

開啟「12.4 依照層級填入姓名重新整理表格 .xlsx」。

	B	C	D	E	F	G
2	項目：	姓名		技能		
3		Sam	英語	EXCEL		
4		Marry	日語	行銷	剪接	
5		Robert	EXCEL	駕駛	英語	
6		Sherry	行銷	日語	駕駛	
7		Andy	日語	EXCEL	駕駛	
8		Anna	EXCEL	行銷		
9						
10	問題：	依照層級填入姓名重新整理表格				
11	解答：	技能	姓名_1	姓名_2	姓名_3	姓名_4
12		英語	Sam	Robert		
13		日語	Marry	Sherry	Andy	
14		EXCEL	Sam	Robert	Andy	Anna
15		行銷	Marry	Sherry	Anna	
16		駕駛	Robert	Sherry	Andy	
17		剪接	Marry			

C2:F8 是各員工的技能資料表，要轉換成以各技能的員工姓名表。

D12 的公式是：

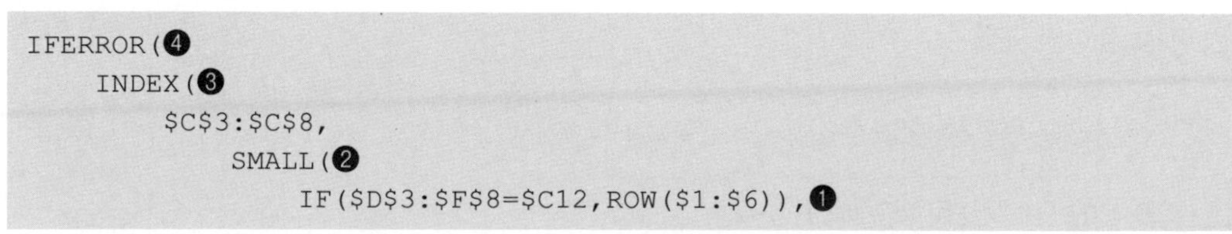

```
IFERROR(❹
    INDEX(❸
        $C$3:$C$8,
            SMALL(❷
                IF($D$3:$F$8=$C12,ROW($1:$6)),❶
```

```
                    COLUMN(A1)
                )
    ),
    ""
)
```

1. IF 的 logical_test 是 D3:F8 是否有 C12(英語)的技能，如果有的話，就執行 ROW(1:6) 的序數。因為姓名是 C3:C8，所以，要用 ROW 函數。

logical_test		
TRUE	FALSE	FALSE
FALSE	FALSE	FALSE
FALSE	FALSE	TRUE
FALSE	FALSE	FALSE
FALSE	FALSE	FALSE
FALSE	FALSE	FALSE

→

序數	If 結果		
1	**1**	FALSE	FALSE
2	FALSE	FALSE	FALSE
3	FALSE	FALSE	**3**
4	FALSE	FALSE	FALSE
5	FALSE	FALSE	FALSE
6	FALSE	FALSE	FALSE

2. SMALL 的 k=COLUMN(A1) 是 1，顯示第 1 小的值，答案是 1。往右拖曳複製時，k=COLUMN(B1) 是 2，顯示第 2 小的值，答案是 3。

3. INDEX 的 array=C3:C8 的姓名值，row_num=1，所以，答案是 Sam。

4. 往右往下拖曳複製時，會顯示錯誤值，所以，用 IFERROR 將錯誤值轉成空字串。

05 表格轉清單再轉表格

轉換表格平面維度，就如 2X3 轉為一欄式不是一件困難的問題，只要應用 OFFSET 函數就能解決，但必須了解循環的用法。

開啟「12.5 表格轉清單再轉表格 .xlsx」。

	A	B	C	D	E	F	G
2		項目：	A	B	C		
3			D	E	F		
4							
5		問題：	表格轉清單		清單轉表格		
6		解答：	A		A	B	C
7			B		D	E	F
8			C				
9			D				
10			E				
11			F				

C2:E3 是 2X3 的表格，要轉為一欄式。C6 的公式是：

```
OFFSET(
    $C$2,
    (ROW(A1)-1)/3,
    MOD(ROW(A1)-1,3)
)
```

OFFSET 是從 C2 開始，rows=(ROW(A1)-1)/3，(1-1)/3=0。cols=MOD(ROW(A1)-1,3)，0/3 的餘數是 0。所以，從 C2 開始，向下移動 0 格，向右也移動 0 格，答案是 A。

C9 的 rows=(ROW(A4)-1)/3，這是 (4-1)/3=1，cols=MOD(ROW(A4)-1,3)，3/3 的餘數是 0。所以，從 C2 開始，向下移動 1 格，向右移動 0 格，答案是 D。到這裡開始轉彎到下一格，所以，這是一種序數循環方式。

rows	cols
0.0	0
0.3	1
0.7	2
1.0	0
1.3	1
1.7	2

OFFSET 只會取整數部分，透過這種方式，可以將表格 2 維轉成 1 維清單。

接下來，我們來看看清單如何轉表格。E6 的公式是：

```
OFFSET(
    $C$6,
    (ROW(A1)-1)*3
        +
    COLUMN(A1)-1,
)
```

OFFSET 是從 C6 開始，(ROW(A1)-1)*3=0/3=0，而 COLUMN(A1)-1=0，0+0 還是 0。往右拖曳複製時，F6 的 (ROW(B1)-1)*3=0，COLUMN(B1)-1=1，0+1=1。E7 的 ROW(A2)-1)*3=3，COLUMN(A2)-1=0，3+0=3，往下 3 格是 C9=D。

前面的 12.1 有個循環應用法，MOD(ROW()+1,3)，ROW() 是當前列數，如果要從 1 開始，就要用 ROW(A1)。MOD 是取得餘數，要看除數來決定多少個數的循環，除數是 2，就有可能 1、2、1、2…。

循環 _1	循環 _2	循環 _3	循環 _4	循環 _5	循環 _6
1	0	1	1	1	3
2	0	1	1	0	3
0	0	1	0	2	3
1	1	2	2	1	2

循環 _1	循環 _2	循環 _3	循環 _4	循環 _5	循環 _6
2	1	2	2	0	2
0	1	2	0	2	2
1	2	3	3	1	1
2	2	3	3	0	1
0	2	3	0	2	1

循環 _1=MOD(ROW(A1),3)。

循環 _2=INT((ROW(A1)-1)/3)。

循環 _3=QUOTIENT(ROW(A1)-1,3)+1。

循環 _4=(MOD(ROW(A1),3)>0)*(QUOTIENT(ROW(A1)-1,3)+1)

循環 _5=2-MOD(ROW(A3),3)。

循環 _6= 3-INT((ROW(A1)-1)/3)。

06 將清單不等區隔資料轉為表格

直欄清單轉表格在上節解釋如何進行，這次我們要將清單的數字部分去除，然後，將文字根據區域轉成表格。

開啟「12.6 將清單不等區隔資料轉為表格 .xlsx」。

	B	C	D	E	F	G	H
2	項目：	資料		問題：	將清單不等區隔資料轉為表格		
3		北-台北區		解答：	北	中	南
4		20			北-台北區	中-台中區	南-高雄區
5		25			北-基隆區	中-彰化區	南-台南區
6		中-台中區			北-桃園區	中-南投區	南-屏東區
7		10					
8		北-基隆區					
9		中-彰化區					
10		15					
11		南-高雄區					
12		北-桃園區					
13		40					
14		南-台南區					
15		南-屏東區					
16		46					
17		中-南投區					

C 欄是資料清單，要將文字部分轉成有北中南表頭的表格。F4 的公式是：

```
INDEX(❹
    $C$3:$C$17,
        SMALL(❸
            INDEX(❷
                IF(❶
                    ISERR(FIND({"北-","中-","南-"},$C$3:$C$17)),
                    "",
```

```
                        ROW($1:$15)
                    ),
                    0,
                    COLUMN(A1)
                ),
                ROW(A1)
            )
)
```

1. IF 的 logical_test 是找尋 C 欄是否有北中南這三個字元，然後，用 ISERR 判斷錯誤值，是的話，就是 TRUE，value_if_true= 空字串；不是的話，就是 ROW(1:15) 序數。

序數	ISERR		
1	FALSE	TRUE	TRUE
2	TRUE	TRUE	TRUE
3	TRUE	TRUE	TRUE
4	TRUE	FALSE	TRUE
5	TRUE	TRUE	TRUE
6	FALSE	TRUE	TRUE
7	TRUE	FALSE	TRUE
8	TRUE	TRUE	TRUE
9	TRUE	TRUE	FALSE
10	FALSE	TRUE	TRUE
11	TRUE	TRUE	TRUE
12	TRUE	TRUE	FALSE
13	TRUE	TRUE	FALSE
14	TRUE	TRUE	TRUE
15	TRUE	FALSE	TRUE

→

If 結果		
1		
	4	
6		
	7	
		9
10		
		12
		13
	15	

2. INDEX 的 row_num=0，這是全部截取，column_num=COLUMN(A1)，這是取第 1 欄的資料，所以是 1、6 與 10。往右拖曳複製就是 COLUMN(B1)，這是取第 2 欄的資料 4、7 與 15。

3. SMALL 的 k=ROW(A1)，這是 1，從 1、6 與 10 找出第 1 小的數值，答案是 1，然後往下拖曳複製，找第 2 小的數值是 6。

4. 最後，INDEX 的 array=C3:C7，第 1、6、10 個，答案就是北 - 台北區、北 - 基隆區與北 - 桃園區。

07 將表格轉直欄 - 產品數量分別列出

上節我們將清單夾雜數字與區域資料轉成分類表格，這次我們要將分類的表格轉成產品與數量的清單。

開啟「12.7 將表格轉直欄 - 產品數量分別列出 .xlsx」。

	A	B	C	D	E	F	G	H
2		項目：	餅乾	數量	水果	數量	飲料	數量
3			蛋捲	10	芭樂	16	可樂	9
4			方塊酥	15	蘋果	25	汽水	12
5			洋芋片	9			礦泉水	8
6							奶茶	10
7								
8		問題：	將表格轉直欄-產品數量分別列出					
9		解答：	產品	數量				
10			蛋捲	10				
11			芭樂	16				
12			可樂	9				
13			方塊酥	15				
14			蘋果	25				
15			汽水	12				
16			洋芋片	9				
17			礦泉水	8				
18			奶茶	10				

C2:H6 是各類產品與數量一欄表，想要轉成產品與數量清單。

C10 的公式是：

```
INDIRECT(❹
    TEXT(❸
        SMALL(❷
            IF(❶
                ISTEXT(C$3:H$6),
                ROW($3:$6)*100+COLUMN($C:$H)
            ),
            ROW(A1)
        ),
    "!r0c00"
    ),
)
```

1. IF 的 logical_test 的 ISTEXT 是判斷資料表是否有文字存在，也就是排除空的儲存格與數值。TRUE 的話，就執行 value_if_true。IF 結果得到：

IF 結果					
餅乾	數量	水果	數量	飲料	數量
303	FALSE	**305**	FALSE	**307**	FALSE
403	FALSE	**405**	FALSE	**407**	FALSE
503	FALSE	FALSE	FALSE	**507**	FALSE
FALSE	FALSE	FALSE	FALSE	**607**	FALSE

2. SMALL 的 k=ROW(A1)=1，就是找出第 1 小的值，答案是 303。從上表可知，FALSE 雖然是 0 的意思，但 SMALL 不會認為 FALSE=0，所以，最小的值不是 FALSE，而是 303。所以，在 IF 函數的 value_if_false 省略，就會顯示 FALSE。

3. TEXT 的 format_text="!r0c00"，設定為 R1C1 樣式，就是 {"r3c03"}。

4. INDIRECT的 a1=0(省略)，這是 R1C1 樣式，INDIRECT({"r3c03"},)，答案是蛋捲。

上面的公式就是應用第三章座標法，這種方法的應用非常廣泛，牽涉到表格的擷取大都可以用這個方法。這次是橫列取值，如 303，305，307…，如果想要直欄取值，先餅乾欄、水果欄、最後飲料欄的話，在 IF 的 value_if_true 使用 COLUMN+ROW+COLUMN，可以再次回顧第三章或工作表 2 的方法。

接下來，取得數量部分。D10 的公式是：

```
SUMIFS(D$2:H$6,C$2:G$6,C10)
```

sum_range 是 D2:H6，D 欄是數字部分。

criteria_range 是 C2:G6，C 欄式文字部分。

Criteria 是 C10(蛋捲)。

它利用 sum_range 與 criteria_range 交錯方式來計算蛋捲的數量。

你也可以用 SUMIF(C$2:G$6,C10,D$2:H$6)，注意 SUMIFS 與 SUMIF 的引數位置不一樣，稍微移動一下即可。

08 依需求擷取表格資料並計算需求量

本節要來說明搜尋表格取出某一段的資料，搜尋關鍵字的資料後一個值扣掉第一個值，就能判斷要擷取多少筆資料，如 D 的位置扣掉 C 的位置。但這種方式有排序才可以，不然會錯亂。另外一種，計算關鍵字的數量，就可以知道幾筆資料，然後顯示出來。

開啟「12.8 依需求擷取表格資料並計算需求量 .xlsx」。

	A	B	C	D	E	F	G	H	I
2		項目：	產品套裝總表						
3			編號	名稱	單位	數量		需求編號	C
4			A	A套裝	組				
5			A_1	R1主機板	片	2		需求數量	
6			A_2	M3滑鼠	支	3		編號	數量
7			A_3	K7鍵盤	個	7		A	4
8			A_4	L9硬碟	個	4		B	3
9			B	B套裝	組			C	6
10			B_1	R4主機板	片	2			
11			B_2	F3記憶體	支	7			
12			B_3	J1螢幕	個	4			
13			C	C套裝	組				
14			C_1	R5主機板	片	5			
15			C_2	Q6顯卡	張	8			
16									
17		問題：	依需求擷取表格資料並計算需求量						
18		解答：	編號	名稱	單位	數量			
19			C_1	R5主機板	片	30			
20			C_2	Q6顯卡	張	48			

C2:F15 是產品數量總表，我們要根據 I3 的選擇之後，顯示產品資料，再將零組件組裝的數量乘上 I7:I9 的數量。C19 的公式是：

```
OFFSET(❶
    C1:E15,
    MATCH(I3,C1:C15,0),,❷
    COUNT(❸
        FIND(I3,C1:C15)
    )-1
)
```

1. 以前我們使用 OFFSET 的 reference 是從某個儲存格開始，這次使用範圍，E1:E15，編號、名稱與單位欄。原則上是根據 rows 與 cols 整個範圍的移動，但還是會受到 height 與 width 限制範圍的移動。如 OFFSET(C3:E5,1,)，會取得：

A	A 套裝	組
A_1	R1 主機板	片
A_2	M3 滑鼠	支

而長度定為 2 的話，OFFSET(C3:E5,1,,2) 就得到：

A	A 套裝	組
A_1	R1 主機板	片

維度 3X3 受到 height 的影響就成為 2X3 的表格。

2. MATCH 的 lookup_value=I3=C，lookup_array 是 C 欄的編號，match_type=0 是完全符合的搜尋方式。答案是 13，找到 C13 的位置。

3. 用 FIND 搜尋 C 在 C 欄編號，然後用 COUNT 計算 C 出現的個數，再扣除 1，因為 C13 是小標題。因此，簡化之後，是 OFFSET(C1:E15,13,,2)，得到 C1 與 C2 的資料。

接下來，數量要乘上訂單需求量。F19 的公式是：

```
OFFSET(F1:F15,MATCH(I3,C1:C15,0),,COUNT(FIND(I3,C1:C15))-1)*VLOOKUP
(I3,H7:I9,2,0)
```

這個公式跟上面差別是，reference 是數量欄 (F1:F15)，答案是 {5;8}。另外，乘上 VLOOKUP(I3,H7:I9,2,0)，求得各零組件組裝數量。

lookup_value=I3，這是 C。

table_array= H7:I9，這是產品需求數量表。

col_index_num=2，表示顯示 table_array 的第 2 欄資料。

range_lookup=0，這是完全搜尋。

答案是 6，{5;8}*6= {30;48}。

09 將不固定筆數的直式轉成橫式銷售表

我們學習了表格轉換，清單與表格互換，這次我們來看看直式表格轉橫式表格，這種表格比較困難，先將主要內容多值轉唯一值，然後根據唯一值將資料向右轉換。

開啟「12. 9 將不固定筆數的直式轉成橫式銷售表 .xlsx」。

	B	C	D	E	F
2	項目：	名稱	區域	時間	產品
3		王曉禮	台北	5/3	冰箱
4		王曉禮	台南	6/17	洗衣機
5		林大仁	台中	4/3	電視
6		張中實	台北	4/6	冰箱
7		張中實	台南	5/19	電視
8		張中實	高雄	6/5	冷氣機
9					
10	問題：	將不固定筆數的直式轉成橫式銷售表			
11	解答：	如上表			

C2:F8 是直式資料表格，其中 C 欄有相同名稱資料，要將它顯示唯一值，然後其他資料轉為橫式表格。

	H	I	J	K	L	M	N	O	P	Q
2	名稱	區域_1	時間_1	產品_1	區域_2	時間_2	產品_2	區域_3	時間_3	產品_3
3	王曉禮	台北	44684	冰箱	台南	44729	洗衣機			
4	林大仁	台中	44654	電視						
5	張中實	台北	44657	冰箱	台南	44700	電視	高雄	44717	冷氣機

H3 是取唯一值，其公式是：

```
INDEX(❹
    C:C,
    SMALL(❸
```

```
        IF(❷
            MATCH(C$3:C$8,C$3:C$8,)=ROW($1:$6),❶
            ROW($3:$8),
            3^3
        ),
        ROW(C1)
    )
)&""
```

1. IF 的 logical_test 是用 MATCH 來找出各別名稱的位置，通常 MATCH 的 lookup_value 是單一值，這裡用陣列方式。

序數	lookup_value
1	王曉禮
2	王曉禮
3	林大仁
4	張中實
5	張中實
6	張中實

lookup_array
王曉禮
王曉禮
林大仁
張中實
張中實
張中實

→

MATCH
1
1
3
4
4
4

從上表可知相同名稱會找到第 1 個，所以，MATCH 顯示相同名稱在相同位置。如此，我們就可以知道這是文字轉成數值位置，方便取值。然後，跟 ROW(1:6) 進行比對，得到 {**TRUE**;FALSE;**TRUE**;**TRUE**;FALSE;FALSE}，找到唯一值的位置。

2. IF 的 logical_test 是 TRUE 執行 ROW(3:8)，FALSE 是 3^3。得到 {3;27;5;6;27;27}。這裡只有 6 筆資料，所以，3^3=27 超過 6 即可。當然，以前我們都用省略方式，就會產生 FALSE，SMALL 會跳過 FALSE。

3. SMALL 的 k=ROW(C1)，C1 與 A1 都是 1，取出最小第 1 筆的值。

4. INDEX 的 array=C:C，後面多一個 &""，這個目的是往下拖曳複製時，沒資料會顯示空白。以前我們用 IFERROR(value, "")，INDEX 在沒資料時會產生錯誤值，所以，用此函數將錯誤值轉為空白。但要在 IF 的 value_if_false 賦予比筆數更大的值，這裡是 6 筆，我們用 3^3=27 超過 6。到 H6，就是 INDEX(C:C,{27})&""，答案是 0&""，會顯示空白。

接下來，來看直式表如何轉成橫式表，I3 的公式是：

```
IF(❸
    COLUMN(A1)<=COUNTIF($C$3:$C$8,$H3)*3,❷
    OFFSET(❶
        INDIRECT("B"&MATCH($H3,$C$3:$C$8,0)+2),
        (COLUMN(A1)-1)/3,
        MOD(COLUMN(A1)-1,3)+2
    ),
    ""
)
```

1. OFFSET 是轉換資料位置的優良函數，它的 reference 是資料移動起點的參考位置，其中 MATCH 是判斷 H3= 王曉禮在 C 欄名稱的位置，答案是 1，成為 INDIRECT("B"&1+2) 就是 INDIRECT("B3")。rows=(COLUMN(A1)-1)/3，這是 (1-1)/3=0，cols=MOD(COLUMN(A1)-1,3)+2，這是 0/3 的餘數還是 0，再加 2，還是 2。所以，是 OFFSET(INDIRECT("B3"),{0},{2})，從 B3 開始往下 0 格，往右 2 格來到 D3= 台北。

rows	0	0.3333	0.6667	1	1.3333	1.6667	2	2.3333	2.6667
cols	2	3	4	2	3	4	2	3	4

第 2 引數是 rows，利用往右拖曳複製時，形成循環，cols 也是一樣，應用 MOD 的餘數循環。OFFSET 只會用整數部分，所以，0.33333=0。

2. 要判斷遇到不同名稱時，顯示空白，所以，在 IF 的 logical_test 判斷是否名稱不一致。這裡使用 COUNTIF($C$3:$C$8,$H3)*3，這是計算名稱相同有幾個，王曉禮有 2 個，它是以 3 個為 1 組，所以，乘上 3。然後判斷當前位置有沒有小於 COLUMN(A1)=1，往右拖曳複製到 COLUMN(A7)>6 就到 value_if_false。

3. 為了怕 OFFSET 一直延伸下去，所以，必須用 IF 控制截點，使用 logical_test 判斷是否到了截點，TRUE 的話，就持續 OFFSET 運作；不是的話，就是賦予空白。

CHAPTER

13

資料比對

比對表格或清單資料通常是為了找出差異，並顯示差異值。可以用非常多的方法來解決，如 COUNTIF、FIND、IF、VLOOKUP 等函數。本章將透過案例來説明這些函數比對方法的應用技巧。

本章重點

- 13.1 比對資料並表列領取人訊息
- 13.2 列出遺失的序號
- 13.3 比較兩家分店進出貨的差異並列出相同產品
- 13.4 分店庫存狀況比對
- 13.5 顯示專案與任務的資料符合量
- 13.6 比對項目中案號數最大並顯示狀況

01 比對資料並表列領取人訊息

本節將說明常用的比對方法，找出兩個表格或清單的相同值，列出相同值或打勾或代號等等方式。

開啟「13. 比對資料並表列領取人訊息 .xlsx」。

	A	B	C	D	E	F	G	H
2		項目：	隊名	隊員				
3			台北隊	楊鼎添	令狐聰	楊霄	林屏汁	周止弱
4			高雄隊	楊霄	歐陽豐	黃耀施	郭敬	令狐聰
5								
6		問題：	比對重複的隊員					
7		解答：	COUNTIF法					
8			0	1	1	0	0	
9			1	0	0	0	1	
10								
11			FIND法					
12			0	1	1	0	0	
13			1	0	0	0	1	

C2:H4 是隊員表，判斷台北隊與高雄隊是否有相同隊員。

C8 的公式是：

```
COUNTIF(D4:H4,D3:H3)
```

range 是 D4:H4，這是計算的範圍。

criteria 是 D3:H3，這是準則範圍。

通常準則是 1 個，這裡是用陣列方式。

range	**楊霄**	歐陽豐	黃耀施	郭敬	**令狐聰**

criteria	楊鼎添	**令狐聰**	**楊霄**	林屏汁	周止弱
結果	0	1	1	0	0

range 是 D4:H4 範圍，一開始是 criteria 一個一個比對，先判斷在 range 是否有楊鼎添，沒有，答案是 0。再來是有沒有令狐聰，有，所以答案是 1，只有 1 個，以下類推。

也可以用 FIND 的方法，C13 公式是：

```
COUNT(
    FIND(D4,$D3:$H3)
)
```

先用 FIND 來搜尋 D3:H3 有沒有 D4(楊霄) 這個字串，得到：

序數	1	2	3	4	5
FIND	#VALUE!	#VALUE!	1	#VALUE!	#VALUE!

D3:H3 的第 3 個是符合 D4 的值。接下來，使用 COUNT 來計算幾個數值，答案是 1 個。大部分的函數計算錯誤值時，也返回錯誤值，但 COUNT 會忽略錯誤值，只計算數值部分。

接下來，點選工作表 2。

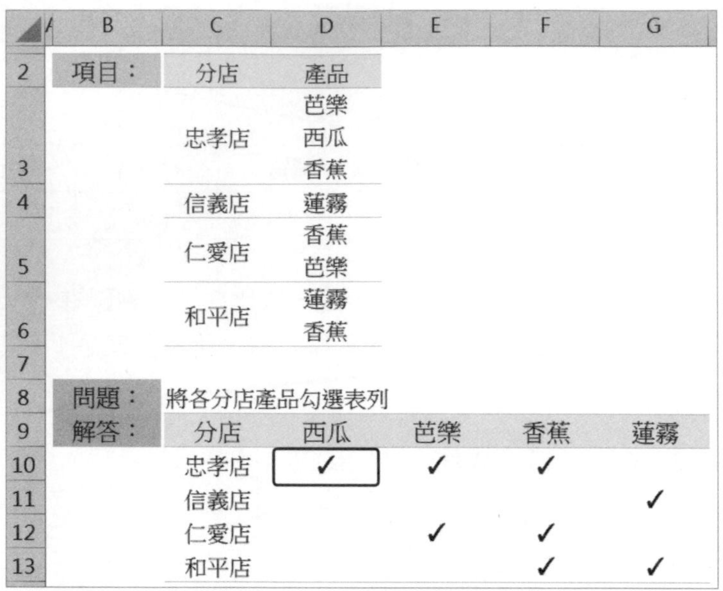

C2:D6 是個分店的銷售產品，要以表格勾選方式呈現。

D10 的公式是：

```
REPT(
     "✓",
     COUNT(FIND(D$9,$D3))
)
```

text 是打勾符號。

number_times 是顯示 text 的次數。

COUNT(FIND(D$9,$D3)) 是在 D3 找西瓜字串，然後，用 COUNT 計算，答案是 1。所以，顯示打勾符號 (✓)1 次。

也可以用 REPT(" ✓ ",COUNTIF($D3,"*"&D$9&"*"))。

COUNTIF 的 criteria 是 "*"&D$9&"*" ，星號 (*) 是萬用字元，適合任何字元，D3 有芭樂、西瓜、香蕉，這格是自動換行，D9 是西瓜，應用 "*"&D$9&"*" 的準則只要有西瓜兩個字元就是 TRUE。

我們也可用 IF(COUNTIF($D3,"*"&D$9&"*")," ✓ ","")，如果 logical_test 是 TRUE(大於 0)，就打勾，否則顯示空字串。

來到工作表 3。

	B	C	D	E	F	G	H
2	項目：	名稱	原因		名稱	代領原由	代領人
3		楊鼎添	開車		令狐聰	請假	岳玲姍
4		令狐聰	出差		周止弱	外出	張吾紀
5		楊霄	開車		郭敬	會議	黃融
6		林屏汁	加班				
7		周止弱	開車				
8		郭敬	加班				
9							
10	問題：	比對資料並表列領取人訊息					
11	解答：	名稱	原因	領取人	原因		
12		楊鼎添	開車	楊鼎添	開車		
13		令狐聰	出差	岳玲姍	請假		
14		楊霄	開車	楊霄	開車		
15		林屏汁	加班	林屏汁	加班		
16		周止弱	開車	張吾紀	外出		
17		郭敬	加班	黃融	會議		

C2:D8 是領取人的資料表，F2:H5 是領取人無法親自領，請代領人領取補助金。我們要將實際領取人列出一欄表。E12 的公式是：

```
FNA(
    VLOOKUP(C3,F$2:H$5,{3,2},0),
    C3:D3
)
```

VLOOKUP 的 lookup_value=C3(楊鼎添)，table_array=F2:H5，將楊鼎添比對 F3:F5，如果找到，就顯示 col_index_num={3,2}，這是第 3 欄 (H 欄代領人) 與第 2 欄 (G 欄代領原因)。如果找不到，就會顯示錯誤值 (#N/A)，IFNA 的 value_if_na 是 C3:D3，維持原狀，領取人就是本人。

E13 的 VLOOKUP 找到 F3:F5 的令狐聰，所以，顯示 {" 岳玲姍 "," 請假 "}。

02 列出遺失的序號

如何在整組序號中列出遺失的中間序號，需要判斷最大與最小的號碼，然後，取得所有號碼之後，一一比對，找出遺失的號碼。另一個議題是排除某些序號，列出需要的序號，這要原始序號與要排除的序號一一比對，比對的方法很多，上節我們說明了 COUNTIF，這次加入 FREQUENCY 的功能。

開啟「13.2 列出遺失的序號 .xlsx」。

	A	B	C	D	E	F	G
2		項目：	序號		問題：	列出遺失的序號	
3			115		解答：	遺失序號	
4			107			106	
5			108			109	
6			110			112	
7			105			113	
8			119			114	
9			111			116	
10			120			117	
11						118	

C 欄是不連續的序號，想要找出最大與最小號碼中間遺漏的序號。

F4 的公式是：

```
SMALL(❹
    IF(❶
        COUNTIF(❸
            C$3:C$10,
            ROW(❷
                INDIRECT(MIN($C$3:$C$10)&":"&MAX($C$3:$C$10))
            )
        ),
```

```
        "",
        ROW(
            INDIRECT(MIN($C$3:$C$10)&":"&MAX($C$3:$C$10))
        )
    ),
    ROW(A1)
)
```

1. 這公式看起來很長，其實有部分是重複的。首先，要用 IF 的 logical_test 來比對現有序號 (C 欄) 與全部序號 (ROW(INDIRECT)) 的差異，然後，TRUE 就給它空字串；FALSE 給它遺失的序號。

2. ROW 可以建立序號，但無法在 reference 引數使用運算，所以，透過 INDIRECT 來轉換儲存格範圍。INDIRECT 的 ref_text 是找到 C 欄最小與最大數值，得到 "105:120"，所以是 ROW(INDIRECT("105:120"))。

3. COUNTIF 計算 C 欄與 ROW 所建立的序號，有的話，是 1；沒有的話，是 0。

C 欄	115	107	108	110	105	119	111	120

ROW	105	**106**	107	108	**109**	110	111	**112**	**113**	**114**	115	**116**	**117**	**118**	119	120
COUNTIF	1	0	1	1	0	1	1	0	0	0	1	0	0	0	1	1
IF		**106**			**109**			**112**	**113**	**114**		**116**	**117**	**118**		

IF 將 logical_test=1 顯示空字串，=0 就給它 ROW 值。

SMALL 就依序由小到大顯示數值。

除了 COUNTIF 比對數值之外，也可以用 FREQUENCE 來計算。

```
SMALL(IFENA(IF(FREQUENCY(C$3:C$10,rng),"",rng),""),ROW(A1))
```

rng 是定義名稱，上面的 ROW(INDIRECT)。有重複與長公式可以用定義名稱來縮短公式長度。也可以用新函數 LET 來定義重複的公式。

FREQUENCY 的 data_array=C3:C10，bins_array=rng，就是 105~120。

Frequency	1	0	1	1	0	1	1	0	0	0	1	0	0	0	1	1	0

ROW	105	106	107	108	109	110	111	112	113	114	115	116	117	118	119	120

IF		106			109			112	113	114		116	117	118			#N/A

它與 COUNTIF 所得到答案幾乎相同，只差 FREQUENCY 會多出 1 個 0，這是超過最後一個 120 的個數。IF 運作之後，ROW 少一個，會產生錯誤值，所以，要用 IFNA 將錯誤值轉成空字串。

接下來，來到工作表 2。

	B	C	D	E
2	項目：	資料	排除	
3		1	1	
4		2	8	
5		3	5	
6		4	7	
7		5		
8		6		
9		7		
10		8		
11				
12	問題：	顯示排除數值的其他部份		
13	解答：	解答		
14		2	2	
15		3	3	
16		4	4	
17		6	6	

C2:C10 是完整序數，D2:D6 是想要排除的數字，最後顯示未被排除的數字。

C14 的公式是：

```
SMALL(
     IF(
          COUNTIF(D$3:D$6,C$3:C$10),
          10,
          C$3:C$10
     ),
     ROW(A1)
)
```

這個公式原理跟上面是類似，只是它不用再創立最小到最大的序數來比對原來的資料。

排除	1				5		7	8
資料	1	2	3	4	5	6	7	8

COUNTIF	1	0	0	0	1	0	1	1

IF	10	**2**	**3**	**4**	10	**6**	10	10

IF 的 value_if_true 除了用空字串以外，也可以給它一個超過範圍數值的值。最後，SMALL 依序由小到大顯示資料。

03 比較兩家分店進出貨的差異並列出相同產品

上一節我們說明數值資料如何比對，找出遺失的數值或顯示排除某些數值的資料。這次我們要判斷兩分店相同進貨與出貨的產品。

開啟「13.3 比較 2 家分店進出貨的差異並列出相同產品 .xlsx」。

	B	C	D	E	F
2	項目：	A店		B店	
3		進貨	出貨	進貨	出貨
4		電視	冰箱	螢幕	冷氣
5		冰箱	吹風機	電風扇	電視
6		洗衣機	冷氣	洗衣機	電鍋
7		熨斗	電視	除濕機	吸塵器
8		除濕機	電風扇	電風扇	吹風機
9			微波爐	水波爐	
10			吹風機		
11					
12	問題：	比較2家分店進出貨的差異並列出相同產品			
13	解答：	相同進貨	相同出貨		
14		洗衣機	冷氣		
15		除濕機	電視		
16			吹風機		

C2:F10 是 AB 兩店的進出貨產品名稱，找出同進出貨的產品。C14 的公式是：

```
IFERROR(❹
    INDEX(❸
        E$4:E$10,
            SMALL(❷
                IF(COUNTIF(C$4:C$10,E$4:E$10),ROW($1:$6)),❶
                ROW(A1)
            )
```

```
    ),
    ""
)
```

1. IF 的概念跟上一節類似，只是這次是用 COUNTIF 函數，是 1 就執行 ROW(1:6)。
2. SMALL 顯示由小到大的值。
3. 上節的 SMALL 顯示數值即可，而文字部分就要增加 INDEX 函數，array 是 E4:E9，即是根據 SMALL 所取得的數值來顯示 E4:E9 的產品名稱。
4. IFERROR 是遇到錯誤值，就顯示空字串。

另外一個方式是：

```
INDEX(
    E$4:E$9,
    SMALL(
        IF(C4:C9<>TRANSPOSE(E$4:E$9),"",COLUMN(A:F)),
        ROW(A1)
    )
)
```

這個公式的不同底是 IF 的 logical_test，不用 COUNTIF，也不用 FREQUENCY，而是用數學符號 <>=，通常用這些符號會返回 TRUE/FALSE。C4:C9<>TRANSPOSE(E$4:E$9) 得到：

logical_test					
TRUE	TRUE	TRUE	TRUE	TRUE	TRUE
TRUE	TRUE	TRUE	TRUE	TRUE	TRUE
TRUE	TRUE	**FALSE**	TRUE	TRUE	TRUE
TRUE	TRUE	TRUE	TRUE	TRUE	TRUE
TRUE	TRUE	TRUE	**FALSE**	TRUE	TRUE
TRUE	TRUE	TRUE	TRUE	TRUE	TRUE
1	2	3	4	5	6

IF 結果					
		3			
			4		

第 3 與 4 筆是相同資料，然後，用 SMALL 顯示數值，再用 INDEX 列出產品名稱。

04 分店庫存狀況比對

兩家分店販賣的產品有相同有不同，或都沒有，我們要了解他們的差異，顯示沒有銷售的訊息，如果有銷售，就判斷兩店的差異量。

開啟「13.4 分店庫存狀況比對 .xlsx」。

	B	C	D	E	F
2	項目：	台北店		高雄店	
3		產品貨號	數量	產品貨號	數量
4		X_1	16	X_2	32
5		X_3	20	X_3	25
6		Y_2	48	Y_2	18
7		Z_1	68	Z_1	48
8		Z_2	41	Z_3	25
9		Z_3	21		
10					
11	問題：	分店庫存狀況比對			
12	解答：	產品貨號	台北店	高雄店	彙總
13		X_1	16	無貨號	
14		X_2	無貨號	32	
15		X_3	-5	5	
16		Y_1	無貨號	無貨號	都無貨
17		Y_2	30	-30	
18		Z_1	20	-20	
19		Z_2	41	無貨號	
20		Z_3	-4	4	

C2:F9 是兩分店的銷售狀況，比對兩者的差異。

D13 的公式是：

```
IFNA(❸
    VLOOKUP(C13,C$4:D$9,2,0)❷
        -
    IFNA(❶
        VLOOKUP(C13,E$4:F$9,2,0),
        0
    ),
    "無貨號"
)
```

1. 計算 A 店的庫存量，VLOOKUP 的 lookup_value 是 C13(X_1)，table_away= C4:D9，這是台北店的資料。根據查閱值比對 C4:C9 產品貨號，找到之後，顯示第 2 欄位的數量。

2. 計算 B 店的庫存量， VLOOKUP 無法找到會顯示錯誤值，所以，IFNA 判斷錯誤值時，顯示 0。

3. A 店數量減掉 B 店數量，其中有一個是錯誤值的話，IFNA 顯示無貨號字串。

F13 是判斷 AB 兩店都沒有貨號時，顯示多無貨。其公式是：

```
REPT("都無貨",AND(ISTEXT(D13:E13)))
```

ISTEXT 判斷兩店是否為文字，用 AND 原因是兩個都是 TRUE 才是 TRUE。最後，用 REPT 顯示 " 都無貨 " 的訊息，TRUE 是 1；而 FALSE 是 0，所以，REPT 只能顯示文字 1 次或空白。

我們也可以顯示兩店的全部庫存量，公式是：

```
TEXT(
    SUM(
        (C$4:C$9=C13)*D$4:D$9,
        (E$4:E$9=C13)*F$4:F$9
    ),
    "[=]都無貨"
)
```

SUM 加總 2 店的結果，就是 16。

比對台北		台北數量		結果	比對高雄		高雄數量		結果
TRUE		16		16	FALSE		32		0
FALSE		20		0	FALSE		25		0
FALSE	X	48	=	0	FALSE	X	18	=	0
FALSE		68		0	FALSE		48		0
FALSE		41		0	FALSE		25		0
FALSE		21		0	FALSE		0		0

TEXT 判斷兩店數量都是 0 的話，表示都無貨的狀況。

05 顯示專案與任務的資料符合量

各專案中有許多任務所組成，我們要比對專案的任務與其他任務並計算符合數量。然後，顯示符合數量的專案名稱，也會列出各專案的任務名稱。

開啟「13. 5 顯示專案與任務的資料符合量 .xlsx」。

	A	B	C	D	E	F	G	H
2		項目：	專案	X_1	X_2	X_3	X_4	X_5
3			專案_A	X_2	X_3	X_6	X_7	X_8
4			專案_B	X_1	X_2	X_3	X_5	X_6
5			專案_C	X_3	X_4	X_5	X_6	X_7
6			專案_D	X_2	X_3	X_4	X_5	X_6
7								
8		問題：	顯示專案與任務的資料符合量					
9		解答：	符合數量	專案				
10			1					
11			2	專案_A				
12			3	專案_C				
13			4	專案_B	專案_D			
14			5					

C3:H6 是各專案與任務的資料，D2:H2 是要比對的任務。D11 的公式是：

```
IFERROR(
    INDEX(❹
        $C$3:$C$6,
            SMALL(❸
                IF(❷
                    $C11=
                    MMULT(❶
                        COUNTIF($D$2:$H$2,$D$3:$H$6),
                        ROW($1:$5)^0
                    ),
```

```
                    ROW($1:$4)
            ),
                COLUMN(A2)
            )
    ),
    ""
)
```

1. 以前說過 MMULT 是一種陣列加總公式，SUM 是全部加總，SUMPRODUCT 是同直欄或同橫列先乘後加，而 MMULT 是 array1 與 array2 要欄與列或列與欄才可以，也是先乘後加。

COUNTIF				
1	1	0	0	0
1	1	1	1	0
1	1	1	0	0
1	1	1	1	0

ROW
1
1
1
1
1

MMULT
2
4
3
4

如果要橫列相加，array2=ROW；如果要直欄相加，array1=COLUMN。注意 ROW 與 COLUMN 在引數的不同位置。所以，MMULT 得到一組 4X1 的答案，這是專案 A~D 符合任務的個數。2 的答案是 1X1 + 1X1 + 1X0 + 1X0 + 1X0，以此類推。

2. IF 的 logical_test 是 C11(2)= {2;4;3;4}，得到 {TRUE;FALSE;FALSE;FALSE}，TRUE 的話，轉到序數，得到 {1;FALSE;FALSE;FALSE}。

3. SMALL 找到第 1 個最小數值，答案是 1。

4. INDEX 的 array=C3:C6(專案名稱)，顯示第 1 個，就是專案 _A。如果遇到錯誤值，就顯示空白。

接下來，將各專案符合的任務表列出來。

	A	B	C	D	E	F	G	H
2		項目：	專案	X_1	X_2	X_3	X_4	X_5
3			專案_A	X_2	X_3	X_6	X_7	X_8
4			專案_B	X_1	X_2	X_3	X_5	X_6
5			專案_C	X_3	X_4	X_5	X_6	X_7
6			專案_D	X_2	X_3	X_4	X_5	X_6
15								
16			專案	符合數量	任務			
17			專案_A	2	X_2	X_3		
18			專案_B	4	X_1	X_2	X_3	X_5
19			專案_C	3	X_3	X_4	X_5	
20			專案_D	4	X_2	X_3	X_4	X_5

E17 的公式是：

```
IFERROR(
    INDEX(❹
        $D$2:$H$2,
            SMALL(❸
                IF(❷
                    MMULT(❶
                        COLUMN($A:$E),
                        N($D$2:$H$2=TRANSPOSE($D3:$H3))
                    ),
                    COLUMN($A:$E)
                ),
                COLUMN(A1)
            )
    ),
    ""
)
```

1. 上面的 MMULT 是 array2=ROW，計算橫列值，這次是 array1=COLUMN，計算直欄值。

array1				
1	2	3	4	5

array2				
0	1	0	0	0
0	0	1	0	0
0	0	0	0	0
0	0	0	0	0
0	0	0	0	0

得到答案是 {0,1,2,0,0}。

2. IF 的 logical_test=MMULT，TRUE 的話，就執行 COLUMN(A:E)，取得 {FALSE,2,3,FALSE,FALSE}。
3. SMALL 的 k= COLUMN(A1)，這是 1，最小值的答案是 2。
4. INDEX 的 array=D2:H2，第 2 個位置是 X_2。最後，有錯誤值就顯示空白。

06 比對項目中案號數最大並顯示狀況

表中項目有很多案號，每個案號都是一種交易的程序。比對項目與案號找出最大的案號並顯示交易狀況。

開啟「13.6 比對項目中案號數最大並顯示狀況 .xlsx」。

	B	C	D	E
2	項目：	項目	案號	狀況
3		A	A_00123	接觸
4		A	A_00246	議約
5		A	A_00220	簽約
6		B	B_10672	議約
7		B	B_10892	簽約
8		C	C_60256	暫停
9		C	C_60277	解約
10		C	C_60376	簽約
11		C	C_60419	終止
12				
13	問題：	比對項目中案號數最大並顯示狀況		
14	解答：	項目	案號	狀況
15		A	A_00246	議約
16		B	B_10892	簽約
17		C	C_60419	終止

C2:E11 是交易程序表，想要顯示各項目最大案號的交易狀況。

D15 的公式是：

```
C15❸
    &"_"&
TEXT(❷
    MAX(❶
        RIGHT(D$3:D$11,5)
            *
```

```
        (C15=C$3:C$11)
    ),
    "00000"
)
```

1. MAX 也可以用邏輯判斷，RIGHT 是找出 D3:D11(案號) 右邊 5 個數字，乘上項目是 A 的字元，得到 {123;246;220;0;0;0;0;0;0}，其中最大數值為 246。

2. RIGHT 是文字函數，取出數字之後，也是文字型，透過相乘將它轉換為數字型。TEXT 的 format_text 是 5 個 0，所以，246 就成為 00246。

3. C15 是 A，合併之後，是 A_00246。

E15 的狀況本來可以用 VLOOKUP(D15,D$3:E$11,2,0)，也是可以比對出答案。但它是依靠 D15 作為 lookup_value，如果沒有 D15 的話，可以用：

```
VLOOKUP(
    C15
        &"_"&
    TEXT(
        MAX(
            --RIGHT(IF(C15=C$3:C$11,D$3:D$11,0),5)
        ),
        "00000"
    ),
    D$3:E$11,
    2,
    0
)
```

這個公式是上面兩個公式的混合型態。MAX 有點差異，使用 IF 作為轉換資料的函數，得到 {"A_00123";"A_00246";"A_00220";0;0;0;0;0;0}。RIGHT 取得 {123;246;220;0;0;0;0;0;0}，2 個橫槓 (--) 將資料轉為數字型。其他就如前面解釋。

PART V

第五篇

格式整理

前面曾經使用TEXT函數來設定格式，也可以用 Ctrl+1 來操作，還有功能區也有許許多多的設定。這篇我們將說明如何用條件式格式設定功能來設定格式，通常我們用這個功能是根據條件來改變儲存格的顏色，標示重要或差異的地方，提醒閱讀者注意。

CHAPTER 14

條件式格式設定基礎說明

此設定功能非常多，我們將重點放在函數的應用。通常在儲存格設定函數，我們必須要一點點想像，畢竟，它並不是在儲存格應用。所以，設定函數時，會跟著範圍跑，這點常常是讀者搞混的地方。

本章重點

01 了解條件式格式設定函數基本應用

依條件改變格式是遇到 TRUE 才能執行，當然，它有時不用函數也能運作，但這裡最主要的是以函數或數學邏輯判斷來改變格式。我們先從基礎說明開始，然後越來越深入了解條件式格式設定的應用。

開啟「14.1 了解條件式格式設定函數基本應用 .xlsx」。

	A	B	C	D	E	F
2		項目：	解答			
3			產品	庫存量	需求量	
4			蘋果	30	40	
5			香蕉	20	20	
6			西瓜	15	17	
7			芭樂	28		
8			梨子	45	40	
9			番茄	35	50	
11				忠孝店	仁愛店	
12				80	90	
13						
14		問題：	了解條件式格式設定函數基本應用			
15			1.產品是芭樂			
16			2.庫存量小於需求量			
17			3.忠孝店少仁愛店10%以上			

C3:E9 是產品資料表，D11:E12 是兩店銷售數字。依照下面問題在原資料標色。

1. 產品是芭樂。

   首先選擇 C4:C9，接下來，點選**常用 → 條件式格式設定 → 新增規則 → 使用公式來決定格式化那些儲存格**。

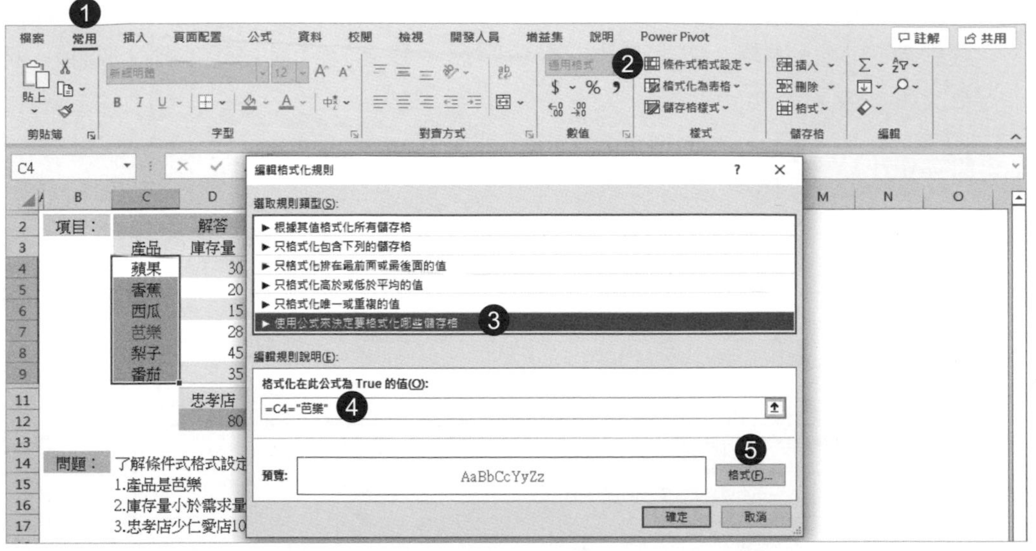

接下來，在編輯列輸入：=C4="芭樂"。C4 沒有加上 $，所以，它是相對位置，會從 C4 在選擇的範圍 C4:C9 比對，因為都在 C 欄，所以，會從 C4 往下到 C9 比對儲存格的值是否等於芭樂字串。再按**格式**，試圖改變判斷是 TRUE 的儲存格格式。

來到**設定儲存格格式**的對話方塊，就如按 Ctrl+1 的結果一樣。選擇字型，這個意思是，TRUE 的話，把字串改成紅色字體。最後，C7 是芭樂，符合條件，字串改為紅色。

2. 庫存量小於需求量。

選擇 D4:E9，跟上面一樣的程序，在編輯列輸入：=D4<E4。**格式 → 填滿**，然後，點選顏色，將 TRUE 的儲存格改為黃色填滿。

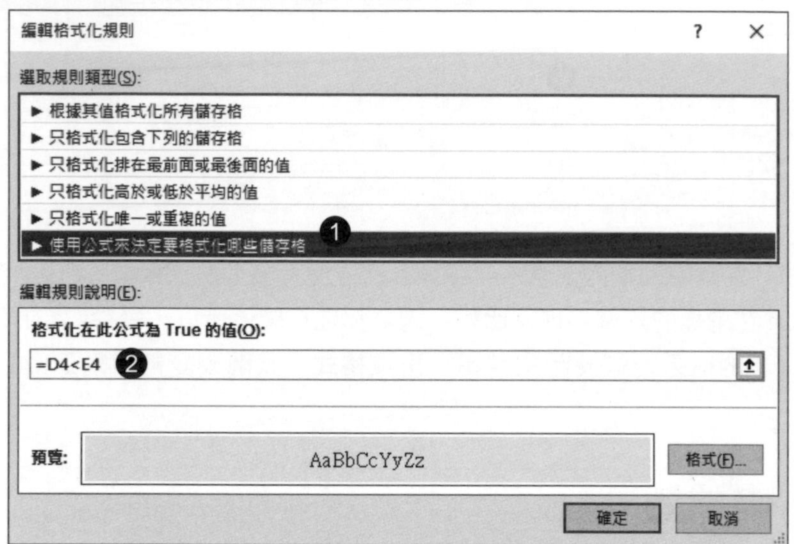

3. 忠孝店少仁愛店 10% 以上。

選擇 D12:E12，跟上面一樣的程序。在編輯列輸入：=((E12-D12)/D12)>0.1。是 TRUE 的話，就會在 D12 填滿顏色。

02 條件式格式多顏色設定

用公式的條件式設定只能一種顏色，所以如果要依照條件給顏色，形成多條件多顏色的話，需要一個一個的設定公式。另外一種方法是在隔壁儲存格以色階方式處理。

開啟「14.2 條件式格式多顏色設定 .xlsx」。

	B	C	D	E	F
2	項目：	解答			
3		排名	地區	學校	
4		1	台北	T大學	
5		2	台北	C大學	
6		3	台中	S大學	
7		4	高雄	A大學	
8		5	高雄	X大學	
9		6	台中	D大學	
10		7	台北	F大學	
11					
12	問題：	條件式格式多顏色設定			

D3:E10 是大學排名，想要依照同地區來上色。

首先選擇 D4:D10，接下來，點選**常用 → 條件式格式設定 → 新增規則 → 使用公式來決定格式化那些儲存格**。在編輯列輸入：=D4=" 台北 "。然後，選擇字型顏色。依序輸入：=D4=" 台南 " 與 =D4=" 高雄 " 。

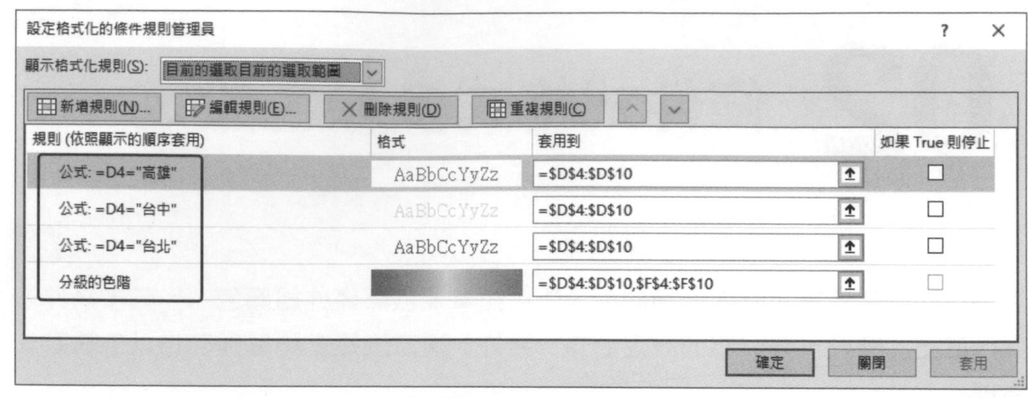

這是 3 種條件設定產生 3 種顏色，這是顏色歸類的方法。

另外，也可以用色階的方式上色，這種方式需要數值，所以，文字型的字串不適合使用這種方法。因此，我們在 F 欄設定一函數將同樣區域產生同樣序數。F4 的公式是：

```
MATCH(D4:D10,D4:D10,0)
```

前面曾經說明過，用 COUNTIF(A 陣列 ,B 陣列) 是計算陣列相同值的個數，而 MATCH 是取得位置。所以，答案是：

地區	MATCH
台北	1
台北	1
台中	3
高雄	4
高雄	4
台中	3
台北	1

COUTIF 計算個數，有可能不同地區名稱會有相同個數，而 MATCH 不會有這種現象產生。台北在第 1 個位置，下面台北都會顯示 1，台中是第 3 位置，所以下面會顯示 3，而高雄則是第 4 個位置。

我們找到相同地區有相同位置。接下來，選擇 F4:F10，點選**常用 → 條件式格式設定 → 新增規則 → 根據其值格式化所有儲存格**。

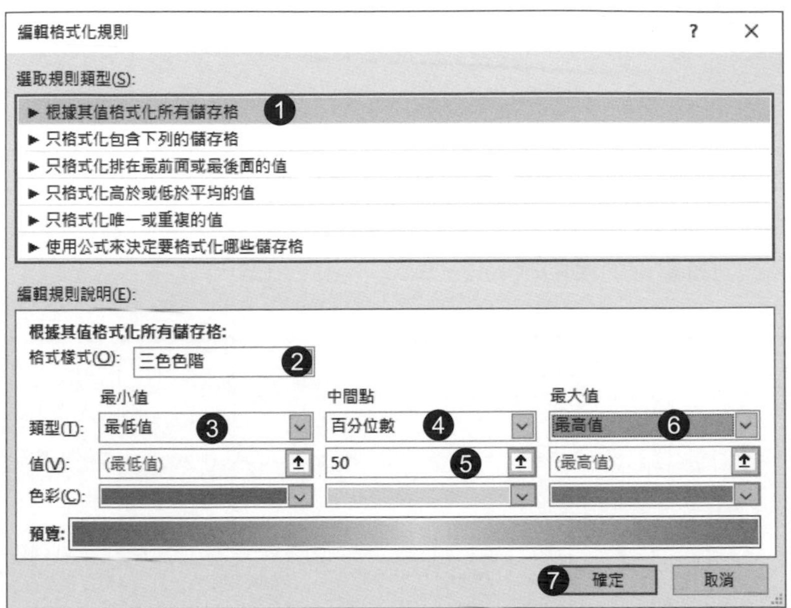

在最小值的類型點選**最低值**。在中間點，點選**百分位數**，值輸入：50。在最大值類型點選**最高值**。然後，在色彩選擇適當的顏色，按**確定**。F 欄會根據數值的不同產生設定的顏色。

03 整列整欄標色法

本節將要討論整列、整欄、範圍整列、範圍整欄與交叉上色的問題。前面我們用數學符號等式 (=) 或不等式 (>、<、>=、<=、<>) 判斷狀況，這節應用邏輯函數 AND、OR 來判斷當前範圍的狀況是 TRUE 或者 FALSE。

開啟「14.3 整列整欄標色法 .xlsx」。

	A	B	C	D	E	F	G	H	I	J
2		項目：	在橫列、直欄與交叉工作表							
3			訂單序號	訂單日期	客戶名稱	區域	產品名稱	售價	數量	
4			AB2015016	2021/12/9	棟知	南區	儲藏櫃	3000	5	
5			AB2015006	2021/6/23	白忠	中區	電話	500	6	
6			AB2016020	2022/3/19	廉麗	北區	椅子	450	4	
7			AB2015007	2021/7/5	小同	中區	裝訂機	350	7	
8			AB2015004	2021/5/21	康毅	北區	訂書機	25	6	

C3:I8 是產品銷售表，想要將區域是中區的整個橫列標色。

先選擇，4:9 列，然後啟動條件式格式設定的公式功能，輸入：=$F4=" 中區 "。前面我們沒有使用 $ 符號(絕對位置)，這次使用 $F，它判斷 F 欄的 4:9 列，鎖定 F 欄，列沒有鎖定，5 跟 7 列的 F 欄符合條件 (中區)，所以整列標色。

	A	B	C	D	E	F	G	H	I	J
10			訂單序號	訂單日期	客戶名稱	區域	產品名稱	售價	數量	
11			AB2015000	2021/1/4	升堡	中區	標籤	20	10	
12			AB2016018	2022/1/29	君偉	北區	電腦	20	20	
13			AB2016033	2021/10/18	樂鳳	南區	標籤	20	30	
14			AB2015003	2021/5/4	盛偉	中區	電腦	15000	2	
15			AB2016024	2022/5/31	鳳傑	北區	電腦	15000	4	

這次只限制在表格裡，橫列標色。

不選全列，而是選擇整個表格範圍 C10:I15。然後公式輸入：=$G10=" 電腦 "。鎖住 G 欄，這表示 G 欄 = 電腦就在表格裡整列標色。

接下來，點選直欄工作表。

	A	B	C	D	E	F	G	H
1	訂單序號	訂單日期	客戶名稱	區域	產品名稱	售價	數量	
2	AB201501(	2021/12/9	棟知	南區	儲藏櫃	3000	5	
3	AB201500(	2021/6/23	白忠	中區	電話	500	6	
4	AB201602(	2022/3/19	廉麗	北區	椅子	450	4	
5	AB201500/	2021/7/5	小同	中區	裝訂機	350	7	
6	AB201500	2021/5/21	康毅	北區	訂書機	25	6	
7								

將 D 欄標色，方法跟上面橫列標示類似。

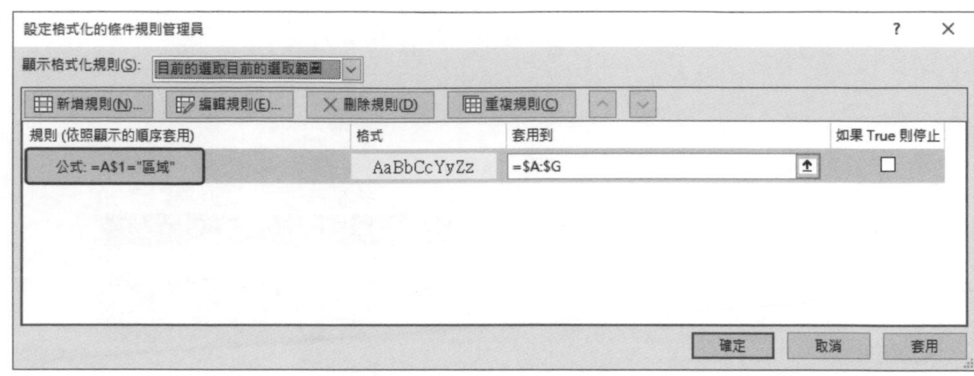

範圍選擇 A:G，公式是 =A$1=" 區域 "，將 $ 放在列數前面，就可以直欄標色。

當然，也可以用表格範圍標色。

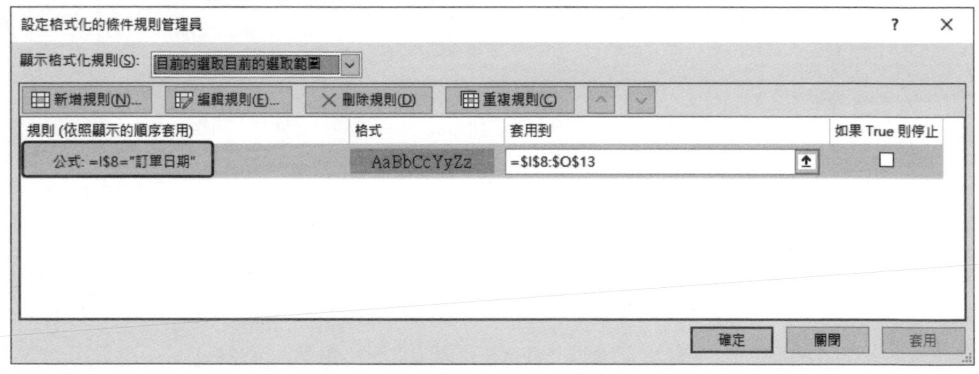

選擇 I8:O13 的表格範圍，公式是 =I$8=" 訂單日期 "。

上一個是找表頭有訂單日期，這個是只要內容有中區就整欄標色。

接下來，點選交叉工作表，我們來看看比較進階的標色法。

	A	B	C	D	E	F	G
1	訂單序號	訂單日期	客戶名稱	區域	產品名稱	售價	數量
2	AB2015000	2021/1/4	升堡	中區	標籤	20	10
3	AB201601{	2022/1/29	君偉	北區	電腦	20	20
4	AB201603:	2021/10/18	樂鳳	南區	標籤	20	30
5	AB201500:	2021/5/4	盛偉	中區	電腦	15000	2
6	AB201602	2022/5/31	鳳傑	北區	電腦	15000	4
7							
8	訂單序號	訂單日期	客戶名稱	區域	產品名稱	售價	數量
9	AB2015000	2021/1/4	升堡	中區	標籤	20	10
10	AB201601{	2022/1/29	君偉	北區	電腦	20	20
11	AB201603:	2021/10/18	樂鳳	南區	標籤	20	30
12	AB201500:	2021/5/4	盛偉	中區	電腦	15000	2
13	AB201602	2022/5/31	鳳傑	北區	電腦	15000	4

A1:G13 有 2 個表格，分別有不同的格式設定。

A1:G6 表格的公式是：

```
AND(YEAR(A1)=2021,$E1="電腦")
```

AND 是全部都是 TRUE 才是 TRUE，從 A1 開始，進行全表資料比對，YEAR(A1) 是取得 A1 的年度是否等於 2021，答案是 FALSE 不用標色。B 欄才有日期，B4 與 B5 的年度是 2021，只有這兩個是 TRUE。另外一個 logical2 是 $E1，是否等於電腦字串，E4 不是，只有 E5 是，所以，B5 標上顏色。

訂單序號	訂單日期	客戶名稱	區域	產品名稱	售價	數量
#VALUE!	FALSE	#VALUE!	#VALUE!	#VALUE!	FALSE	FALSE
#VALUE!	FALSE	#VALUE!	#VALUE!	#VALUE!	FALSE	FALSE
#VALUE!	FALSE	#VALUE!	#VALUE!	#VALUE!	FALSE	FALSE
#VALUE!	TRUE	#VALUE!	#VALUE!	#VALUE!	FALSE	FALSE
#VALUE!	FALSE	#VALUE!	#VALUE!	#VALUE!	FALSE	FALSE

將公式依序貼在一般儲存格，可了解 B5(可查閱測試工作表的 B12) 會上色。你可以點選某些儲存格就可以知道，AND 參照的位置，原則上，$E1 只會在 E 欄移動，而 YEAR(A1) 比對整個表格的儲存格。

A8:G13 是第 2 個表格。其公式是：

```
OR(YEAR($B8)=2021,$E8="標籤")
```

YEAR 是判斷 $B8 是否等於 2021，鎖定 B 欄跟 E 欄，OR 是只要其中一個是 TRUE 就是 TRUE。

訂單序號	訂單日期	客戶名稱	區域	產品名稱	售價	數量
TRUE	TRUE	TRUE	TRUE	TRUE	TRUE	TRUE
FALSE	FALSE	FALSE	FALSE	FALSE	FALSE	FALSE
TRUE	TRUE	TRUE	TRUE	TRUE	TRUE	TRUE
TRUE	TRUE	TRUE	TRUE	TRUE	TRUE	TRUE
FALSE	FALSE	FALSE	FALSE	FALSE	FALSE	FALSE

上表訂單序號的第 1 個 (測試工作表 A16) 是 OR(YEAR($B2)=2021,$E2=" 標籤 ")，這表示 B 欄跟 E 欄都沒變，只是上下移動，所以，只要相對位置是 TRUE，範圍之內的整列都標色。

接下來，交叉標色是在 I1:O6。

	I	J	K	L	M	N	O
1	訂單序號	訂單日期	客戶名稱	區域	產品名稱	售價	數量
2	AB20150001	2021/1/4	升堡	中區	標籤	20	10
3	AB20160188	2022/1/29	君偉	北區	電腦	20	20
4	AB20160338	2021/10/18	樂鳳	南區	標籤	20	30
5	AB20150039	2021/5/4	盛偉	中區	電腦	15000	2
6	AB20160243	2022/5/31	鳳傑	北區	電腦	15000	4

這個表的格式設定是：

I8:O6 的公式是：

```
OR($K1="君偉",I$1="區域")
```

logical1 是鎖定 K 欄，所以只能在客戶名稱移動，判斷 K 欄是否有君偉。logical2 是鎖定 1 列，判斷橫列表頭是否有區域。OR 只要其中一個是 TRUE 就是 TRUE。所以，形成交叉範圍標色。可參考測試工作表 I1:O6。

04 在每列或每欄找出最高或最低數值上色

我們將要說明找到表格的最大或最小數值並上色，這些函數包含MAX/MIN、LARGE/SMALL、PERCENTILE、QUARTILE、SUBSTOTAL，甚至新函數MAXIFS/MINIFS與AGGREGATE等。這裡使用MAX/MIN，但它們只是顯示最大/最小值，所以，需要一點技巧讓最大值成為TRUE。

開啟「14.4 在每列或每欄找出最高或最低數值上色.xlsx」。

	A	B	C	D	E	F
2		項目：	業務員	PC	NB	Monitor
3			小馬	27	25	25
4			小李	18	36	29
5			老周	16	24	22
6			小趙	25	8	35
7			阿仁	29	15	10
8			小天	47	14	35
9			德仔	26	15	45
10						
11		問題：	在每列或每欄找出最高或最低數值上色			
12		解答：	同上			

C2:C9是業務員資料，D2:F9是各產品的數量。想要找到各業務員的產品最大銷售量與各產品最小銷售量並上色提示。

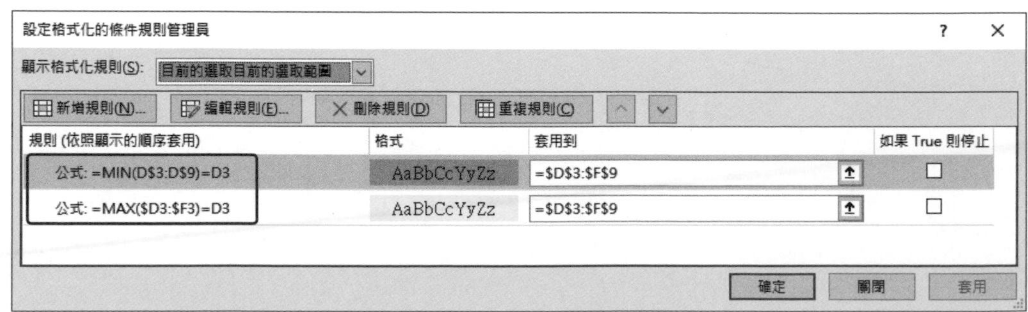

首先，找各產品最小值，選擇 D3:F9 範圍，公式是：

```
MIN(D$3:D$9)=D3
```

鎖住橫列，直欄可移動，=D3 沒有加上 $ 符號。所以，它是判斷 MIN(D$3:D$9)=D3、MIN(D$3:D$9)=D4…MIN(D$3:D$9)=D9， 得 到 FALSE、FALSE、TRUE…FALSE、FALSE，結果是 D5 標上顏色，PC 的銷量最少的是老周。

業務員	PC	NB	Monitor
小馬	FALSE	FALSE	FALSE
小李	FALSE	FALSE	FALSE
老周	TRUE	FALSE	FALSE
小趙	FALSE	TRUE	FALSE
阿仁	FALSE	FALSE	TRUE
小天	FALSE	FALSE	FALSE
德仔	FALSE	FALSE	FALSE

接下來，判斷業務員個人賣最多的產品，公式是：

```
MAX($D3:$F3)=D3
```

鎖住直欄，橫列移動，=D3 一樣沒有任何 $ 符號。所以，它是判斷 MAX(D3:F3)=D3、MAX(D3:F3)=E3、MAX(D3:F3)=F3，得到 TRUE、FALSE、FALSE，結果是 D3 標上顏色，表示小馬在這三種產品中，PC 賣最好。

業務員	PC	NB	Monitor
小馬	TRUE	FALSE	FALSE
小李	FALSE	TRUE	FALSE
老周	FALSE	TRUE	FALSE
小趙	FALSE	FALSE	TRUE
阿仁	TRUE	FALSE	FALSE
小天	TRUE	FALSE	FALSE
德仔	FALSE	FALSE	TRUE

05 相同字串就標色

本節要討論同表相同與不同的資料標上顏色問題，不用函數也可以達成，這裡會使用函數與條件式格式設定功能 2 種方法操作。

開啟「14.5 相同字串就標色 .xlsx」。

	A	B	C	D	E	F	G	H	I
2		項目：	姓名		姓名		姓名		姓名
3			周博東		周博東		周博東		周博東
4			黃要思		黃要思		黃要思		黃要思
5			歐陽豐		歐陽豐		歐陽豐		歐陽豐
6			段正存		段正存		歐陽豐		歐陽豐
7			周博東		周博西		周博東		周博東
8			洪漆宮		洪漆宮		洪漆宮		洪漆宮
9									
10		問題：	相同字串就標色						
11		解答：	如上						

C3:C8 是姓名資料，要找到相同姓名的儲存格。

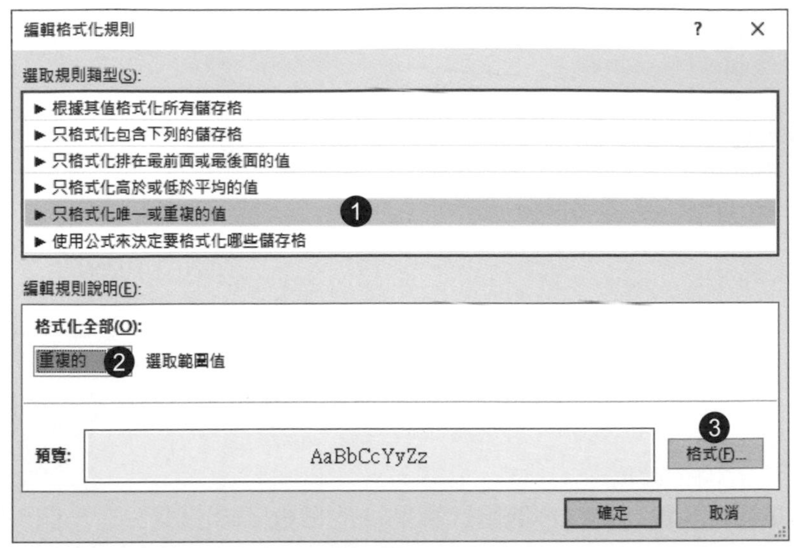

進入新增規則，點選**只格式化唯一或重複的值**，然後在格式化全部選擇**重複的**，接下來設定**格式**即可。C3 與 C7 是同樣姓名，所以，會上色提示。

接下來，看看 E 欄的設定。

範圍是 E3:E8，公式是 =LEFT(E3)=" 周 "。所以，E3 與 E8 的第一個字元是周，顯示顏色，表示相同。

G 欄設定跟 C 欄類似，只是在格式化全部選擇**唯一的**，就會將 G3:G8 的姓名是唯一值上色。

I 欄也是找唯一值的姓名，這次是用公式。

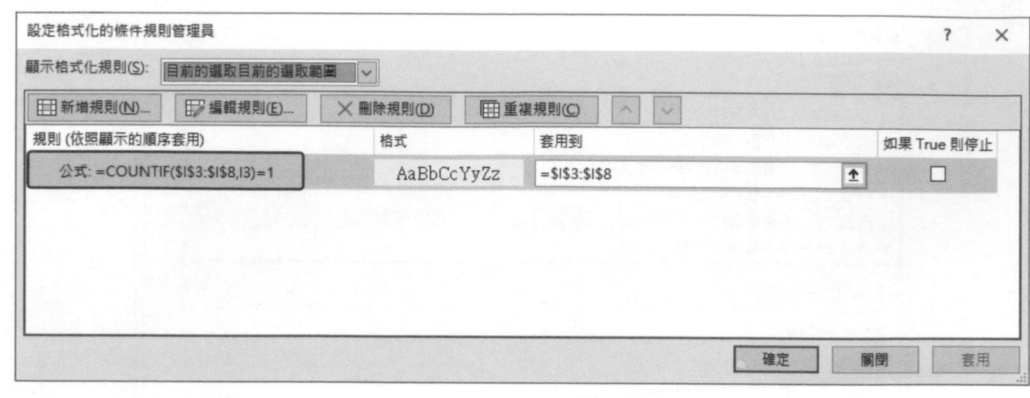


```
COUNTIF($I$3:$I$8,I3)=1
```

COUNTIF 是計算個數，在 I3:I8 範圍計算是 I3 的個數，=1 就是只有一個，需要標上顏色。

姓名	COUNTIF	1
周博東	2	FALSE
黃要思	**1**	**TRUE**
歐陽豐	2	FALSE
歐陽豐	2	FALSE
周博東	2	FALSE
洪漆宮	**1**	**TRUE**

CHAPTER 15

條件式格式設定進階解析

上次我們應用簡單的數學邏輯符號判斷格式是否需要改變，只要了解簡單的判斷規則就能解決大部分的問題。本章將深入探討其他格式設定的問題。

本章重點

15.1 不同欄位標色法 - 性別顏色區隔

15.2 在行事曆上判斷週次與區間都是 TRUE 才上色

15.3 判斷連續兩格有符號即上色

15.4 比較各月銷售量是否超過計劃目標量

15.5 在日程表有預定 15 位以上就以色彩提醒

15.6 標示前面沒有出現的值

15.7 根據產品促銷階段將日期標上不同顏色

01 不同欄位標色法 - 性別顏色區隔

這次我們用 VLOOKUP 函數來判斷男女性別，參照表格的名稱與性別項目，來決定各名稱性別顏色的標示。參照資料不再是原來的儲存格，而是以其他儲存格的值來判斷是否改變格式。

開啟「15.1 不同欄位標色法 - 性別顏色區隔 .xlsx」。

	A	B	C	D	E	F
2		項目：	名稱	性別		
3			Amy	女		
4			Sam	男		
5			Peter	男		
6			May	女		
7			Andy	男		
8						
9		問題：	不同欄位標色法-性別顏色區隔			
10		解答：	象棋社	桌球社	熱舞社	英會社
11			Amy	Sam	May	Amy
12			Peter	May	Sam	Sam
13			May	Peter	Andy	Peter
14				Andy		May
15						Andy

C2:D7 是名稱與性別表，C10:F15 是個人參加設定的名單，將男性名稱標上藍色，女性名稱標上紅色。

首先，選擇 C3:C7，其他操作同上一章步驟。

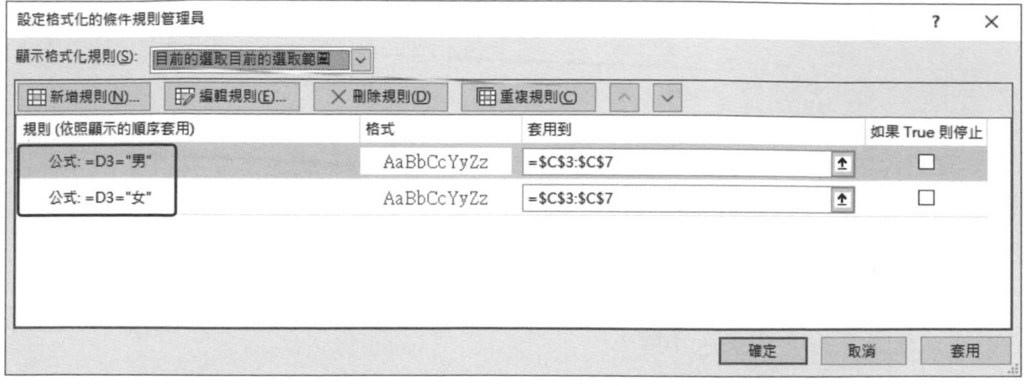

男性名稱的公式是：

```
=D3="男"
```

女性名稱的公式是：

```
=D3="女"
```

我們先選擇了 C3:C7，所以，會在這個範圍改變文字顏色。它會平行由上而下比對，因此，D3=" 男 "=FALSE，反映到 C3，Amy 不會改變顏色。然後，D3=" 女 "=TRUE，所以，Amy 成為紅色字體。以下類推。

接下來，我們看看社團參加人員姓名的格式變動。先選擇 C11:F15 的表格。

男性名稱的公式是：

```
=VLOOKUP(C11,$C$3:$D$7,2,0)="男"
```

此函數的 lookup_value=C11，是 Amy，因為引數沒有加上 $ 符號就是相對位置，它會在範圍內一個一個比對。look_array=$C$3:$D$7，這個引數有加上 $ 符號，所以，這是絕對位置，也就是這個範圍不會移動。col_index_num=2，這是查閱 C:D 欄的第 2 個，是 D 欄。查閱 Amy 是在 D3= 女，所以，是 " 女 "=" 男 "，這是 FALSE，因此不會變成藍色字體。

女性名稱的公式是：

```
=VLOOKUP(C11,$C$3:$D$7,2,0)="女"
```

這個跟上面類似，只是上面函數是等於男，這個是等於女，Amy 性別是女，所以，VLOOKUP 得到 " 女 "=" 女 "，答案是 TRUE，Amy 就成為紅色字體。

02 在行事曆上判斷週次與區間都是 TRUE 才上色

利用其他的資料判斷是否符合來決定顏色，我們在上節已經說明，這次是以 2 個因素來做為比對條件，TRUE 的話，2 個儲存格都要塗上同樣顏色提示。

開啟「15.2 在行事曆上判斷週次與區間都是 TRUE 才上色 .xlsx」。

	B	C	D	E	F	G	H	I	J
2	項目：		2022年週別行事曆						
3		週次	1	2	3	4	5	6	7
4		週區間	01/03~01/09	01/10~01/16	01/17~01/23	01/24~01/30	01/31~02/06	02/07~02/13	02/14~02/20
5			8	9	10	11	12	13	14
6			02/21~02/27	02/28~03/06	03/07~03/13	03/14~03/20	03/21~03/27	03/28~04/03	04/04~04/10
7			15	16	17	18	19	20	21
8			04/11~04/17	04/18~04/24	04/25~05/01	05/02~05/08	05/09~05/15	05/16~05/22	05/23~05/29
9			22	23	24	25	26	27	28
10			05/30~06/05	06/06~06/12	06/13~06/19	06/20~06/26	06/27~07/03	07/04~07/10	07/11~07/17
11			29	30	31	32	33	34	35
12			07/18~07/24	07/25~07/31	08/01~08/07	08/08~08/14	08/15~08/21	08/22~08/28	08/29~09/04
13			36	37	38	39	40	41	42
14			09/05~09/11	09/12~09/18	09/19~09/25	09/26~10/02	10/03~10/09	10/10~10/16	10/17~10/23
15			43	44	45	46	47	48	49
16			10/24~10/30	10/31~11/06	11/07~11/13	11/14~11/20	11/21~11/27	11/28~12/04	12/05~12/11
17			50	51	52				
18			12/12~12/18	12/19~12/25	12/26~01/01				
19									
20	問題：	在行事曆上判斷週次與區間都是TRUE才上色							
21	解答：	如上							

D3:J18 是年度週別行事曆，上列是週次，如 D3:J3，下列是每週區間，如 D4:J4。L:N 是需要比對資料，其中 D3:D4 比對 L:M，如果正確，就顯示 N 欄同序數的資料。也就是行事曆上綠色要穿綠色服裝，白色穿白色服裝。

選擇 D3:J18，然後，啟動條件式格式設定。公式是：

```
OR(❸
    IFERROR(❶
        VLOOKUP(D3,$L$4:$N$18,3)="綠色",
        0
```

```
    ),
    IFERROR(❷
        VLOOKUP(D3,$M$4:$N$18,2)="綠色",
        0
    )
)
```

1. VLOOKUP 的 lookup_value 是 D3=1，lookup_array 是 L4:N18，col_index_num 是 3，服裝顏色欄。L 欄週次沒有 1，所以會顯示錯誤值，前面有 IFERROR 函數，value_if_error=0，所以答案是 0。

列數	D	E	F	G	H	I	J
9	0	0	0	FALSE	**TRUE**	FALSE	**TRUE**
10	0	0	0	0	0	0	0
11	FALSE	**TRUE**	FALSE	**TRUE**	FALSE	TRUE	FALSE
12	0	0	0	0	0	0	0
13	**TRUE**	FALSE	**TRUE**	FALSE	FALSE	FALSE	FALSE

整個公式在範圍內，往下往右判斷是否等於綠色 G9=25，得到 FALSE，H9=26，得到 TRUE…。

2. 這個公式跟上面類似，只是 VLOOKUP 的 lookup_array 是 M:N，這是比對 M 欄的週區間，col_index_num 是 2，一樣是服裝顏色欄 (N 欄)。

列數	D	E	F	G	H	I	J
9	0	0	0	0	0	0	0
10	0	0	0	FALSE	**TRUE**	FALSE	**TRUE**
11	0	0	0	0	0	0	0
12	FALSE	**TRUE**	FALSE	**TRUE**	FALSE	**TRUE**	FALSE
13	0	0	0	0	0	0	0

從上面兩個公式可知，一個判斷週次；另一個判斷區間。

3. OR 是其中有一個 TRUE，就是 TRUE。所以，週次是 TRUE 或者週區間是 TRUE，通通是 TRUE，就可以標上顏色。

03 判斷連續兩格有符號即上色

上節使用兩個公式來判斷上下兩格是否等於參照表格的值，以此狀況來決定儲存格顏色。這節也是多格上色，但是用連續兩格是 TRUE 才決定顏色。

開啟「15.3 判斷連續兩格有符號即上色 .xlsx」。

	A	B	C	D	E	F	G	H	I
2		項目：	產品	2017	2018	2019	2020	2021	2022
3			冰箱		●			●	●
4			洗衣機	●	●			●	
5			電視機			●			
6			冷氣機	●			●	●	
7			吸塵器		●	●	●		●
8									
9		問題：	判斷連續兩格有符號即上色						
10		解答：	如上						

C2:I7 是產品表，要連續 2 格都有黑圓點才上色。選擇 D3:I7，啟動條件式格式設定，公式是：

```
OR(
    AND(C3="●",D3="●"),
    AND(D3="●",E3="●")
)
```

先判斷 C3 與 D3 是否都是黑圓點，然後判斷 D3 與 E3，其中一個是 TRUE 就是變成紅色。如果只判斷一個 AND 的話，就只有一個會上色。

也可以用這個方法。

```
OR(AND(C3:D3="●"),AND(D3:E3="●"))
```

如果要判斷三個連續黑圓點的話，可用這個公式。可參考工作表 2。

```
OR(AND(B3:D3="●"),AND(C3:E3="●"),AND(D3:F3="●"))
```

用 COUNTIFS 直接計算圓黑點也是可以的。

```
COUNTIFS(B3:D3,"●",C3:E3,"●",D3:F3,"●")
```

04 比較各月銷售量是否超過計劃目標量

統計表有合計欄位加總各產品各月份的分店銷售量，要判斷各店的目標是否達成，所以，要將目標與實際銷量進行比對，應用 OFFSET 跳格的功能擷取銷售量合計，才能跟目標進行比對判斷並上色。

開啟「15.4. 比較各月銷售量是否超過計劃目標量 .xlsx」。

	A	B	C	D	E	F	G
2		項目：	分店	產品	1月_銷量	2月_銷量	3月_銷量
3			台北店	筆電_A	10	13	15
4			台北店	筆電_B	20	22	25
5			台北店	筆電_C	15	18	9
6				合計	45	53	49
7			台中店	筆電_A	15	21	19
8			台中店	筆電_B	23	25	29
9				合計	38	46	48
10			高雄店	筆電_C	30	29	30
11			高雄店	筆電_D	25	17	28
12				合計	55	46	58
13							
14		問題：	比較各月銷售量是否超過計劃目標量				
15		解答：	分店	1月_目標	2月_目標	3月_目標	
16			台北店	50	50	60	
17			台中店	40	45	46	
18			高雄店	45	50	55	

C2:G12 是各分店各月的產品銷售量，C15:F18 是各分店各月的目標數字，所以，要進行各店各月合計與目標進行比對，超過目標就上色。

選擇 D16:F18，然後啟動條件式格式設定，公式是：

```
D16❹
    <=
OFFSET(❸
    $D$2,
        SMALL(❷
            IF($D$2:$D$12="合計",ROW($1:$11)),❶
            ROW(A1)
        )-1,
    COLUMN(A1)
)
```

1. 用 IF 來判斷合計的位置。得到 {FALSE;FALSE;FALSE;FALSE;5;FALSE;FALSE;8;FALSE;FALSE;11}。合計在 5、8、11 的位置。
2. SMALL 的 k=1 是找出最小值，然後扣掉 1，因為 OFFSET 的 refence 是從 0 開始。5-1=4。
3. OFFSET 的 reference=D2，往下 4 格，往右 1 格到了 E6=45。
4. D16=50 小於 45，所以，得到 FALSE，不用上色。

05 在日程表有預定 15 位以上就以色彩提醒

我們大部分都使用原來的表格根據邏輯判斷來上色，這次我們使用 VLOOKUP 函數來查閱並比對其他表格的值是否符合條件。

開啟「15. 5. 在日程表有預定 15 位以上就以色彩提醒 .xlsx」。

	A	B	C	D	E	F	G	H	I	J
2		項目：	5月份預定表							
3				週日	週一	週二	週三	週四	週五	週六
4			上午	5/1	5/2	5/3	5/4	5/5	5/6	5/7
5			下午	5/1	5/2	5/3	5/4	5/5	5/6	5/7
6			上午	5/8	5/9	5/10	5/11	5/12	5/13	5/14
7			下午	5/8	5/9	5/10	5/11	5/12	5/13	5/14
8			上午	5/15	5/16	5/17	5/18	5/19	5/20	5/21
9			下午	5/15	5/16	5/17	5/18	5/19	5/20	5/21
10			上午	5/22	5/23	5/24	5/25	5/26	5/27	5/28
11			下午	5/22	5/23	5/24	5/25	5/26	5/27	5/28
12			上午	5/29	5/30	5/31				
13			下午	5/29	5/30	5/31				
14										
15		問題：	在日程表有預定15位以上就以色彩提醒							
16		解答：	如上							

C3:J13 是 5 月份預定表，要比對下表上下午的日期 (L3:P8)，找到日期且預定量超過 15 位 (含) 以上，就在原來的預訂表上色。

上午	預定量
5/4	15
5/8	25
5/15	34
5/19	17
5/27	9

下午	預定量
5/8	21
5/13	18
5/17	9
5/23	31
5/28	26

因為是兩種顏色標示，所以，要分 2 次處理。首先，選擇 D4:J4、D6:J6、D8:J8、D10:J10 與 D12:F12，然後啟動條件式格式設定，公式是：

```
VLOOKUP(G4,$L$4:$M$8,2,0)>14
```

lookup_value=G4，這是 5/1。

table_array=L4:M8，這是日期的上午資料。

col_index_num=2，這是預定量數值。日期符合時，顯示預定量。

range_lookup=0，這是日期要完全符合才是 TRUE。

最後，VLOOKUP 取得的值需要大於 14 才是 TRUE，上色。

另外一個下午的處理先要選擇 D5:J5、D7:J7、D9:J9、D1:J1 與 D13:F13。公式是：

```
VLOOKUP(D5,$O$4:$P$8,2,0)>14
```

Table_array 是 O4:P8，處理方式跟上面一樣。我們就可以得到下午符合資料時，標上另外一種顏色。

06 標示前面沒有出現的值

本節要取唯一值，而且是第一個出現的值標上顏色。在此我們回顧 1.3 章的座標法，其中將位址的座標值取出並進行比對，來判斷是否正確。我們也將應用這方法來處理這個問題。

開啟「15.6. 標示前面沒有出現的值 .xlsx」。

	A	B	C	D	E	F	G
2		項目：	數值				
3			1	1		11	8
4			2	10	1	11	7
5			2	2	9	7	10
6				4	7	5	9
7							
8		問題：	標示前面沒有出現的值				
9		解答：	如上				

C3:G6 是數值表，要將唯一值且前面沒有出現的值標示出來。選擇 C3:G6，然後啟動條件式格式設定，其公式是：

```
IF(
    C3<>"",❶
    MIN(❹
        IF(❷
            $C$3:$G$6=C3,
            ROW($3:$6)*100+COLUMN($C:$G)❸
        )
    )
        =
    (ROW(A3)*100+COLUMN(C1))❺
)
```

1. IF 的 logical_test 判斷 C3 是否為空白，是的話，跳到 value_if_true；不是的話，跳到 value_if_false，但沒有 value_if_false 時，會取得 FALSE。

2. 來到第 2 個 IF，判斷 C3:G6 的表格是否等於 C3，往右拖曳複製時，成為 D3…，往下會成為 C4…。

3. 當 logical_test 判斷是 TRUE 時，來到 value_if_true，這是建立等於 C3(1) 的座標值。

303	304	305	306	307
403	404	405	406	407
503	504	505	506	507
603	604	605	606	607

4. MIN 是判斷最小值，得到 303。

5. 將 C3 轉成座標值，判斷是否等於 1 的最小座標值。303=303，答案是 TRUE。

最後，會得到：

TRUE	FALSE	FALSE	**TRUE**	**TRUE**
TRUE	**TRUE**	FALSE	FALSE	**TRUE**
FALSE	FALSE	**TRUE**	FALSE	FALSE
FALSE	**TRUE**	FALSE	**TRUE**	FALSE

TRUE 就會標上顏色提示。

07 根據產品促銷階段將日期標上不同顏色

甘特圖是專案行程控制圖，我們根據日期將時段上色。這裡有 2 種方法，畢竟條件式格式設定的公式只可使用一種顏色，所以，一是 2 個公式將符合條件標色；另外一種是根據儲存格的值來使用 2 種色彩。

開啟「15.7. 根據產品促銷階段將日期標上不同顏色 .xlsx」。

	B	C	D	E	F	G
2	項目：					
3		產品	第一階段		第二階段	
4		除濕機	2021/01/01	2021/06/30	2021/10/01	2022/02/28
5		冰箱	2021/04/01	2021/07/31	2021/08/01	2021/12/31
6		電視機	2021/02/01	2021/08/01	2022/01/01	2022/05/31
7		冷氣	2021/06/01	2021/10/31	2022/02/01	2022/10/31
8						
9	問題：	根據產品促銷階段將日期標上不同顏色				
10	解答：	如上				

C3:G7 是產品促銷規劃日期，根據 2 階段日期，在 I4:AF7 標上顏色。

選擇 I4:AF7，然後啟動條件式格式設定，其公式是：

```
AND(❸
    DATE(I$2,I$3,1)❶
        >=
```

```
    EOMONTH($F4,-1)+1,
    DATE(I$2,I$3,1)❷
        <=
    $G4
)
```

1. AND 有 2 個邏輯判斷式，第 1 個的 DATE 是 2021/1/1，是否大於等於 EOMONTH($F4,-1)+1，EOMONTH 是取得月底日期，F4 是 10/1，months=-1，來到 9/30，再加 1 回到 10/1。得到 1/1>=10/1，答案是 FALSE。

2. 第 2 個 DATE 是 2021/1/1，是否小於 2022/2/28(G4)，答案是 TRUE。

3. 所以，是 AND(FALSE,TRUE)，答案是 FALSE。不用上色。

淺藍色不用上色，但淺紅色需要上色。其公式是：

```
AND(DATE(I$2,I$3,1)>=EOMONTH($D4,-1)+1,DATE(I$2,I$3,1)<=$E4)
```

判斷方式跟上面類似，只是 EOMONTH 是 D4(2021/1/1)，而 E4(2021/6/30) 跟 DATE 進行比對。最後是 AND(TRUE,TRUE)，取得 TRUE 需要上色。

另外的處理方式，用一個公式判斷 2 種顏色，我們需要在 I9 撰寫公式才能根據答案來判斷是否需要標上顏色。其公式是：

```
IFERROR(❺
    1/(
        AND(
            DATE(I$2,I$3,1)>=EOMONTH($D4,-1)+1,❶
            DATE(I$2,I$3,1)<=$E4❷
        )
            +
        AND(
            DATE(I$2,I$3,1)>=EOMONTH($F4,-1)+1,❸
            DATE(I$2,I$3,1)<=$G4❹
        )*2
    ),
    ""
)
```

1. AND 有 3 個判斷式，DATE>=EOMONTH 跟上面公式一樣，是 2021/1/1>= 2021/1/1，答案是 TRUE。

2. 這是 2021/1/1<=2021/6/30，答案是 TRUE。AND(TRUE,TRUE)，答案是 TRUE。

3. 這是 2021/1/1>=2021/10/1，答案是 FALSE。

4. 這是 2021/1/1<=2022/2/8，所以，是 AND(FALSE,TRUE)，答案是 FALSE。

5. 因此，IFFERROR 的 value=1/(TRUE+FALSE*2)，這是 value 得到 1，IFERROR (1,"") 得到 1。

```
R9=IFERROR(1/(FALSE+TRUE*2),"") =IFERROR(0.5,"")，答案是0.5。
```

所以，得到儲存格是 1 或 0.5，我們就可以根據這兩個數值分別標色。

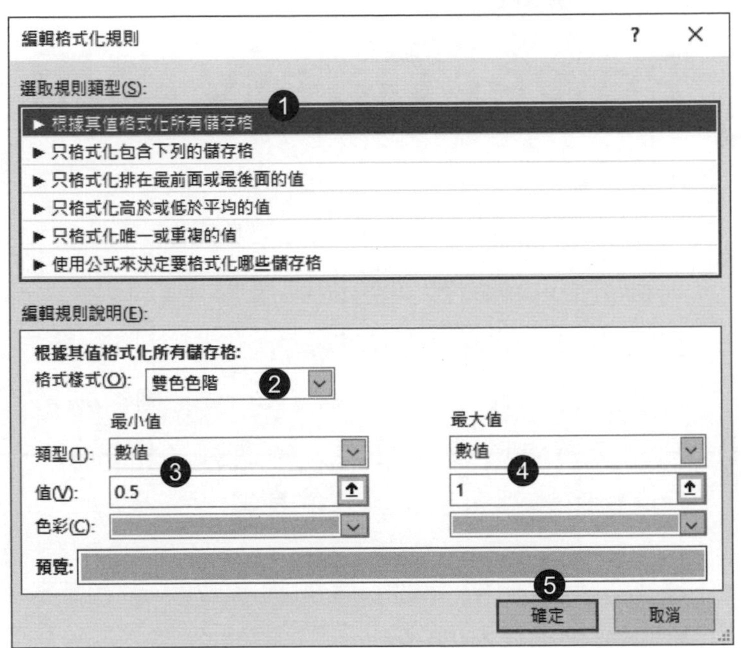

選擇 I9:F12，然後啟動**條件式格式設定 → 根據其值格式化所有儲存格 → 格式樣式 (雙色色階)→ 最小值 → 數值 → 值 (0.5)→ 色彩 → 最大值 → 數值 → 值 (1) → 色彩**。

他們就選根據其值標上適當顏色。

但是儲存格顯示值，要將它隱藏起來。按 **Ctrl+1→ 數值 → 自訂 → 類型：**;;;。輸入三個分號即可隱藏字串。

PART VI

第六篇

Power Query 應用

前面的Excel函數與功能區應用可以解決大部分的資料整理與轉換問題，但在檔案合併與附加功能方面，Excel卻顯得力有未逮。Power Query能夠解決許多Excel本身無法處理的資料整理、轉換與合併問題。在Excel、PowerBI中都可以看到它的身影。

通常決策者想要得到簡單的數字或視覺化圖表，以便他們能在複雜與工作環境之中，迅速下決策。但是，資料實在太多與繁雜，所以，他們需要整理原始資料並且分析。

資料處理過程從收集、儲存、清洗、分析與視覺化，Excel都可以處理，只是程度的大小。Excel為了符合簡單與普遍性，所以無法面面俱到。

然而，就如下圖，數據結構非常多樣化，有些數據共存在 Excel 的儲存格或直欄中，使得取得分析結果之前，需要更進一步解決資料不完整、錯誤、混雜或重複問題。

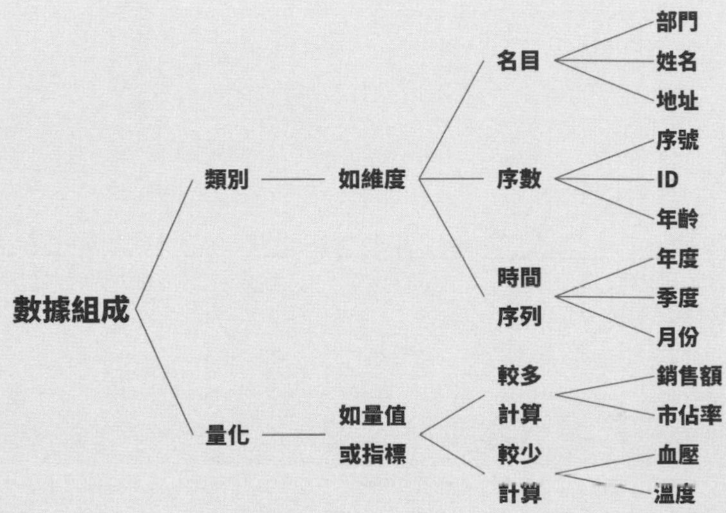

因此，在得到分析結果與更進一步視覺化之前，要將收集與儲存的資料進行數據 ETL 工程，擷取 -Extract、清洗轉換 -Transform、載入 -Load。

POWER QUERY(PQ) 就是處理 ETL 問題。然而，PQ 功能非常強大與複雜而且有些功能在 EXCEL 函數與功能區操作就能處理大部分的問題，所以，本篇著重於資料的轉換，還有工作表或檔案的合併與附加查詢功能。另外，以大數據而言，PQ 的處理速度比 EXCEL 快很多。

CHAPTER

16

單表應用

本章將說明單表的資料合併來快速解決表格轉換的問題，使用向上填入(橫列資料)與資料行合併的方法，進行橫列或直欄(行)的合併。另外，也會說明取消資料行樞紐與樞紐資料行。

本章重點

- 16.1 網路爬蟲資料 - 直欄清單轉表格
- 16.2 將參與人員根據時間群組
- 16.3 表格轉為直欄清單
- 16.4 將專案的日程階段表格轉直欄顯示
- 16.5 員工休假表整理成工作清單

PQ 有很多匯入資料方式，一個是從 Excel 處理；另一個是在 PQ 編輯器開啟。

Excel 匯入

原工作表：

資料 → 取得即轉換資料 → 從表格範圍。

建立表格 (結構化參照) 後，直接進入 PQ 編輯器，完成後建立新表。改檔名或移檔 PQ 不會產生錯誤參照。也可以直接在表格上按 Alt A P Q。

檔案匯入 (原檔或外檔)：

資料 → 取得即轉換資料 → 取得資料 → 從檔案 → 從 Excel 活頁簿 (選擇檔案)。

導覽器 → 載入，新建工作表。

導覽器 → 載入至，可以選擇想要存放的地方與格式。

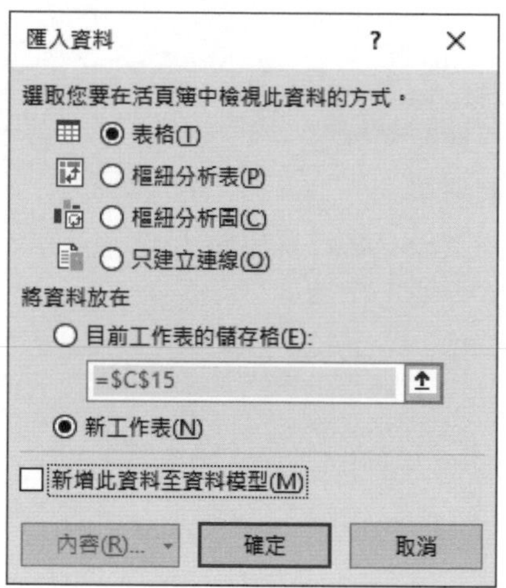

導覽器 → 轉換資料，直接進入 PQ 編輯器。

資料 → 取得及轉換資料 → 取得資料 → 從其他來源 → 空白查詢，可以自行建立資料表或用 M 語言 (PQ 專屬語言) 匯入資料。

PQ 匯入

常用 → 新來源 → 取得資料 → 檔案 →Excel 活頁簿。

常用 → 新來源 → 其他來源 → 空白查詢。

都是直接匯入資料。

還有內部工作表與外部檔案可以混合使用，建立查詢表。PQ 資料移動時，可能會發生資料路徑錯誤，請參考下一章說明。

如果已建立查詢表就可以在表格上按 Alt D D E 直接進入 PQ 編輯器。

如果都還沒建立，在資料儲存格上按 Alt A P T，先建立表格後，就進入 PQ 編輯器。

01 網路爬蟲資料 - 直欄清單轉表格

從網路可以取得資料，但這些資料可能跟 Excel 的設定不一致，因此，我們必須將它整理成可閱讀的格式。這節是從政府的網站下載的天氣資料，下載之後，是一欄式清單，我們要將它轉成 5 欄式的表格。當然，用函數也可以解決，這次我們用 PQ 的功能將它轉成表格。

開啟「16.1. 網路爬蟲資料 - 直欄清單轉表格 .xlsx」。

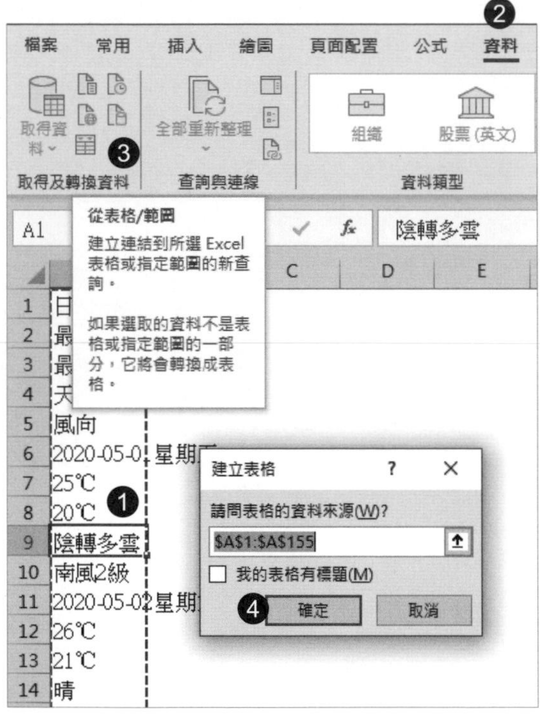

將資料轉為表格。

1. 點選有資料的儲存格，預備將這資料範圍轉成表格。
2. 點選功能區的**資料**。
3. 然後，點選**取得及轉換資料 → 從表格 / 範圍**。
4. 顯示建立表格視窗，這份資料沒有標題，不用勾選。最後，按**確定**。

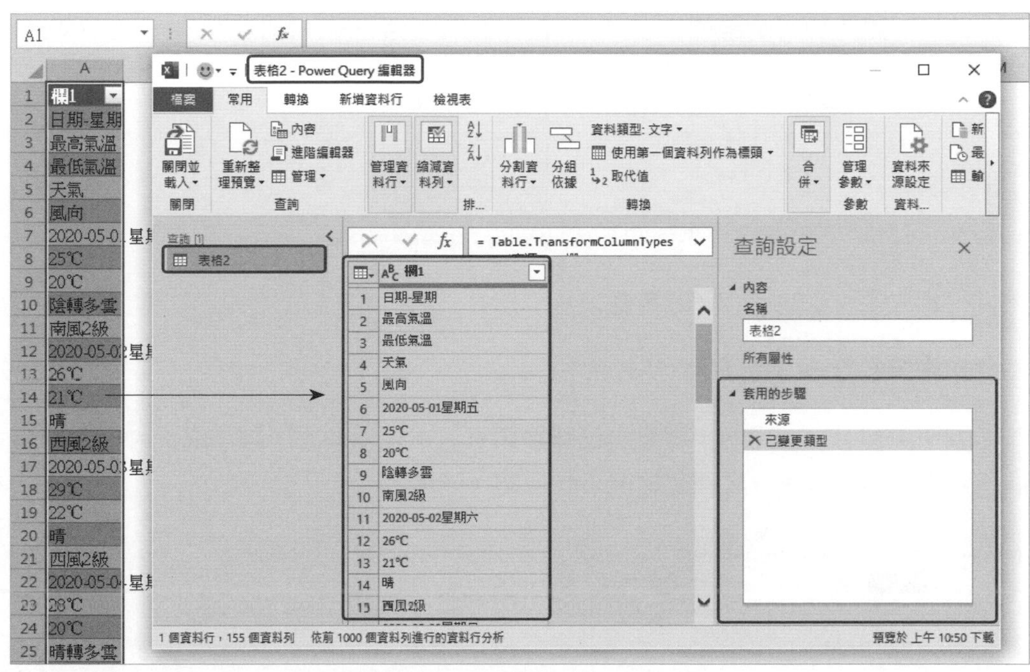

接下來，直接進入 PQ。左側欄是查詢，現在有表格 2(不一定是 2，要看你的 Excel 當時環境而定)，資料就會導入在中間資料區裡。右側欄是查詢設定，每操作一次就會在套用的步驟顯示操作訊息。PQ 沒有復原鍵，所以，一旦操作錯誤，可以按右側欄查詢設定的叉號取消此步驟。

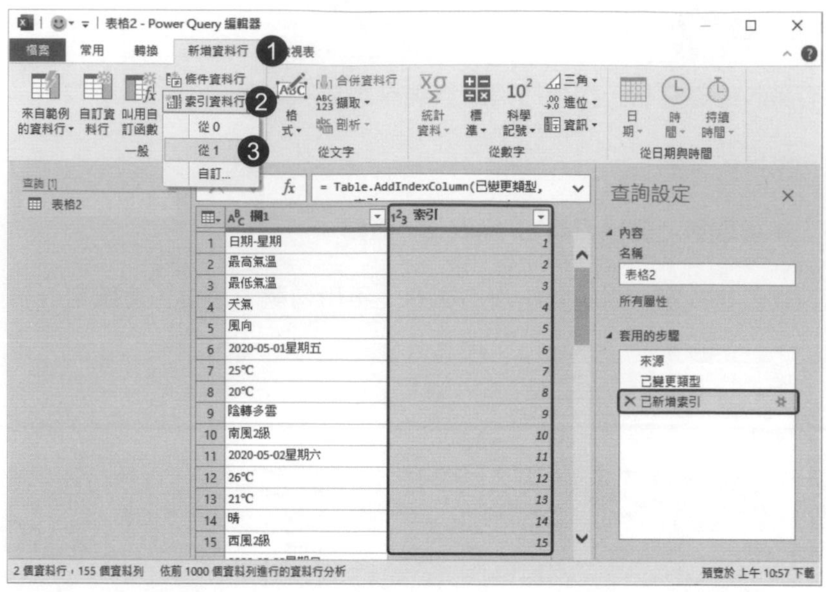

然後，創立索引資料行 (Excel 為欄)。

點選**新增資料行 → 索引資料行 → 從 1**。

新增索引資料行，套用的步驟新增**已新增索引**。這是輔助行，為了讓資料行進行轉換所需要的數字依據，處理完之後，此行即可移除。

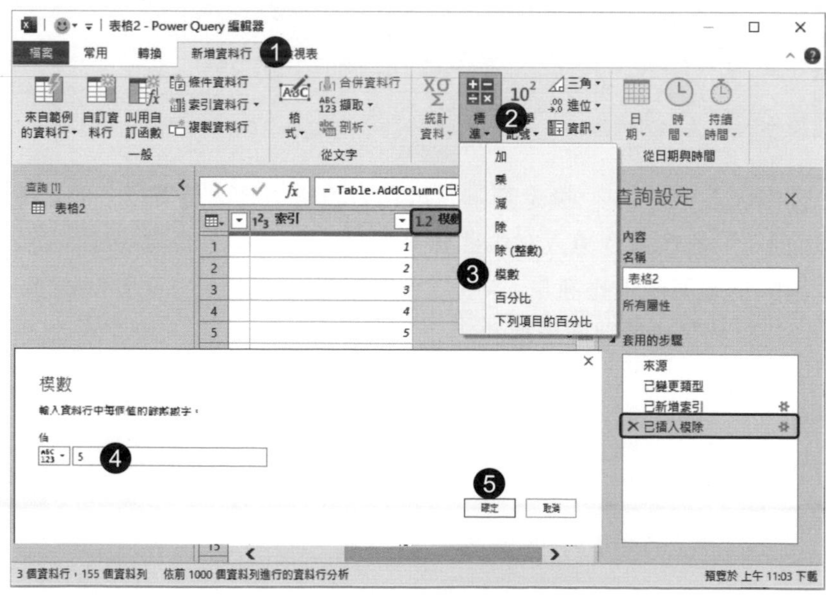

建立模數資料行。

然後點選**新增資料行 → 標準 → 模數**。顯示視窗輸入 5 再按**確定**。

模數 (MODE) 是取餘數，1/5 餘數是 1，2/5 餘數是 2…5/5 餘數是 0…以此類推。因為根據資料，它是 5 欄 (行) 的表格，所以，我們要取得 5 個數字的循環，除以 5 的餘數即可。

操作樞紐資料行。

接下來，點選**模數**資料行的標頭，再按**轉換 → 樞紐資料行**。

顯示樞紐資料行視窗，點選**值資料行：欄 1→ 進階選項 → 彙總值函數：不要匯總 → 確定**。

選擇模數資料行是為了將每列的資料依序轉成各行，1、 2、3…是標頭名稱。而值資料行是欄 1，會將資料依序移到 1、2、3 行…底下。欄 1 是文字型資料，所以，使用**不要彙總**選項。

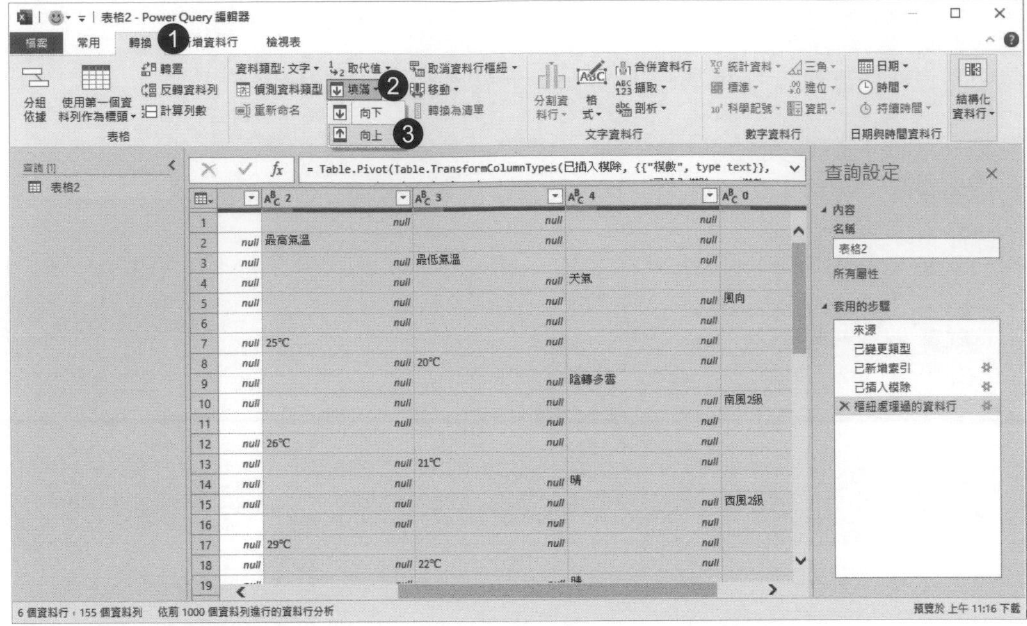

將資料往上填滿。

選擇 2、3、4 與 0 的標題，點選**轉換 → 填滿 → 向上**。

將 1 資料行的空白移除。

在 1 標頭點選滑鼠右鍵 **→ 移除空白**。

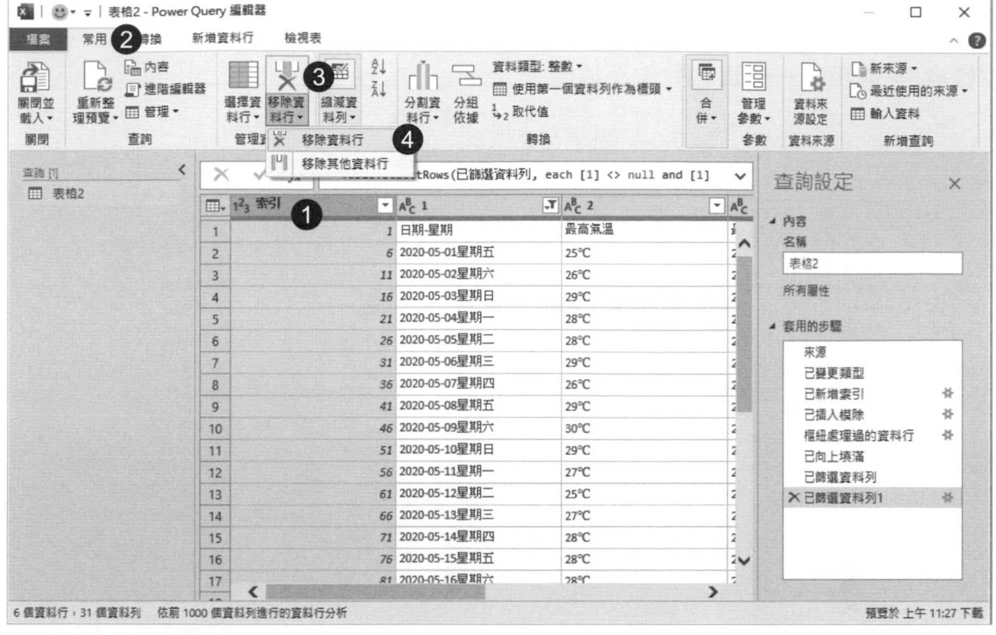

移除多餘資料行。

點選**索引**資料行 → **常用** → **移除資料行** → **移除資料行**。

將第一個資料列作為標頭。

按**轉換 → 使用第一格資料列作為標頭**。

最後，按**常用 → 關閉並載入 → 關閉並載入**。

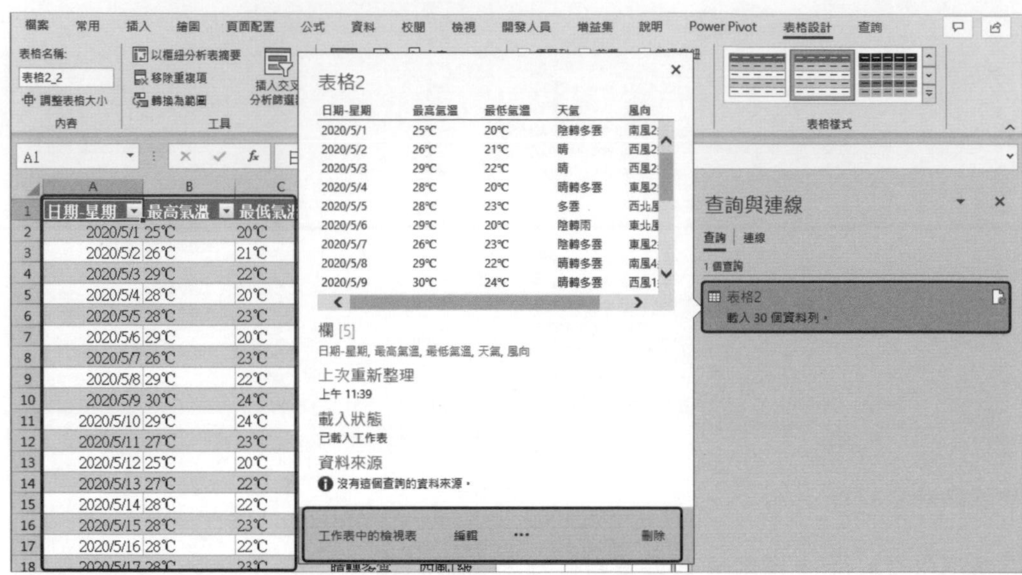

整理好的資料顯示在新工作表，游標放在右側欄的表格 2，顯示視窗，可以在底下檢視表操作。

02 將參與人員根據時間群組

上節說明如何用向上填入功能將資料彙總，這次我們要操作如何將資料行合併彙總，並產生時間群組的資料表。

開啟「16.2. 將參與人員根據時間群組 .xlsx」。

將原始資料建立表格。

點選有資料的任何儲存格，按資料 → **取得及轉換資料 → 從表格 / 範圍。**

顯示視窗，勾選**我的表格有標題**，再按**確定**。

啟動 PQ，建立索引資料行。

點選**新增資料行 → 索引資料行 → 從 0**。

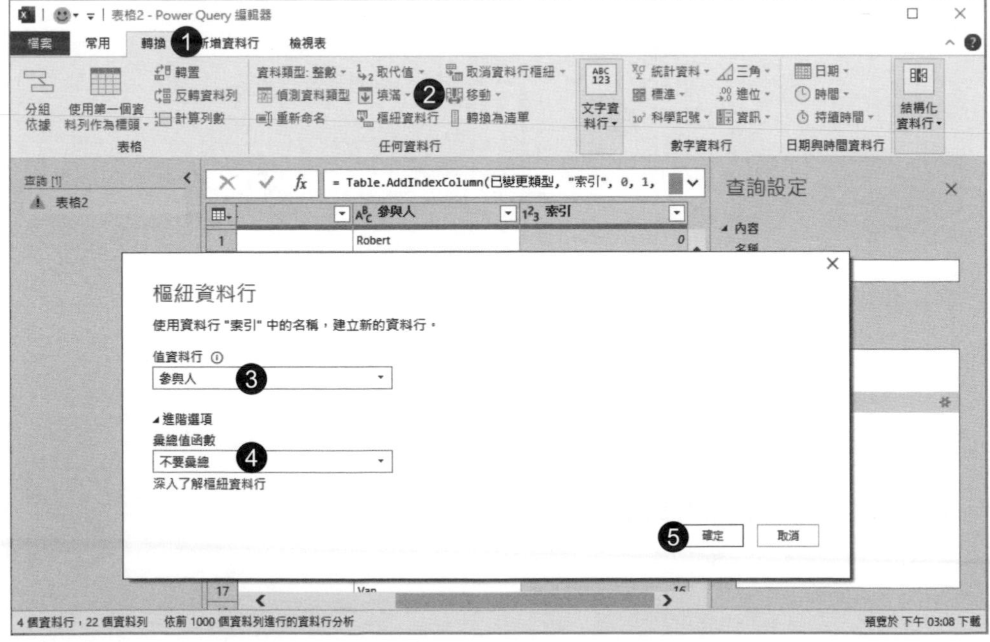

使用樞紐資料行轉換資料。

點選**轉換 → 樞紐資料行 → 值資料行：參與人 → 進階選項 → 彙總值函數：不要彙總 → 確定**。

本來資料

日期	主題	參與人	索引
5/3	表格	Robert	0
5/3	表格	Amy	1
5/3	表格	John	2
5/15	介面	Sam	3
5/15	介面	Sherry	4

→

樞紐資料行

日期	主題	0	1	2	3	4
5/3	表格	Robert	Amy	John		
5/15	介面				Sam	Sherry

以索引資料行為軸建立新的資料行，值 (參與人) 就放在各個新建立的索引 (數字) 資料行裡面，日期與主題同樣字串成為唯一值。

操作資料行的合併。

上次是資料列往上填滿，這次是多資料行合併。首先，選擇 0 資料行到最後一行 → **轉換 → 合併資料行**。

顯示合併資料行視窗，選擇**分隔符號：空格 → 確定**。可以新增資料行名稱，或在資料表更改標頭名稱。

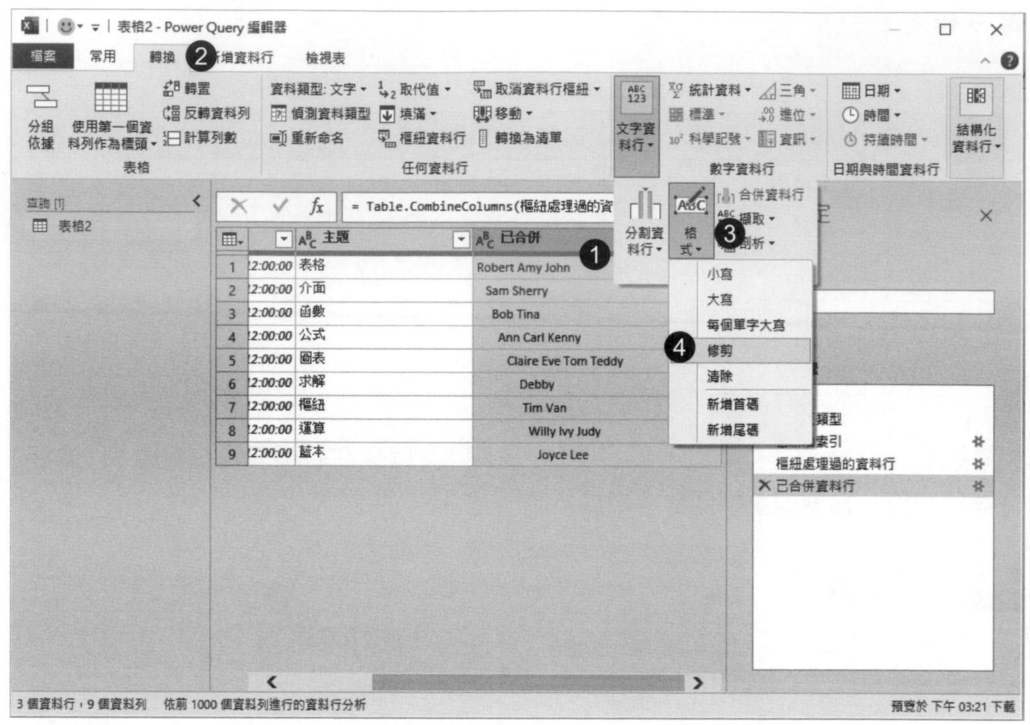

修剪前後字串空格。

點選已合併資料行 **→ 轉換 → 文字資料行 → 格式 → 修剪**。

將逗號 (,) 替換空格。

點選已合併資料行 → **常用** → **取代值**。

顯示取代值視窗 → **要尋找的值：空格**（按鍵盤的空間棒）→ **取代為：,** → **確定**。

標頭更改適當的名稱，也可以在 Excel 修訂。

最後，按**常用** → **關閉並載入** → **關閉並載入**。

03 表格轉為直欄清單

上一節說明**樞紐資料行**，這次學習反過來**取消資料行樞紐**。樞紐資料行的功能是將目標資料行轉成標頭的資料列，而特定值就會轉到適當的位置。取消資料行樞紐是反過來操作。

開啟「16.3. 表格轉為直欄清單 .xlsx」。

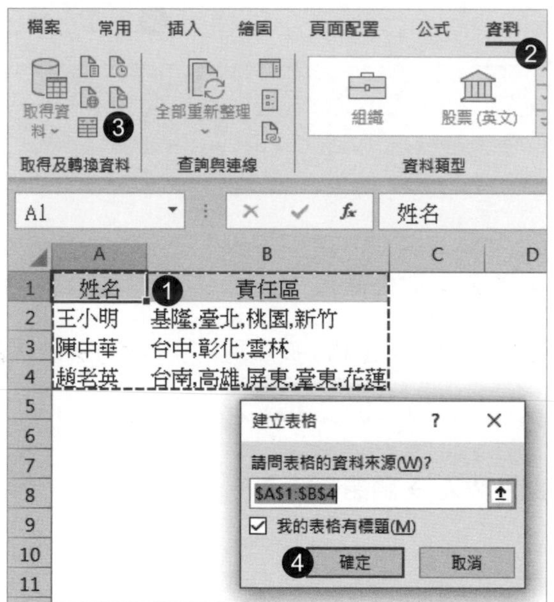

將原始資料建立表格。

點選有資料的任何儲存格，按資料 → **取得及轉換資料 → 從表格 / 範圍。**

顯示視窗，勾選**我的表格有標題**，再按**確定**。

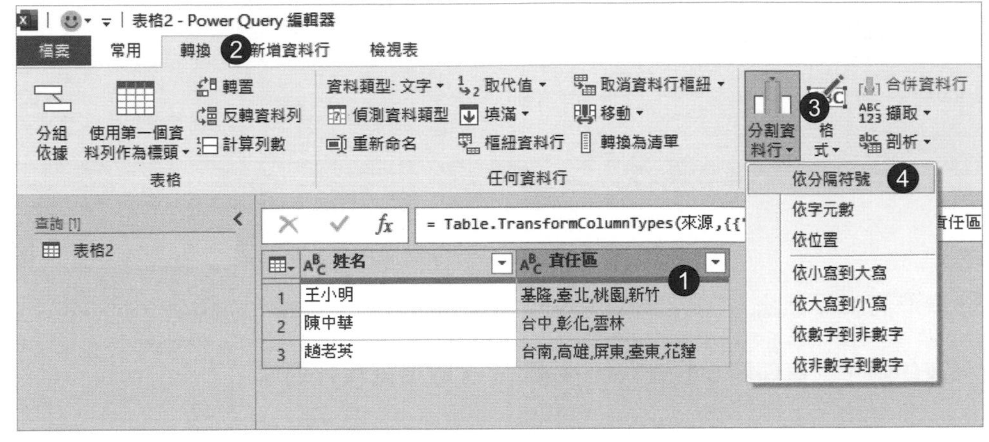

分割資料行的字串。

點選**責任區 → 轉換 → 分割資料行 → 依分隔符號**。

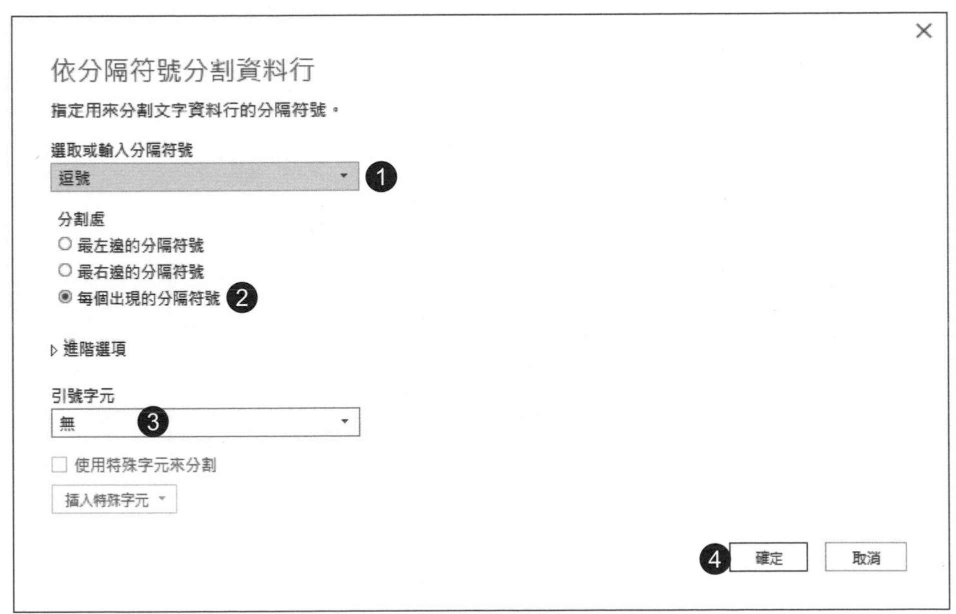

使用分隔符號分割資料行

在**選取或輸入分隔符號：逗號 → 分割處：每個出現的符號 → 引號字元：無 → 確定**。

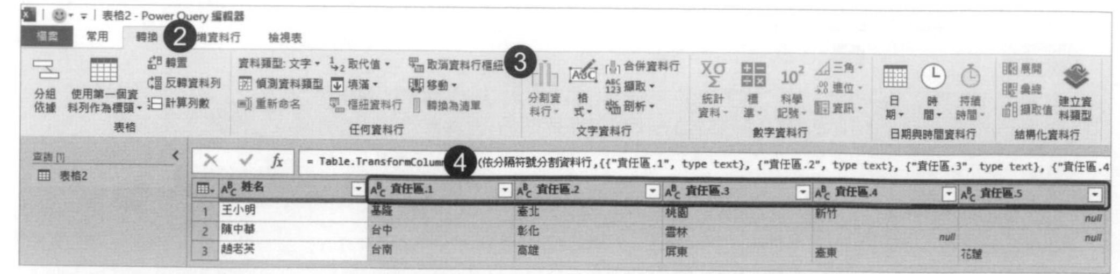

進行取消資料行樞紐。

選擇**責任區** 1 到**責任區** 5 的資料行 → **轉換** → **取消資料行樞紐**。

本來資料

姓名	責任區 .1	責任區 .2	責任區 .3	責任區 .4
王小明	基隆	臺北	桃園	新竹

→

取消資料行樞紐

姓名	屬性	責任區
王小明	責任區 .1	基隆
王小明	責任區 .2	臺北
王小明	責任區 .3	桃園
王小明	責任區 .4	新竹

資料整理。

1. 點選標頭 (值)2 下並更改為責任區。
2. 右鍵點選標題 (屬性)，顯示清單選項。
3. 按移除，將屬性行移除。

最後，按**常用** → **關閉並載入** → **關閉並載入**。

04 將專案的日程階段表格轉直欄顯示

本節要將表格有資料時，才轉為直欄清單，一樣會使用取消資料行樞紐。

開啟「16.4. 將專案的日程階段表格轉直欄顯示 .xlsx」。

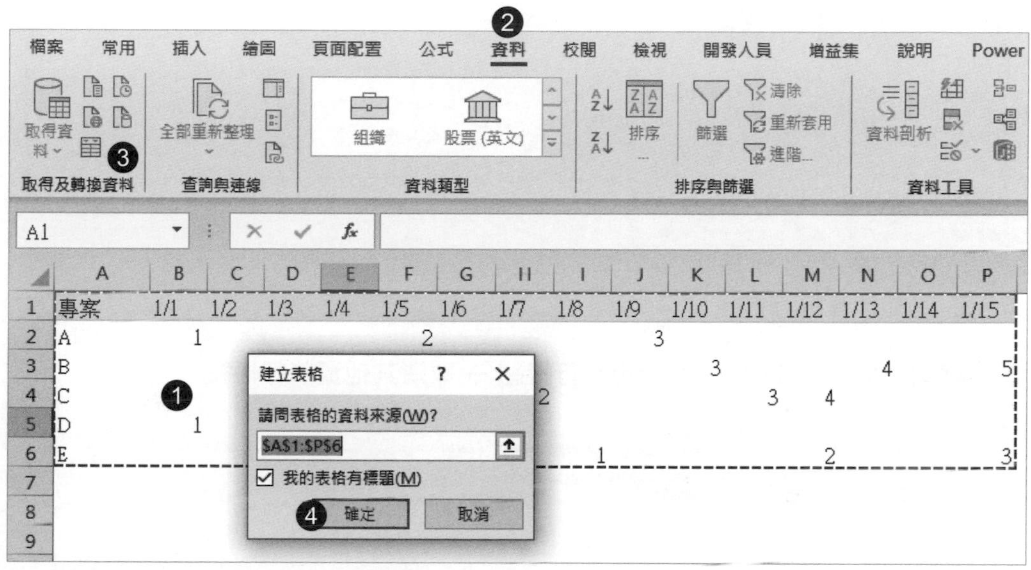

	A	B	C	D	E	F	G	H	I	J	K	L	M	N	O	P
1	專案	1/1	1/2	1/3	1/4	1/5	1/6	1/7	1/8	1/9	1/10	1/11	1/12	1/13	1/14	1/15
2	A	1				2				3						
3	B										3			4		5
4	C							2				3	4			
5	D	1														
6	E								1				2			3

將原始資料建立表格。

點選有資料的任何儲存格，按**資料 → 取得及轉換資料 → 從表格 / 範圍。**

顯示視窗，勾選**我的表格有標題**，再按**確定**。

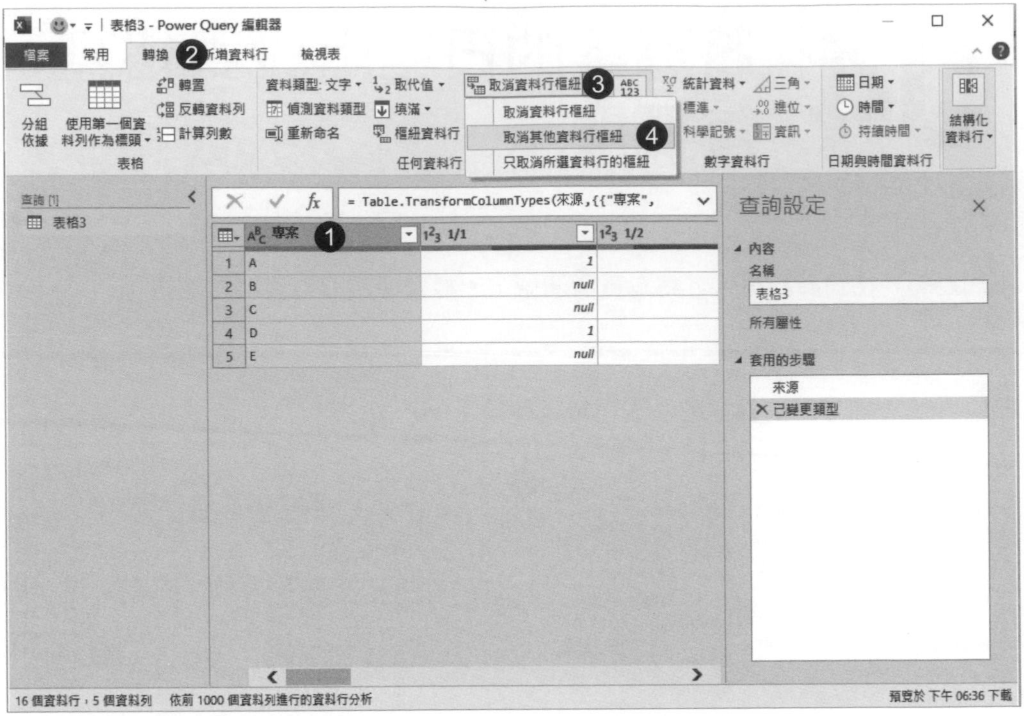

使用取消其他資料行樞紐。

點選**專案**資料行 → **轉換** → **取消資料行樞紐** → **取消其他資料行樞紐**。

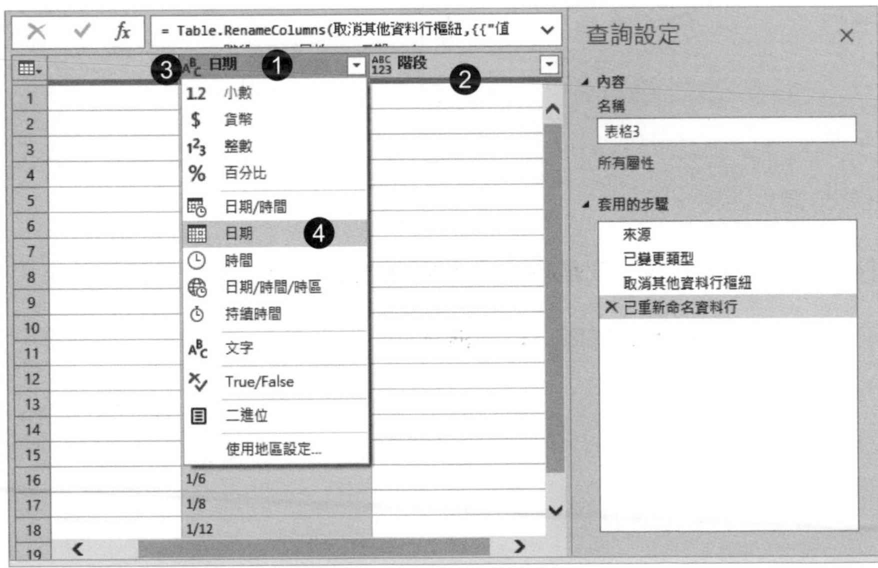

更改日期格式。

1. 點選屬性標頭改為日期。

2. 點選值改為階段。

3. 點選標頭旁邊的 ABC 格式符號。

4. 將文字格式改為日期格式。

最後，按**常用 → 關閉並載入 → 關閉並載入**。

05 員工休假表整理成工作清單

這次我們將使用新增資料表與 M 代碼，然後，根據資料行的日期新增星期數值。

開啟「16.5. 員工休假表整理成工作清單 .xlsx」。

將原始資料建立表格。

點選有資料的任何儲存格，按資料 → **取得及轉換資料 → 從表格 / 範圍。**

顯示視窗，勾選**我的表格有標題**，再按**確定**。

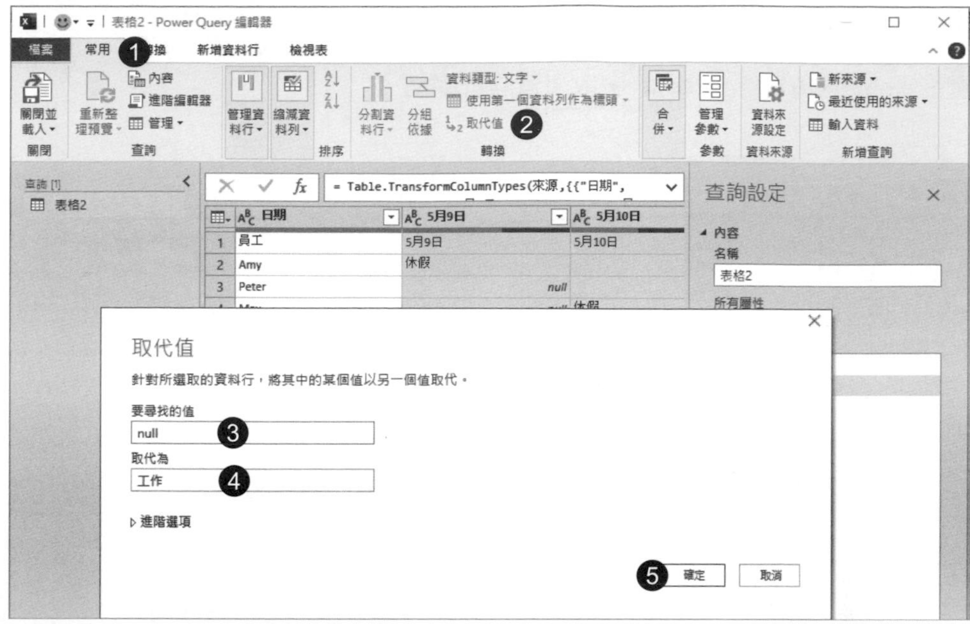

將工作字串取代空字串 (null)。

選擇 5/9~5/15 資料行 → **常用** → **取代值**。

顯示視窗，**要尋找的值：null→ 取代為：工作 → 確定**。

使用其他資料行樞紐。

點選 5/9~5/15 資料行 **→ 轉換 → 取消資料行樞紐**。

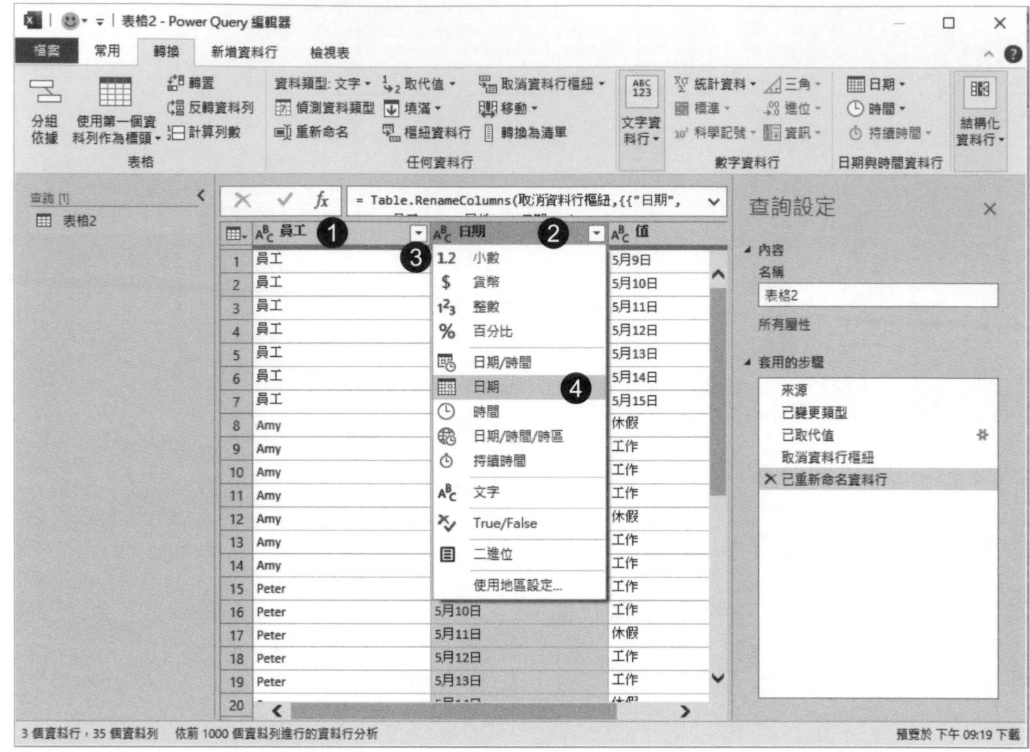

整理資料。

1. 將日期標頭改為員工。
2. 將屬性改為日期字串。
3. 點選標頭旁邊的 ABC 格式符號。
4. 將文字格式改為日期格式。

篩選工作資料。

點選**值**資料行右邊的篩選紐 → **工作** → **確定**。

建立星期資料行。

點選**新增資料行 → 自訂資料行**。

顯示自訂資料行視窗 **→ 新增資料行名稱：星期 → 自訂資料行公式**：=Date.DayOfWeek([日期]),0)**→ 確定**。

M 語言是區分大小寫，要輸入 [日期] 時，可以點選右側框裡的可用資料行 - 日期。

最後，按**常用 → 關閉並載入 → 關閉並載入**。當然，星期值也可以用 Excel 函數 WEEKDAY 處理。

CHAPTER

17

多表應用

本章要討論多表如何合併與附加查詢，要進行合併時，兩表至少要有一個相同標頭的資料行，以此相同行進行比對以便與其他行的資料匹配。所以，多表應用時，可以使用上一章**資料 → 從表格 / 範圍**來將資料匯入到 PQ，或點選**資料 → 取得資料**匯入資料到 PQ，或在 PQ 的**常用 → 新來源**匯入資料。要注意的是只用**取得資料**時，檔名更改或檔案移到其他地方就會產生錯誤，要重新找回檔案。

本章重點

- 17.1 多表合併 - 群組並列出產品名稱
- 17.2 附加其他檔案 - 群組並列出分店名稱
- 17.3 附加其他檔案 - 分組處理
- 17.4 多檔查詢 - 列出篩選全部資料
- 17.5 兩表多資料行比對合併
- 17.6 多表合併 - 文字彙總與數字合計

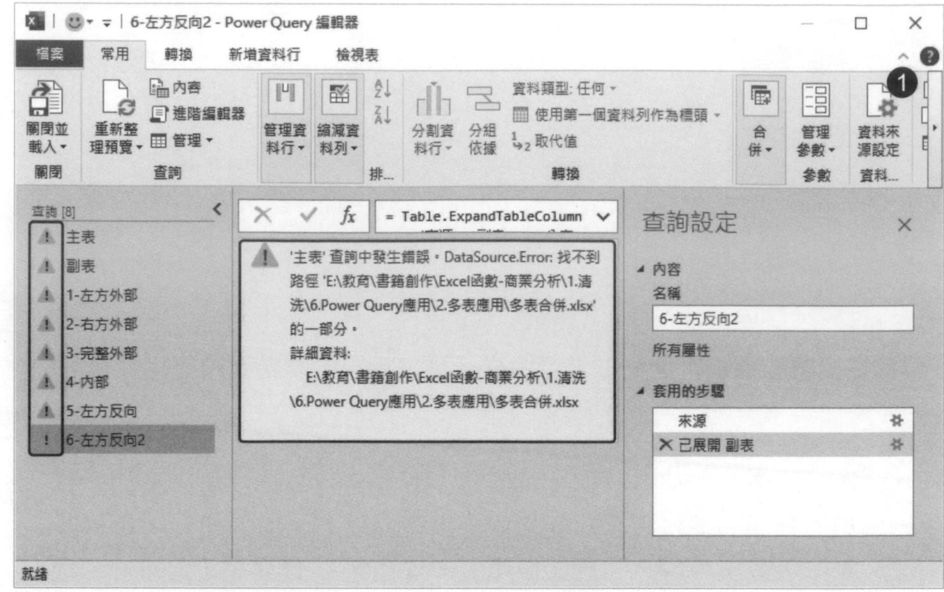

點選**常用 → 資料來源設定**。

點選目前活頁簿的資料**來源 → 變更來源 → 確定**。

如果你用**資料 → 從表格 / 範圍**的話，來源資料檔表框裡會顯示**目前活頁簿**。

01 多表合併 - 群組並列出產品名稱

將兩表根據相符的資料行比對並進行合併，透過相符的聯結資料行進行比對時，有許多種連結種類，此節也會說明這些種類的運作方式。

開啟「17.1. 多表合併 - 群組並列出產品名稱 .xlsx」。

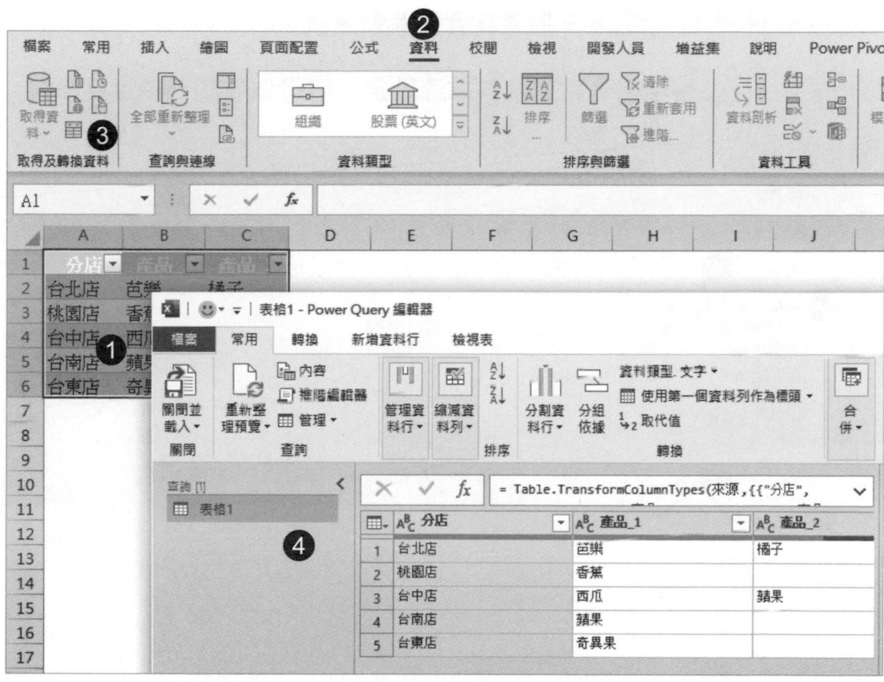

匯入 2 個資料表。

跟上一章　樣，使用**資料 → 從表格 / 範圍**匯入兩個資料表。表格 1 匯入之後，再按**常用 → 關閉並載入**，匯入第二個資料表。

建立新查詢表。

點選**常用 → 合併 → 合併查詢 → 將查詢合併為新查詢**。

左側查詢欄有 2 個表格名稱，點選**資料來源設定**，就可以看到**目前活頁簿**。

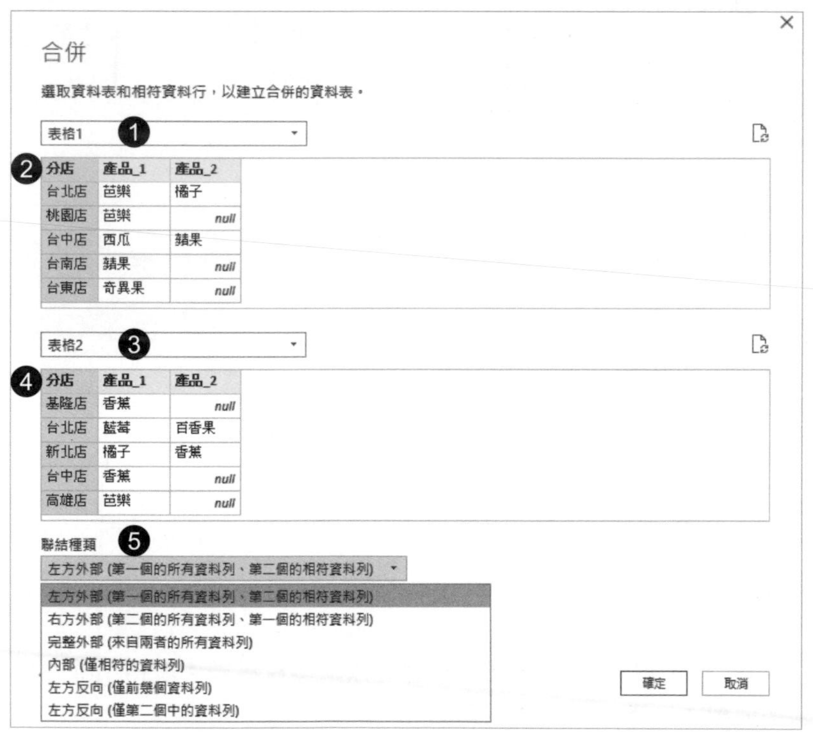

查詢聯結種類説明。

顯示合併視窗，上面主要資料表是**表格 1**，點選**分店**資料行當聯結資料行，然後，選擇下面**表格 2** 當次要資料行，聯結資料行也是**分店**。相聯結的資料行必須相同的類型，數字對數字，文字對文字…。

左方外部 (第一個所有資料列、第二個的相符資料列)

	分店	表格2.分店
1	台北店	台北店
2	台中店	台中店
3	台東店	台東店
4	桃園店	*null*
5	台南店	*null*

此表已經展開完畢，要展開 Table 必需按標頭旁 展開符號。

這是主要 (表格 1) 與次要 (表格 2) 資料表的分店資料欄進行比對，表格 1 保留所有分店資料，表格 2 留下相符的分店資料。如下表所示：

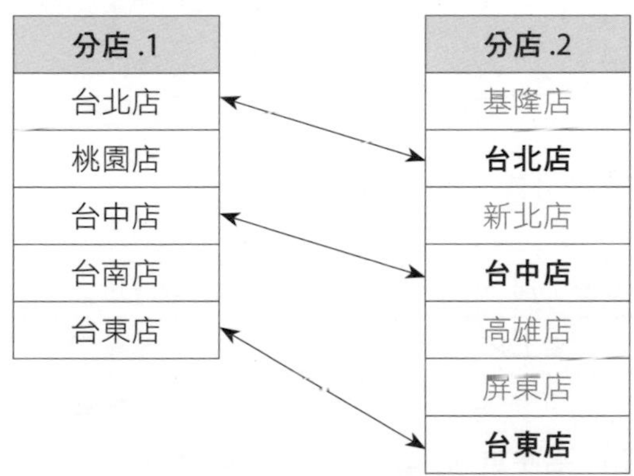

右方外部 (第二個所有資料列、第一個的相符資料列)：

	分店	表格2.分店
1	台北店	台北店
2	*null*	基隆店
3	台中店	台中店
4	*null*	新北店
5	*null*	高雄店
6	*null*	屏東店
7	台東店	台東店

主要資料表匹配次要資料表，次要資料表保留全部，主要資料表留下相符的分店。如下表所示：

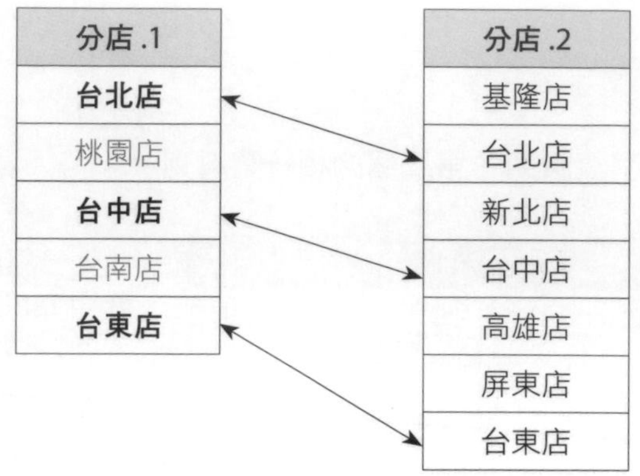

內部（僅相符的資料列）：

	分店	表格2.分店
1	台北店	台北店
2	台中店	台中店
3	台東店	台東店

這是兩資料表完全相符的分店。如下表所示：

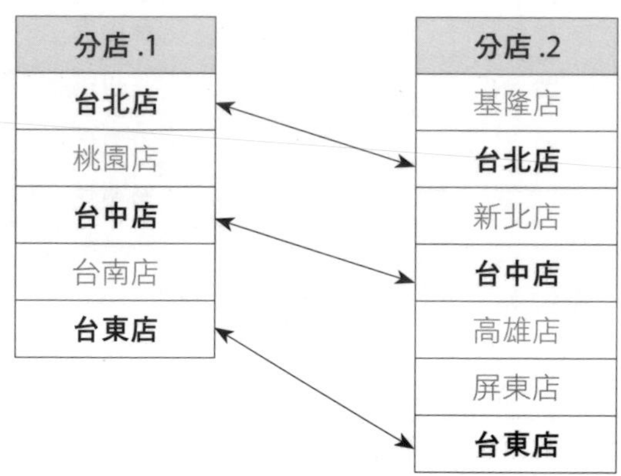

左方反向(僅前幾個資料列):

	分店	表格2.分店
1	桃園店	null
2	台南店	null

這是顯示主要資料表擁有的分店資料，而次要資料表沒有。如下表所示：

分店 .1
台北店
桃園店
台中店
台南店
台東店

分店 .2
基隆店
台北店
新北店
台中店
高雄店
屏東店
台東店

左方反向(僅第二個中的資料列):

	分店	表格2.分店
1	null	基隆店
2	null	新北店
3	null	高雄店
4	null	屏東店

這是顯示次要資料表擁有的分店資料，而主要資料表沒有。如下表所示：

分店 .1
台北店
桃園店
台中店
台南店
台東店

分店 .2
基隆店
台北店
新北店
台中店
高雄店
屏東店
台東店

完整外部 (來自兩者的所有資料列) ：

	分店	表格2.分店
1	台北店	台北店
2	null	基隆店
3	台中店	台中店
4	null	新北店
5	null	高雄店
6	null	屏東店
7	台東店	台東店
8	桃園店	null
9	台南店	null

這是主要與次要資料表的分店全部顯示，並匹配相同分店在同一資料列。也是我們這一節主要說明的地方，以下是操作過程：

兩表合併主要資料行：

選擇**分店**與**表格 2. 分店**的標頭 **→ 轉換 → 文字資料行 → 合併資料行**。

顯示合併資料行視窗 **→ 分隔符號：無 → 新資料行名稱：分店 → 確定**。

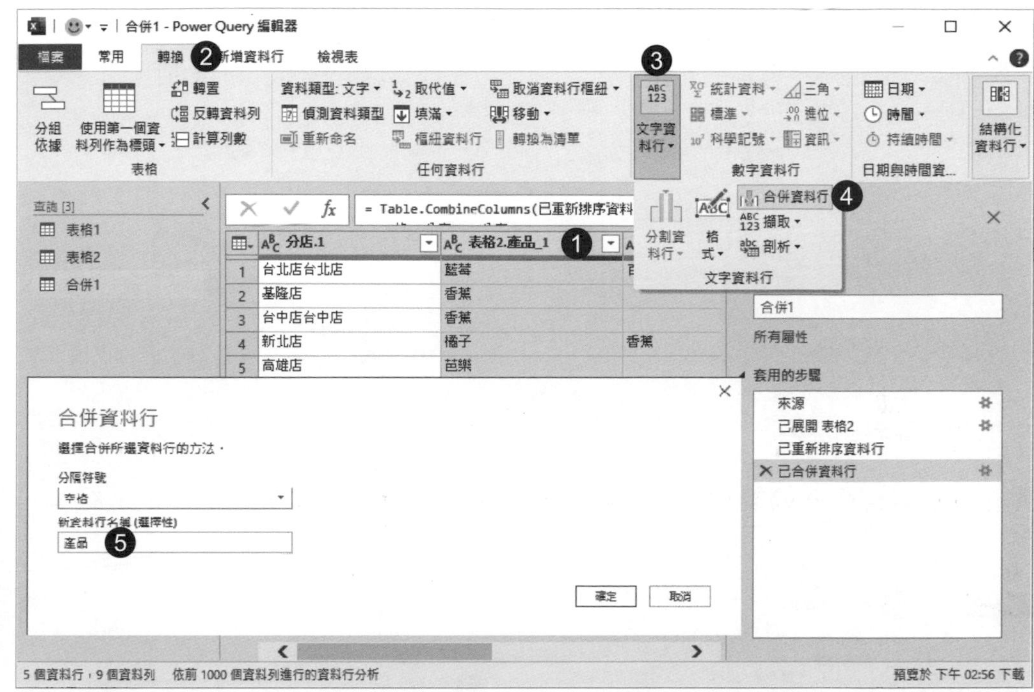

合併產品資料行。

選擇各產品資料行 **→ 轉換 → 文字資料行 → 合併資料行**。

顯示合併資料行視窗 **→ 分隔符號：空格 → 新資料行名稱：產品 → 確定**。

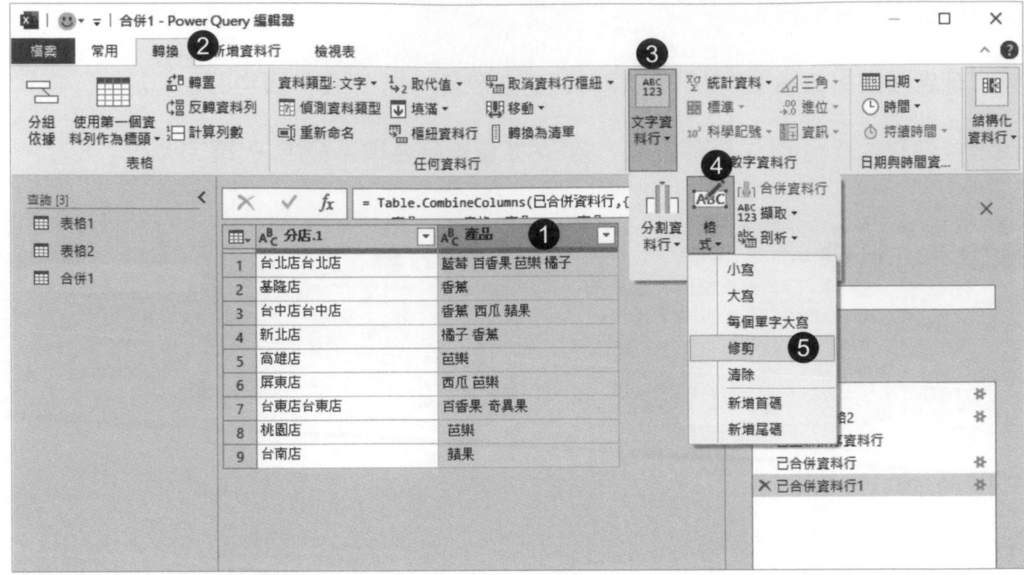

修剪合併資料的空格。

點選產品資料行 → **轉換** → **文字資料行** → **合併資料行** → **格式** → **修剪**。

字串間空格改為逗號 (,)。

點選**產品**資料行 **→ 常用 → 取代值**。

顯示取代值視窗 **→ 要選找的值：(按一下空間棒)→ 取代為：,**。

出現 2 個逗號 (,) 時，修訂方法同樣用取代值的步驟，在取代值視窗中，**要尋找的值：,,→ 取代值：,**。

擷取分店名稱。

選擇**分店 .1** 資料行 **→ 轉換 → 文字資料行 → 擷取 → 前幾個字**。

顯示視窗 **→ 計數：3**，取出字串前面 3 個字。

然後，將分店 .1 修改為分店。

最後，按**常用 → 關閉並載入 → 關閉並載入**。

也可以參考 1. 解釋多表合併的聯結種類關係 .xlsx，檔案裡有全部種類列表。

02 附加其他檔案 - 群組並列出分店名稱

合併是將主要資料行當匹配的根據，而附加是根據相同的資料行標頭自動比對，然後一個接一個資料表往下呈現。

開啟「17.2. 附加其他檔案 - 群組並列出分店名稱 .xlsx」。

啟動外檔的資料表。

使用**資料 → 取得資料 → 從檔案 → 從 Excel 活頁簿**。

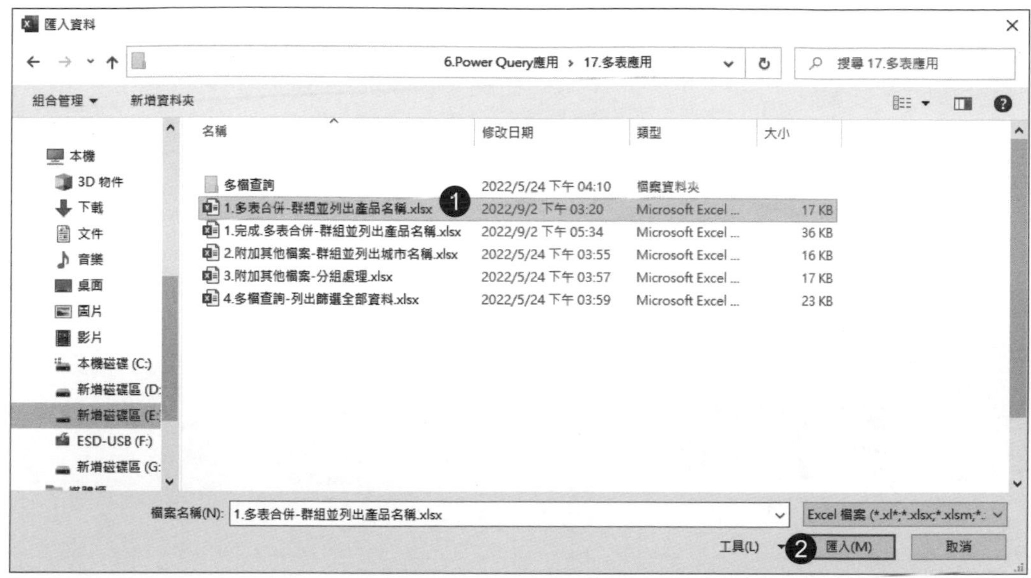

選擇適當檔案，再按匯入。

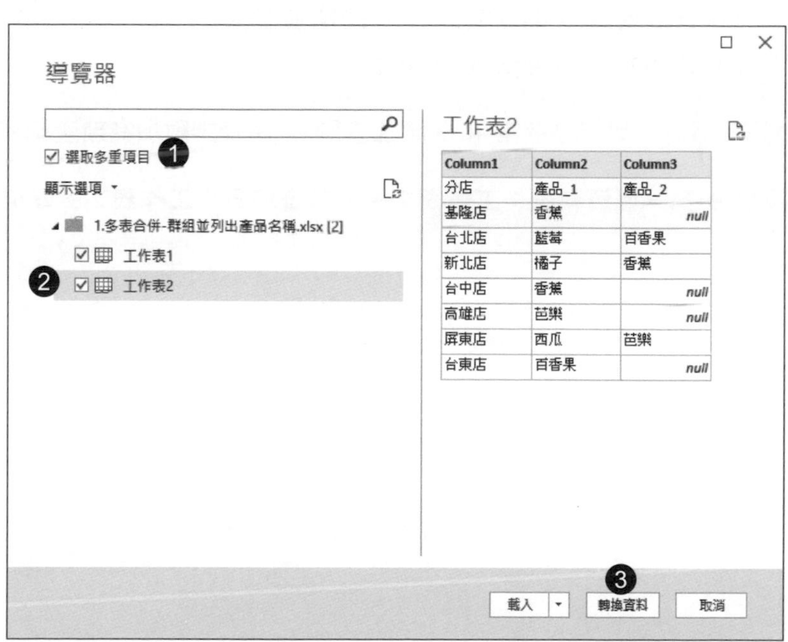

工作表2

Column1	Column2	Column3
分店	產品_1	產品_2
基隆店	香蕉	null
台北店	藍莓	百香果
新北店	橘子	香蕉
台中店	香蕉	null
高雄店	芭樂	null
屏東店	西瓜	芭樂
台東店	百香果	null

載入 2 個工作表。

顯示導覽器視窗 → **選取多重項目 → 工作表 1→ 工作表 2→ 轉換資料**。

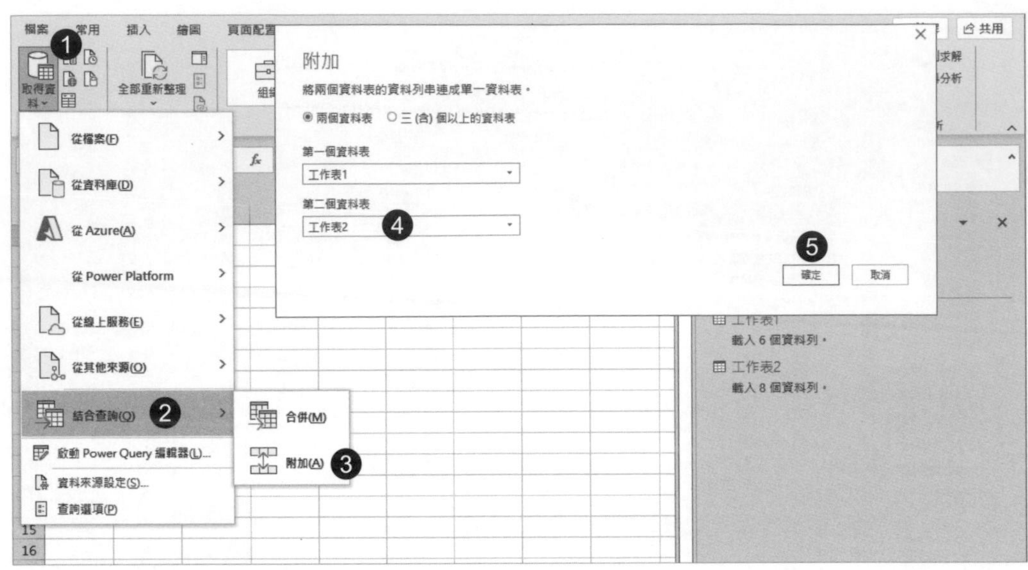

執行附加查詢功能。

如果上一個動作有按**常用 → 關閉並載入 → 關閉並載入**，回到 Excel 工作表上，可以點選資料 → **取得資料 → 結合查詢 → 附加**。

如果在 PQ 編輯器時，可以點選**常用 → 附加查詢 → 將查詢附加為新查詢**。

顯示附加視窗 → **第一個資料表：工作表 1→ 第二資料表：工作表 2→ 確定**。

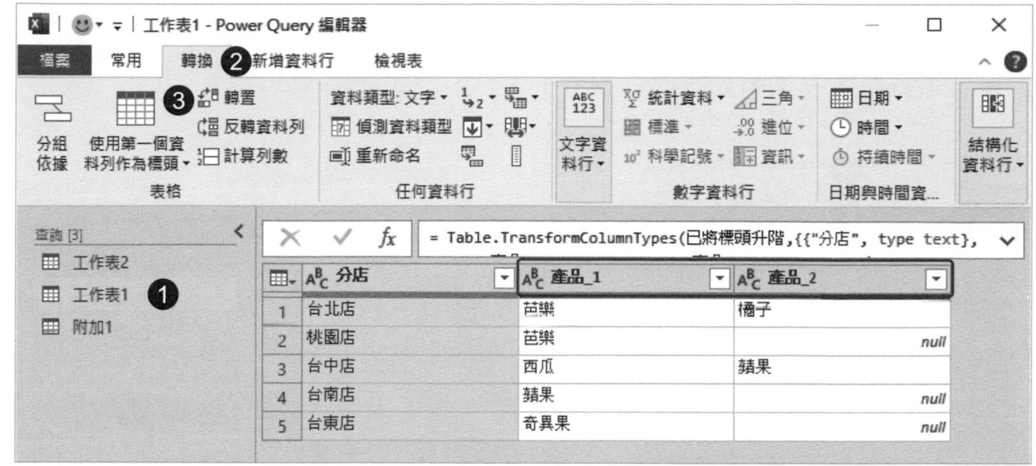

改變標頭名稱。

選擇左側欄查詢的**工作表 1 → 轉換 → 使用第一個資料列作為標頭**。

其他工作表也要更改標頭名稱。

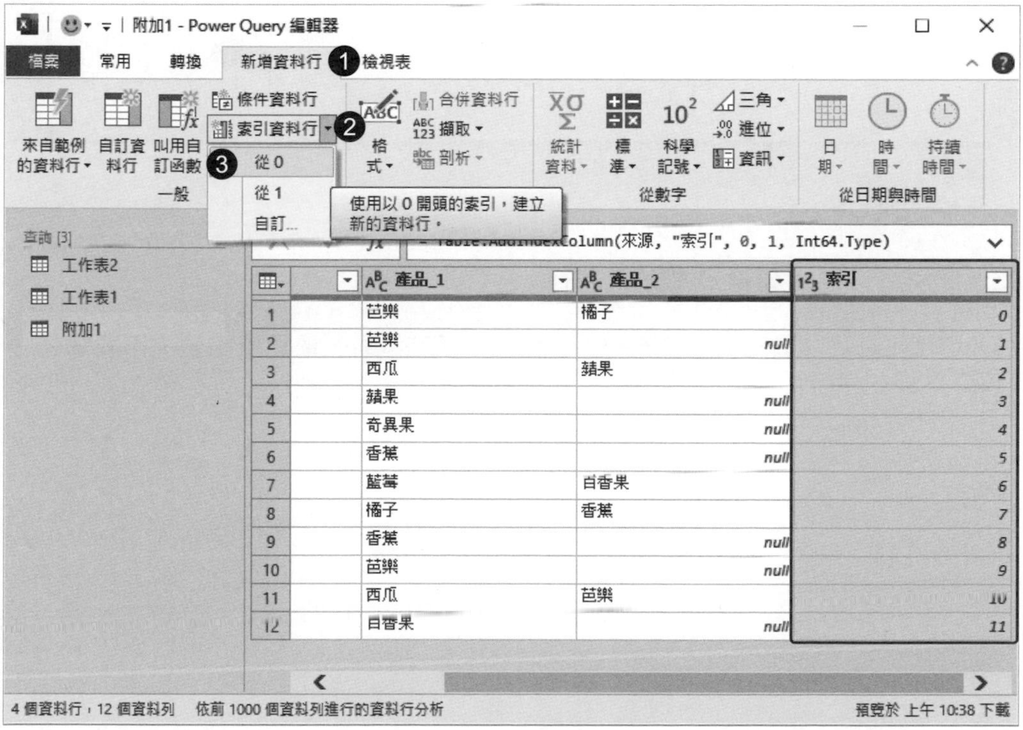

新增索引資料行。

點選**新增資料行 → 索引資料行 → 從 0**。

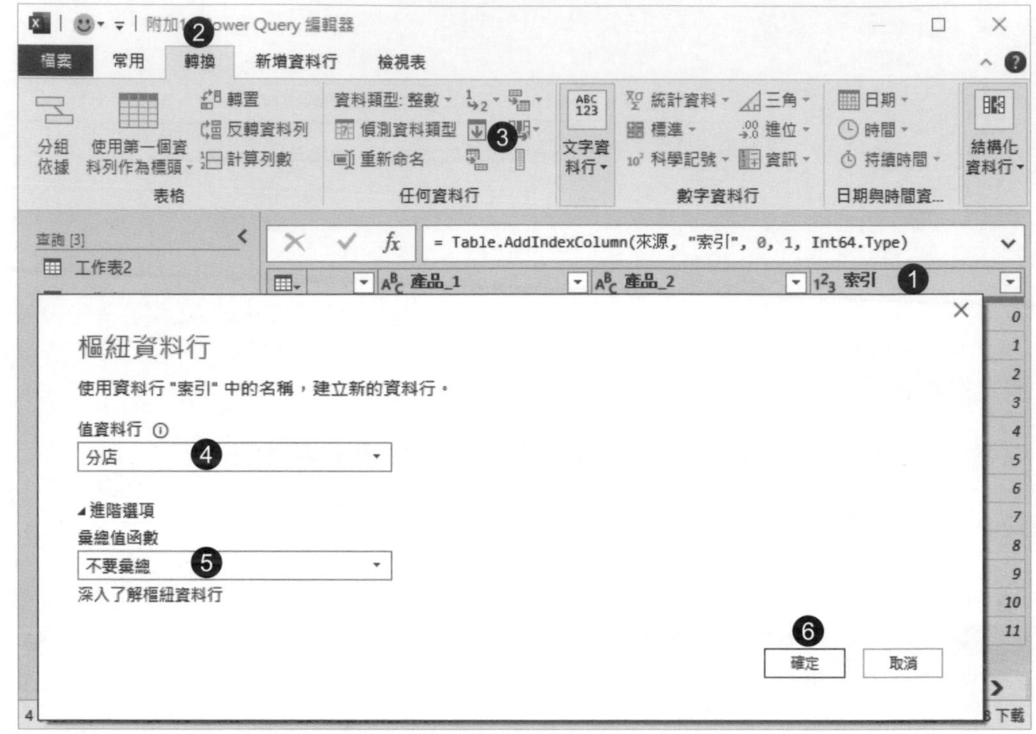

執行樞紐資料行。

點選**索引**資料行 → **轉換** → **樞紐資料行**。

顯示樞紐資料行視窗 → **值資料行：分店** → **進階選項** → **彙總值函數：不要彙總** → **確定**。

資料行合併。

選擇 0 到最後的資料行 → **轉換** → **文字資料行** → **合併資料行**。

顯示合併資料行視窗 → **分隔符號：空格** → **新資料行名稱：分店** → **確定**。

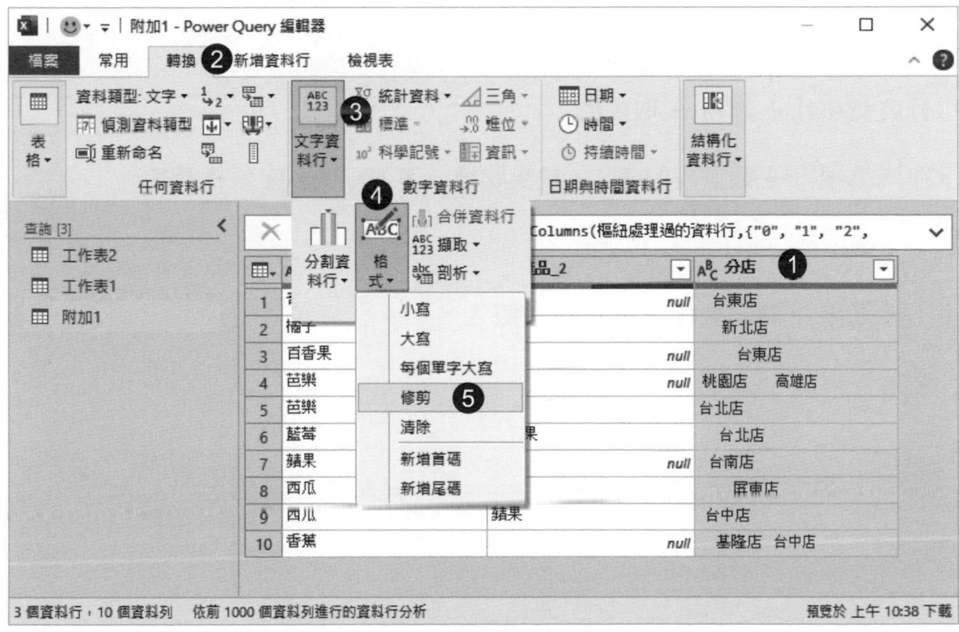

修剪分店資料行的字串。

點選**分店**資料行 → **轉換** → **文字資料行** → **格式** → **修剪**。

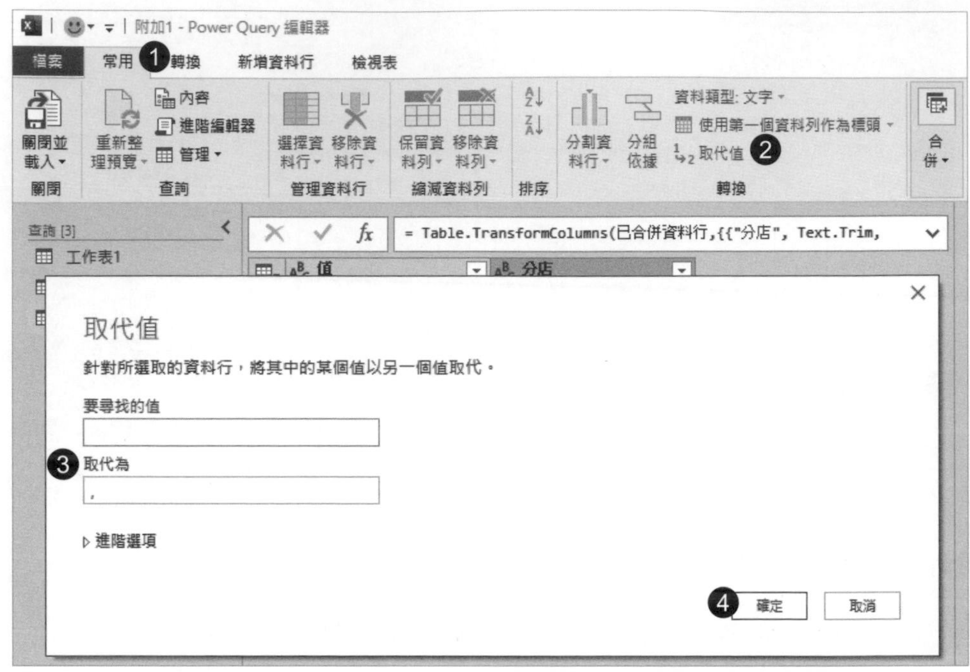

將空格轉成逗號 (,)。

點選**分店**資料行 → **常用** → **取代值**。

顯示取代值視窗 → **要選找的值：(按空間棒一下)→ 取代為：,→ 確定**。

持續用 1 個逗號 (,) 取代 2 個逗號 (,)。

最後，按**常用** → **關閉並載入** → **關閉並載入**。

03 附加其他檔案 - 分組處理

字串陣列合併在 Excel 是比較難一點，CONCATENATE 無法處理陣列問題，PHONETIC 無法處理數字問題，但新版本可以透過 TEXTJOIN、CONCAT 函數處理。本節要用另外一個方式，使用 PQ 合併資料行與分組依據並修改 M 語言來處理字串合併的問題。

開啟「17.3. 附加其他檔案 - 分組處理 .xlsx」。

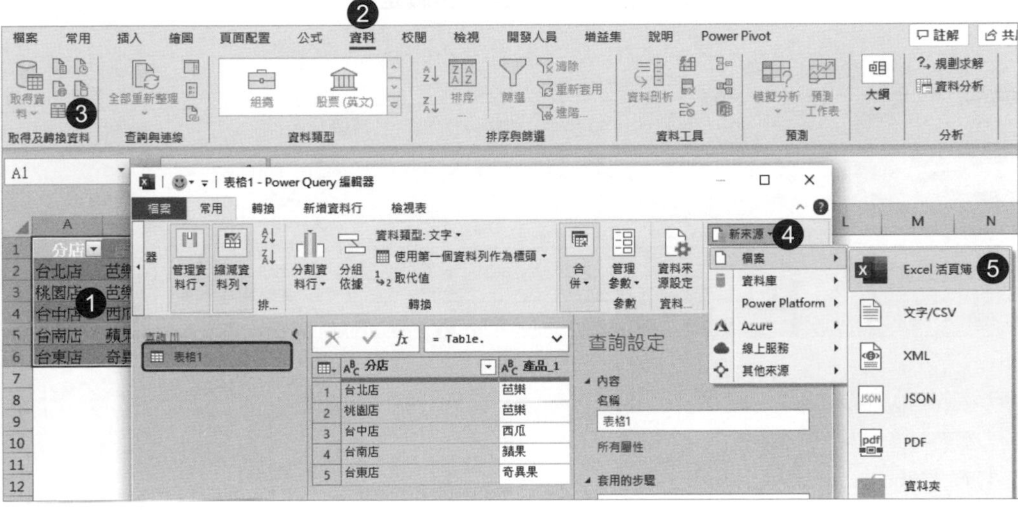

本表與其他檔案合併。

選擇工作表 1 有資料的任何儲存格 → **資料** → **從表格 / 範圍**。

進入 PQ 編輯器，然後，點選**常用** → **新來源** → **檔案** →**Excel 活頁簿**。

匯入 1. 多表合併 - 群組並列出產品名稱 .xlsx。

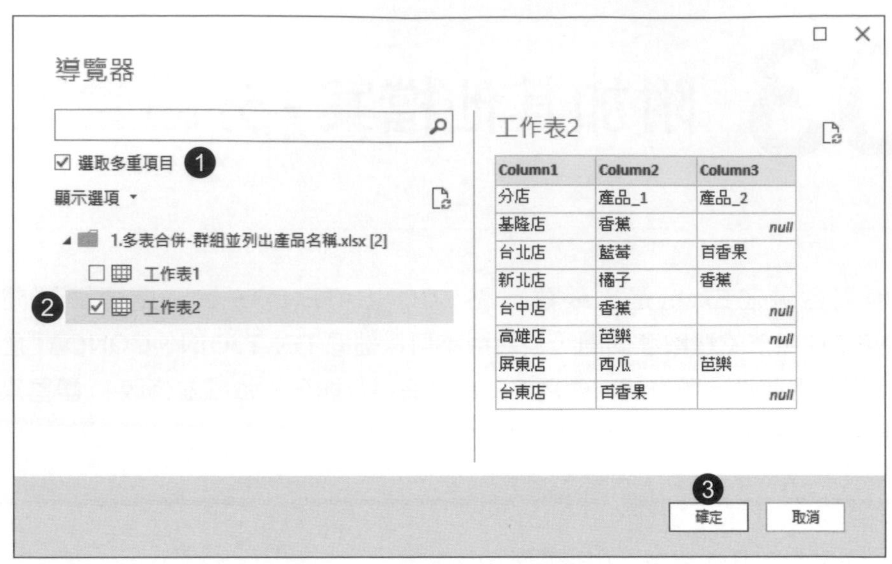

Column1	Column2	Column3
分店	產品_1	產品_2
基隆店	香蕉	null
台北店	藍莓	百香果
新北店	橘子	香蕉
台中店	香蕉	null
高雄店	芭樂	null
屏東店	西瓜	芭樂
台東店	百香果	null

顯示導覽器視窗 → **選取多重項目 → 工作表 2→ 確定**。

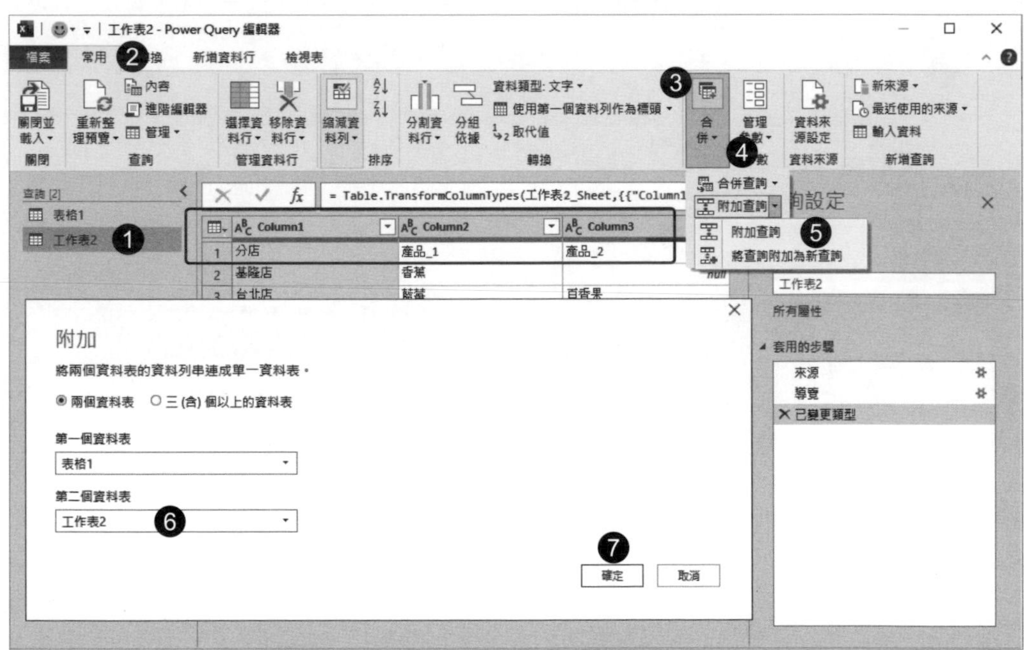

建立附加查詢表。

點選**工作表 2→ 常用 → 使用第一個資料列作為標頭 → 合併 → 附加查詢 → 將查詢附加為新查詢**。

顯示附加視窗 → **第一個資料表：表格 1→ 第二個資料表：工作表 2→ 確定**。

將產品資料行合併。

選擇各產品資料行 → **轉換 → 文字資料行 → 合併資料行**。

顯示合併資料行視窗 → **分隔符號：空格 → 新資料行名稱：已合併 → 確定**。

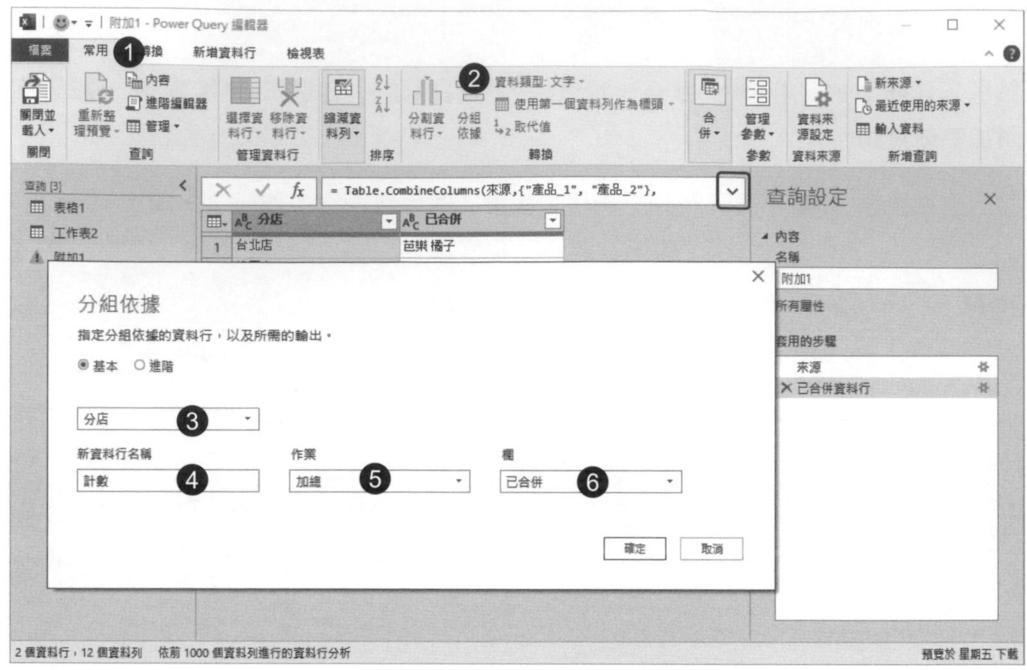

將資料分組。

點選**已合併**資料行 → **轉換** → **文字資料行** → **格式** → **修剪**。

點選**常用** → **分組依據**。

顯示分組依據視窗 → **分店** → **新資料名稱：計數** → **作業：加總** → **欄：已合併** → **確定**。

點選編輯列向下篩選紐。顯示 M 語言代碼：

```
= Table.Group(已修剪文字, {"分店"}, {{"計數", each List.Sum([已合併]),
type text}})
```

要將 List.Sum([已合併]) 改為 Text.Combine([已合併],",")。本來合計已合併資料行改為合併字串方法。所以，整個代碼如下：

```
= Table.Group(已修剪文字, {"分店"}, {{"計數", each Text.Combine([已合併],","),
type text}})
```

然後，點選計數資料行 → **常用** → **取代值**，將空格以逗點 (,) 取代並把計數標頭改為合計。

最後，按**常用 → 關閉並載入 → 關閉並載入**。

你也可以用這個方法了解產品到底有幾家分店銷售：

1. 使用附加功能 (表格 1 與工作表 2) 成為新查詢 (附加 2)。
2. 選擇產品 _1 與產品 _2。
3. 轉換 → 取消資料行樞紐。
4. 移除屬性資料行。
5. 常用 → 分組依據。

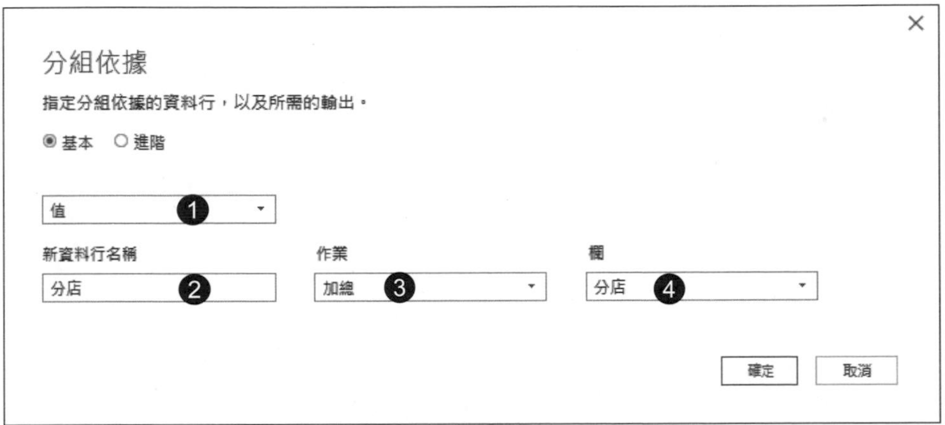

分組依據視窗就如上圖填入，然後，在編輯列的處理如下：

```
= Table.Group(已移除資料行, {"值"}, {{"分店", each List.Sum([分店]),
type nullable text}})
```

改成

```
= Table.Group(已移除資料行, {"值"}, {{"分店", each Text.Combine([分店],","),
type nullable text}})
```

以逗號 (,) 作為各分店分隔符號。

標頭的**值**改成**產品**。

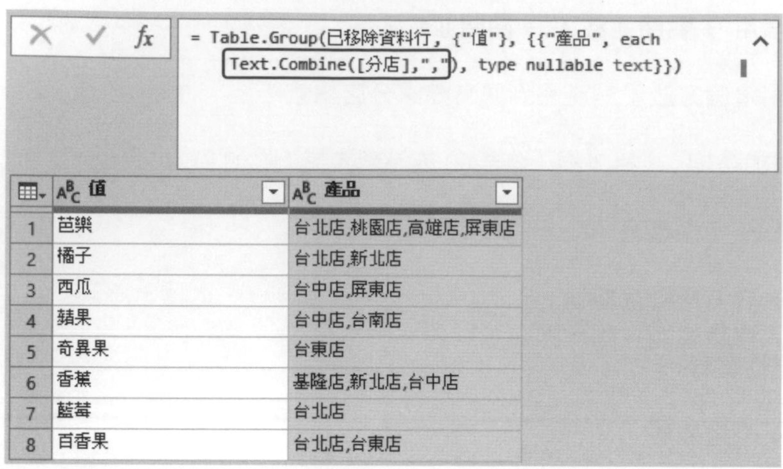

	值	產品
1	芭樂	台北店,桃園店,高雄店,屏東店
2	橘子	台北店,新北店
3	西瓜	台中店,屏東店
4	蘋果	台中店,台南店
5	奇異果	台東店
6	香蕉	基隆店,新北店,台中店
7	藍莓	台北店
8	百香果	台北店,台東店

最後，按**常用 → 關閉並載入 → 關閉並載入**。

04 多檔查詢 - 列出篩選全部資料

本節將進行一次匯入多檔查詢，用資料夾方式將資料一次性匯入到PQ，只要檔案修訂或加入移除就能立刻反應在查詢表。

開啟「17.4. 多檔查詢 - 列出篩選全部資料 .xlsx」。

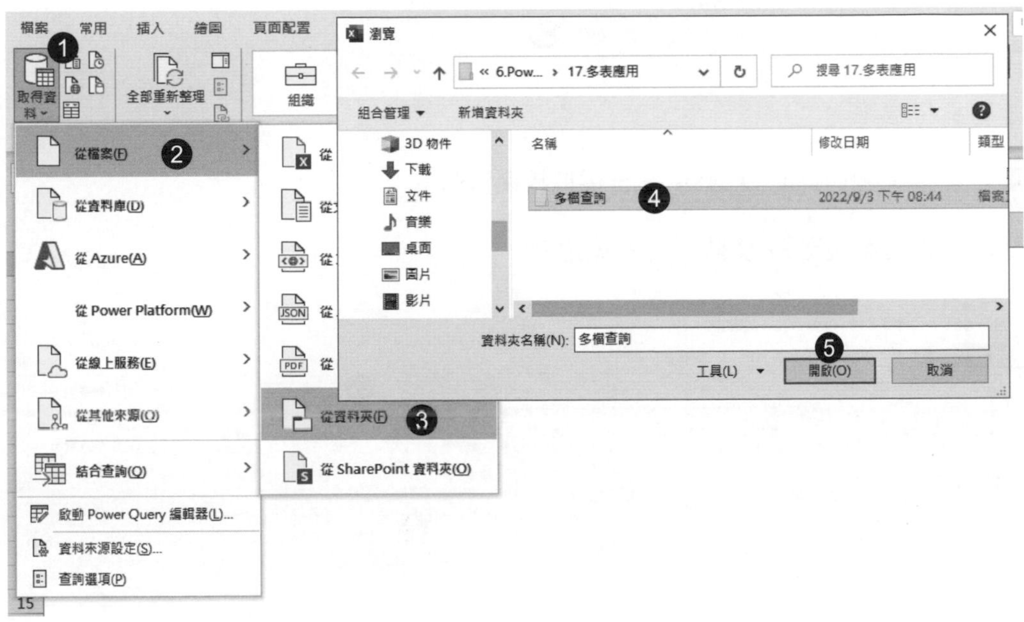

從資料夾匯入檔案。

點選料**資料 → 取得資料 → 從資料夾 → 多檔查詢 → 開啟**。

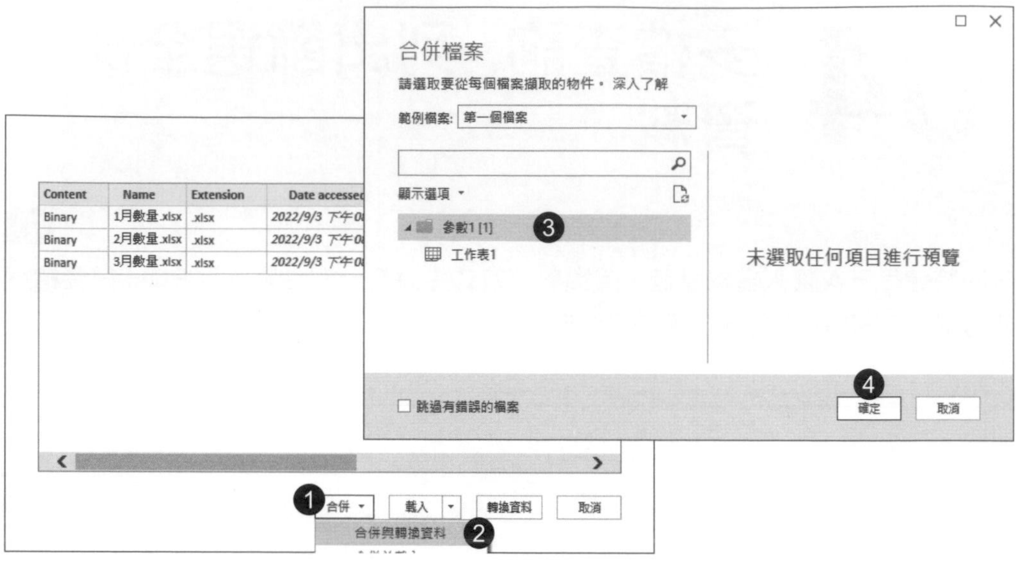

進行合併檔案。

顯示多檔案細節視窗 → **合併** → **合併與轉換資料**。

顯示合併檔案視窗 → **參數 1[1]**→ **確定**。

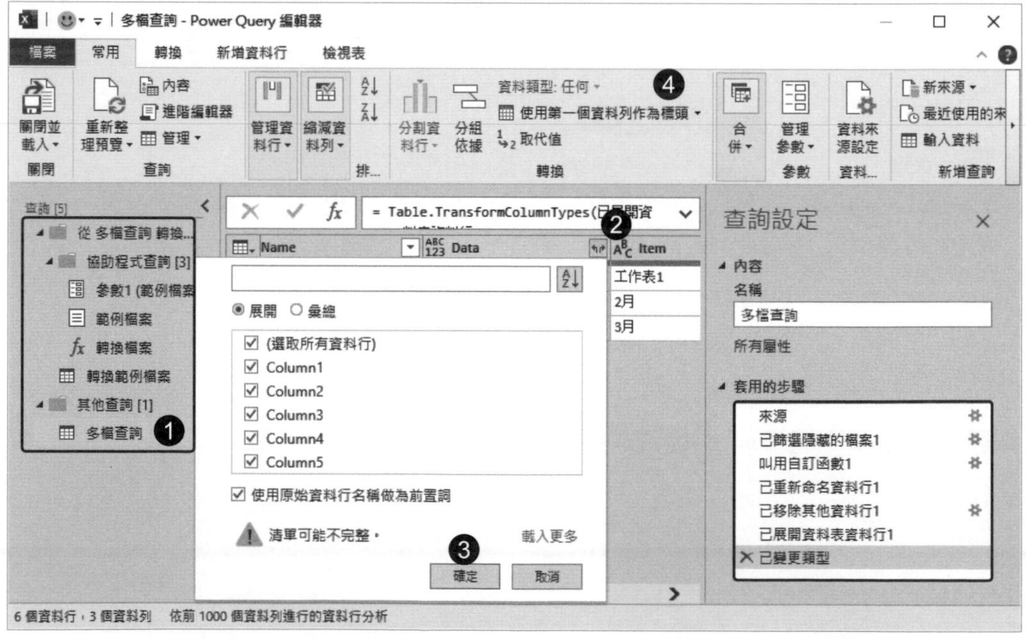

展開合併檔案資料。

點選左側查詢欄的**多檔查詢 → 展開符號 → 確定 → 常用 → 使用第一個資料列作為標頭**。

在編號行選擇篩選符號，把**編號**取消。然後，在區域行篩選北區，或不篩選顯示即可顯示所有紀錄。接下來，留下適當資料行，刪除合併時所產生的多餘資料行。

在資料夾更改檔案資料或檔案添加或刪除就會自動更新。

最後，按**常用 → 關閉並載入 → 關閉並載入**。

05 兩表多資料行比對合併

前面曾提過在合併兩表資料時，以唯一資料行比對，這次將使用多資料行來進行比對並說明資料的差異產生不同的答案。

開啟「5.A.2 表多資料行比對合併 .xlsx」。

表 A 與表 B 要比對公司、專案與編號欄，再進行合併。

首先，使用**資料 → 從表格 / 範圍**匯入表 A，進入 PQ 之後，按**常用 → 關閉並載入**，再把表 B 匯入。

預計將合併查詢表放在同表的 A16。

進行合併查詢。

點選**常用 → 合併 → 合併查詢 → 將查詢合併新查詢**。

將名稱改為表 A 與表 B。

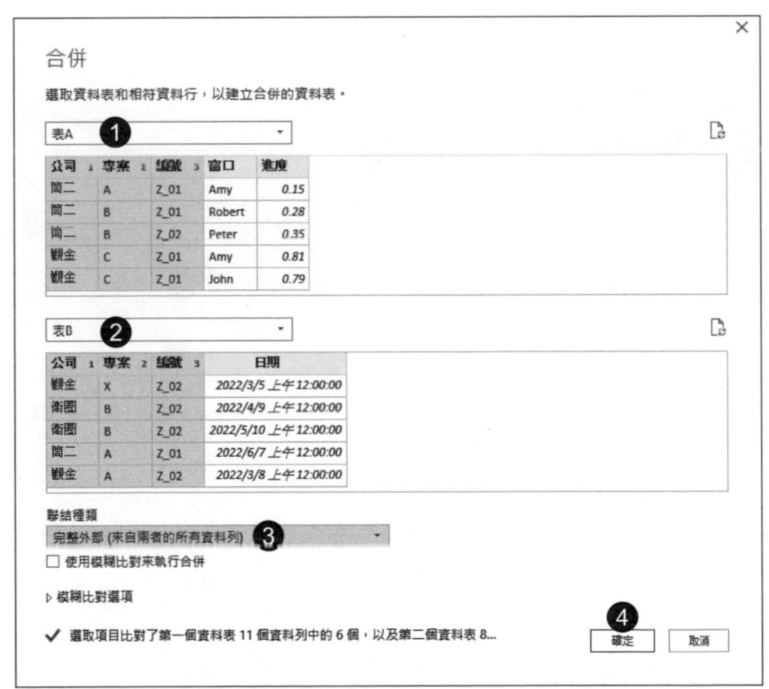

公司	專案	編號	窗口	進度
簡二	A	Z_01	Amy	0.15
簡二	B	Z_01	Robert	0.28
簡二	B	Z_02	Peter	0.35
觀金	C	Z_01	Amy	0.81
觀金	C	Z_01	John	0.79

公司	專案	編號	日期
觀金	X	Z_02	2022/3/5 上午 12:00:00
衛圈	B	Z_02	2022/4/9 上午 12:00:00
衛圈	B	Z_02	2022/5/10 上午 12:00:00
簡二	A	Z_01	2022/6/7 上午 12:00:00
觀金	A	Z_02	2022/3/8 上午 12:00:00

進行多相符資料行比對。

選擇**表 A→ 公司、專案與窗口 → 表 B→ 公司、專案與窗口 → 聯結種類：完整外部 → 確定**。

然後，將表 B 的資料行展開 → **確定**。

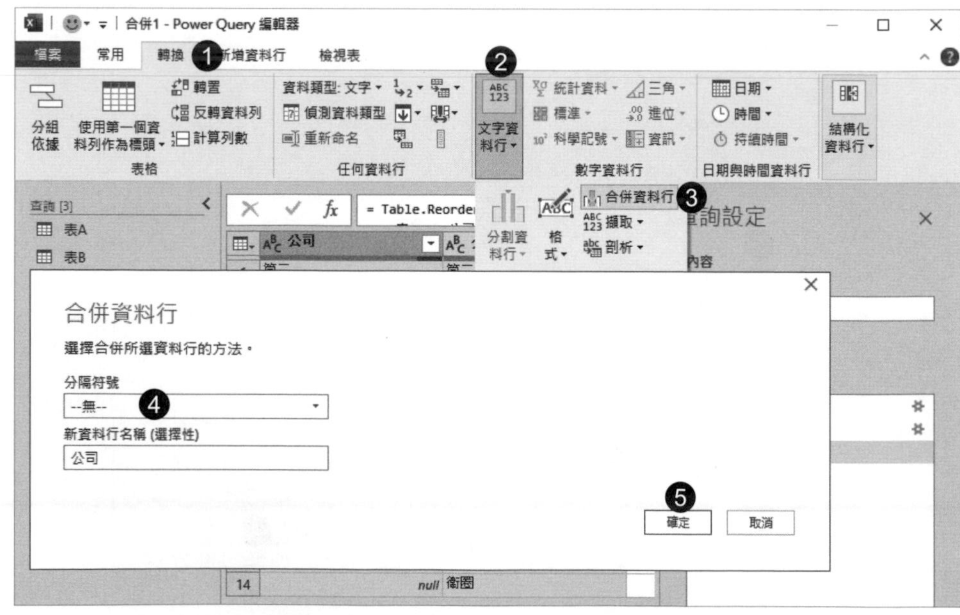

進行兩表資料行合併。

先選擇兩表的公司，點選**轉換 → 文字資料行 → 合併資料行**。

顯示合併資料行視窗 **→ 分隔符號：無 → 新資料行名稱：公司 → 確定**。

然後，進行窗口與編號資料行合併。

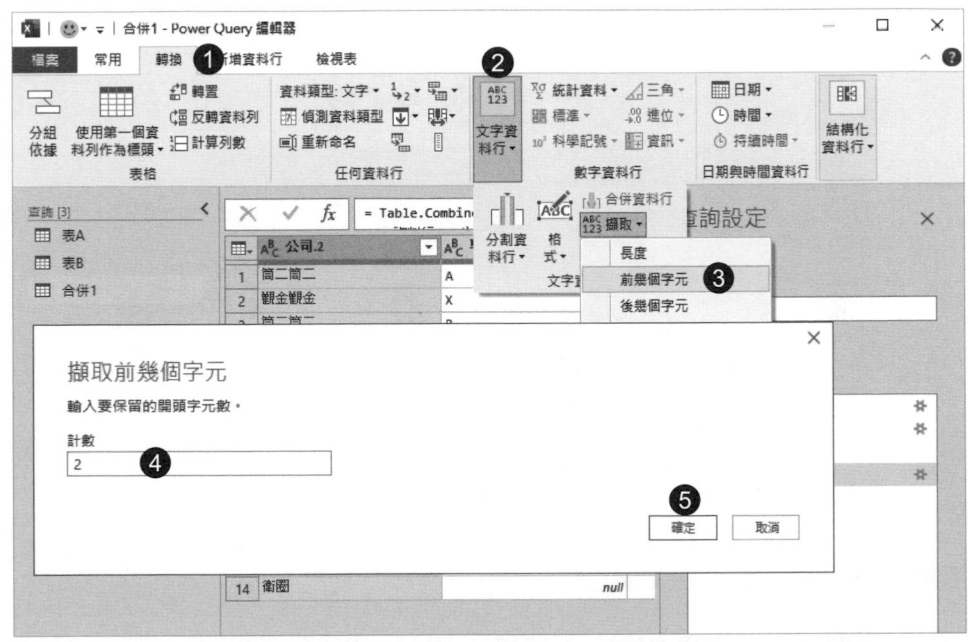

擷取正確名稱，在合併資料行時，產生重複的名稱必須保留一個即可。

點選**轉換 → 文字資料行 → 擷取 → 前幾個字元**。

顯示擷取前幾個字元視窗 **→ 計數**：2**→ 確定**。

如果字串長度不一致，在合併時，要以**空格**為分隔符號，然後**修剪**，擷取時，**分隔符號前的文字**，填入空格。然後，修改日期與百分比的格式。

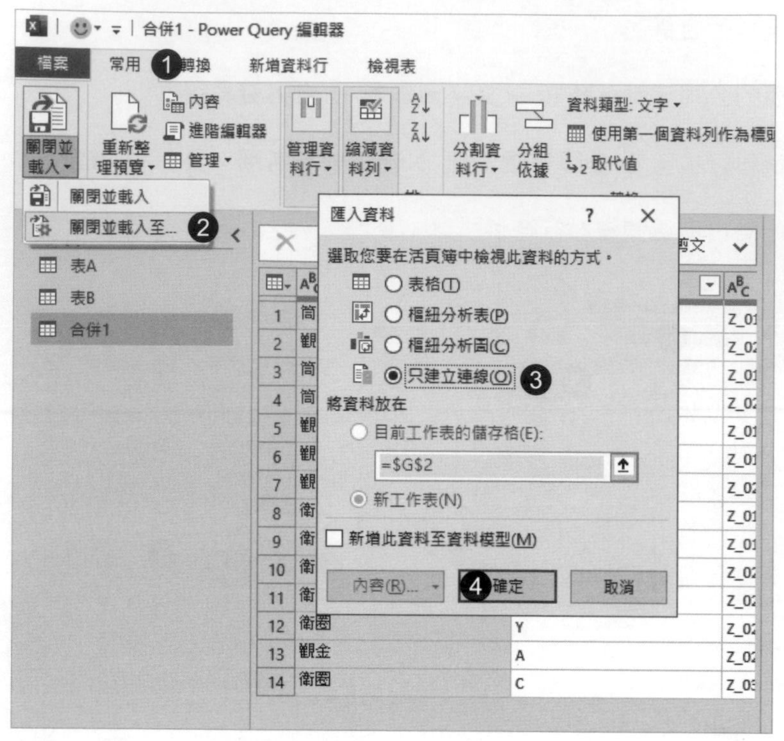

將資料表存放在本表。

選擇**常用 → 關閉並載入 → 關閉並載入至…**。

顯示**匯入資料**視窗 → **只建立連線 → 確定**。因為無法在這視窗操作將資料放在目前工作表的儲存格，所以，我們先建立連線，然後，回到 Excel 工作表操作。

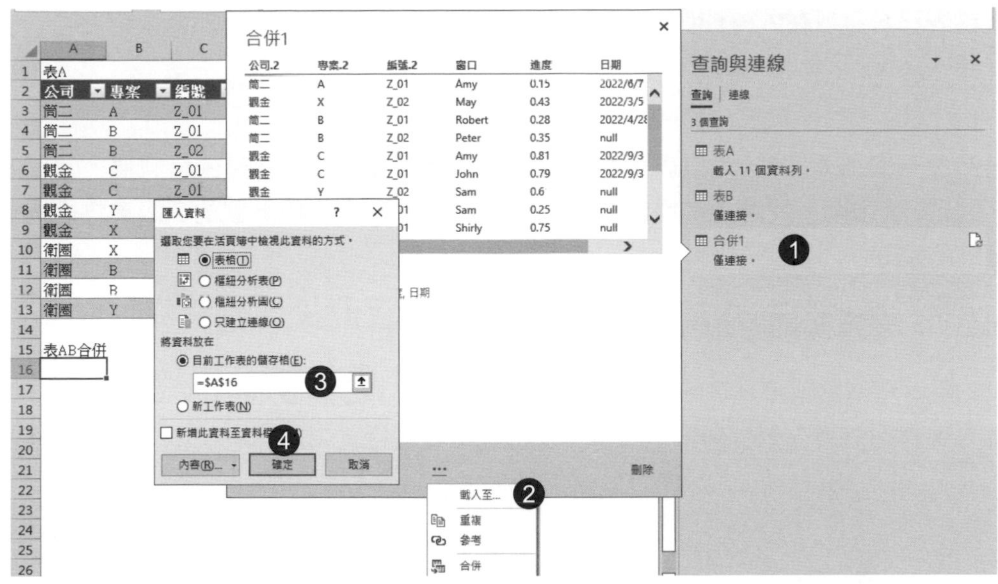

存放在目前工作表的儲存格。

首先，游標停在右側欄的查詢與連線的**合併 1**，然後，點選…→ **載入至**。

顯示匯入資料視窗 → **目前工作表的儲存格**：=$A$16→ **確定**。

	A	B	C	D	E	F	G	H	I	J
1	表A						表B			
2	公司	專案	編號	窗口	進度		公司	專案	編號	日期
3	筒二	A	Z_01	Amy	15%	筒二AZ_01	觀金	X	Z_02	2022/3/5
4	筒二	B	Z_01	Robert	28%	筒二BZ_01	衛圈	B	Z_02	2022/4/9
5	筒二	B	Z_02	Peter	35%	#N/A	衛圈	B	Z_02	2022/5/10
6	觀金	C	Z_01	Amy	81%	觀金CZ_01	筒二	A	Z_01	2022/6/7
7	觀金	C	Z_01	John	79%	觀金CZ_01	觀金	A	Z_02	2022/3/8
8	觀金	Y	Z_02	Sam	60%	#N/A	筒二	B	Z_01	2022/4/28
9	觀金	X	Z_02	May	43%	觀金XZ_02	衛圈	C	Z_03	2022/8/1
10	衛圈	X	Z_01	Sam	25%	#N/A	觀金	C	Z_01	2022/9/3
11	衛圈	B	Z_01	Shirly	75%	#N/A				
12	衛圈	B	Z_02	Peter	80%	衛圈BZ_02				
13	衛圈	Y	Z_02	May	62%	#N/A				
14										
15	表AB合併									
16	公司	專案	編號	窗口	進度	日期				
17	筒二	A	Z_01	Amy	15%	2022/6/7				
18	觀金	X	Z_02	May	43%	2022/3/5				
19	筒二	B	Z_01	Robert	28%	2022/4/28				
20	筒二	B	Z_02	Peter	35%					
21	觀金	C	Z_01	Amy	81%	2022/9/3				
22	觀金	C	Z_01	John	79%	2022/9/3				

資料表已經存放在 A16:F30。

```
F3=VLOOKUP(A3&B3&C3,G$3:G$10&H$3:H$10&I$3:I$10,1,0)
```

我們發現有些是 #N/A，這表示表 A 比對表 B 時，搜尋不到就產生錯誤值。我們在 PQ 合併查詢時，就需要使用合併資料行，將公司、專案與編號的 2 個資料行進行合併的程序。

開啟「5. 完成 B.2 表多資料行比對合併 .xlsx」。

F 欄顯示沒有錯誤值，表示表 A 的資料可以在表 B 找到，此時的 PQ 進行合併查詢時，資料行就會自動合併，不用再次進行合併資料行。

06 多表合併 - 文字彙總與數字合計

16.2 利用樞紐資料行與合併資料行方式處理文字資料合併，而 17.3 我們使用分組依據功能將 List.Sum 改為 Text.Combine 來彙總文字資料。這次除了文字彙總以外，也要進行數值資料行的計算。

開啟「17.6. 多表合併 - 文字彙總與數字合計 .xlsx」。

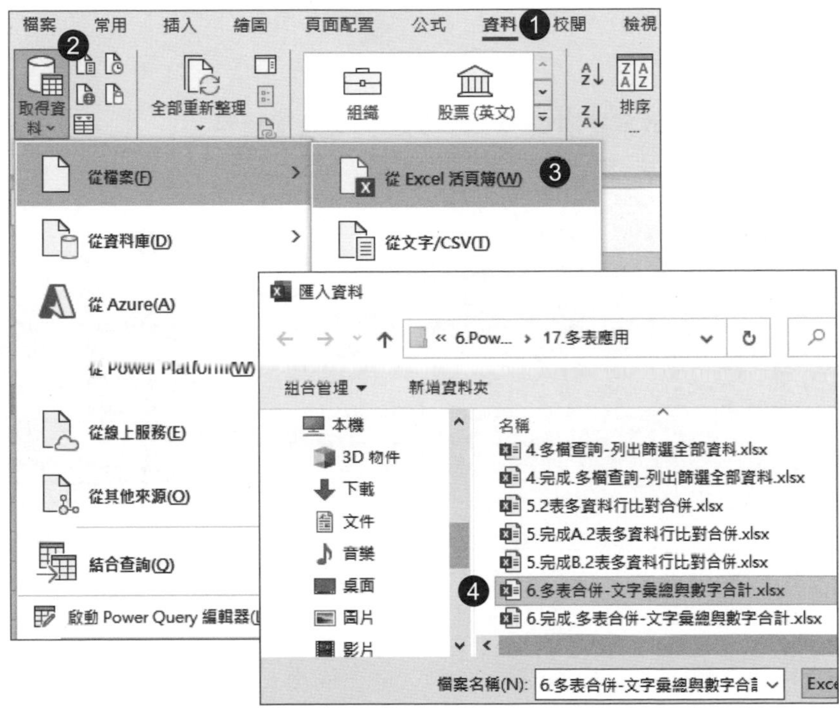

點選本檔表格。

點選**資料 → 取得資料 → 從 Excel 活頁簿**。

顯示匯入資料視窗，然後，點選本檔。

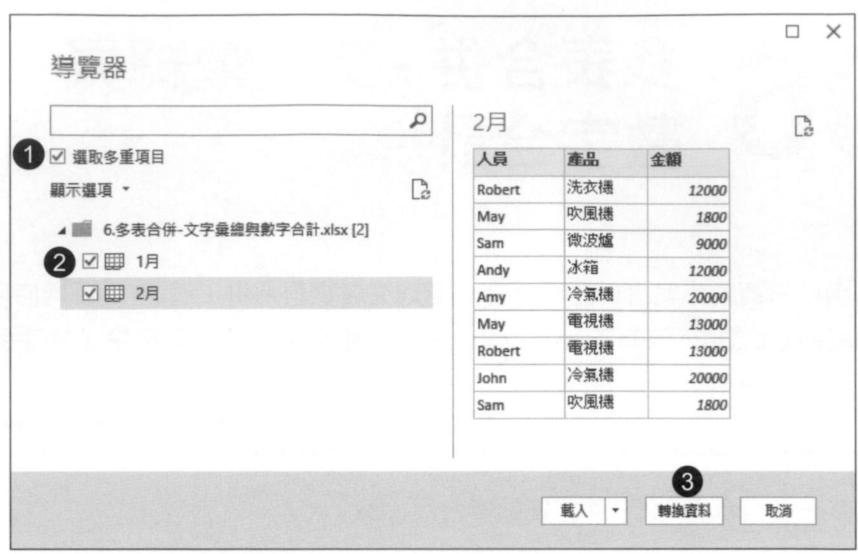

匯入本檔 2 表格。

顯示導覽器視窗 → **顯取多重項目** →1 月 →2 月 → **轉換資料**。

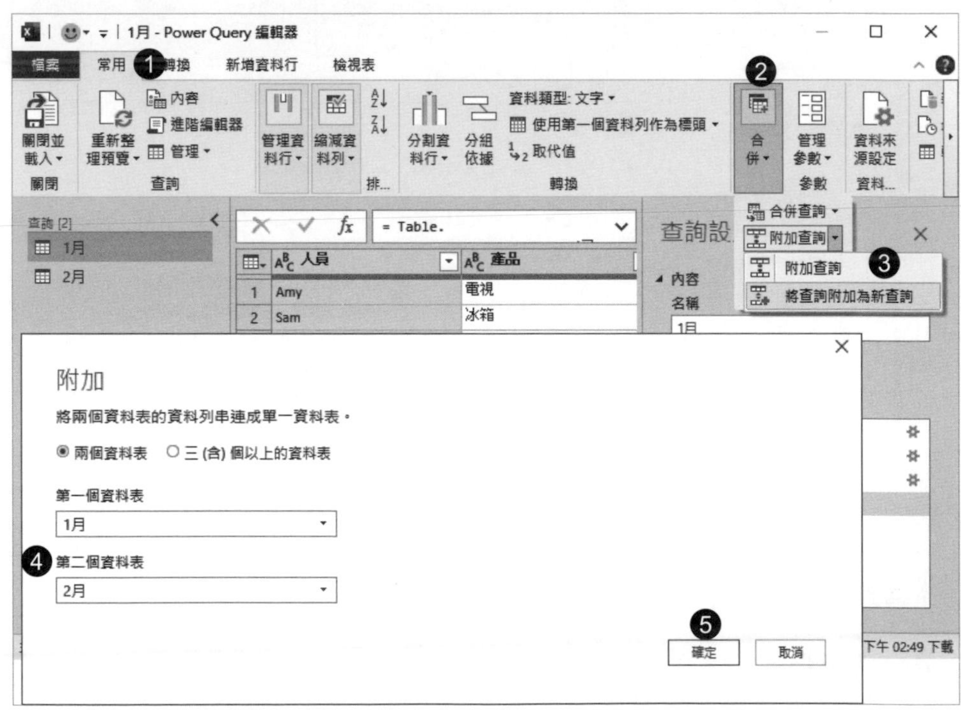

進行 2 表附加查詢。

點選**常用 → 合併 → 附加查詢 → 將查詢附加為新查詢**。

顯示附加視窗 → **第一個資料表：1 月 → 第二個資料表：2 月 → 確定**。

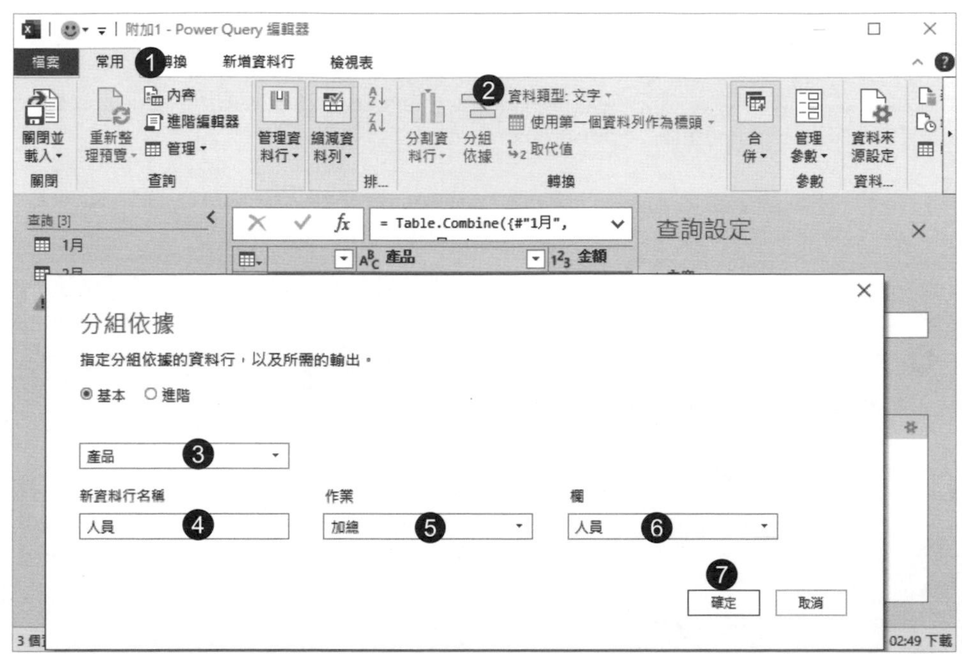

進行資料分組 - 彙總人員資料與金額計算。

點選**常用 → 分組依據**。

顯示分組依據視窗 → **產品 → 資料行名稱：人員 → 作業：加總 → 欄：人員 → 確定**。

編輯列產生 M 語言代碼：

```
= Table.Group(來源, {"產品"}, {{"人員", each Text.Combine ([人員] ,"/"),
type nullable text}})
```

將 List.Sum 改為 Text.Combine。先複製代碼，然後，刪除右側欄**套用步驟**的**已群組資料列**。

接下來，點選**常用 → 分組依據**。

顯示分組依據視窗 → **產品 → 資料行名稱：合計 → 作業：加總 → 欄：金額 → 確定**。

編輯列產生 M 語言代碼：

```
= Table.Group(來源, {"產品"}, {{"合計", each List.Sum([金額]), type nullable number}})
```

將 {" 合計 "…number} 複製起來貼入到上面代碼上，形成如下代碼：

```
= Table.Group(來源, {"產品"}, {{"人員", each Text.Combine([人員],"/"), type nullable text},{"合計", each List.Sum([金額]), type nullable number}})
```

注意斜線 (/) 當作個人員名稱的分隔符號，還有 2 組資料中間要用逗號 (,) 當區隔。

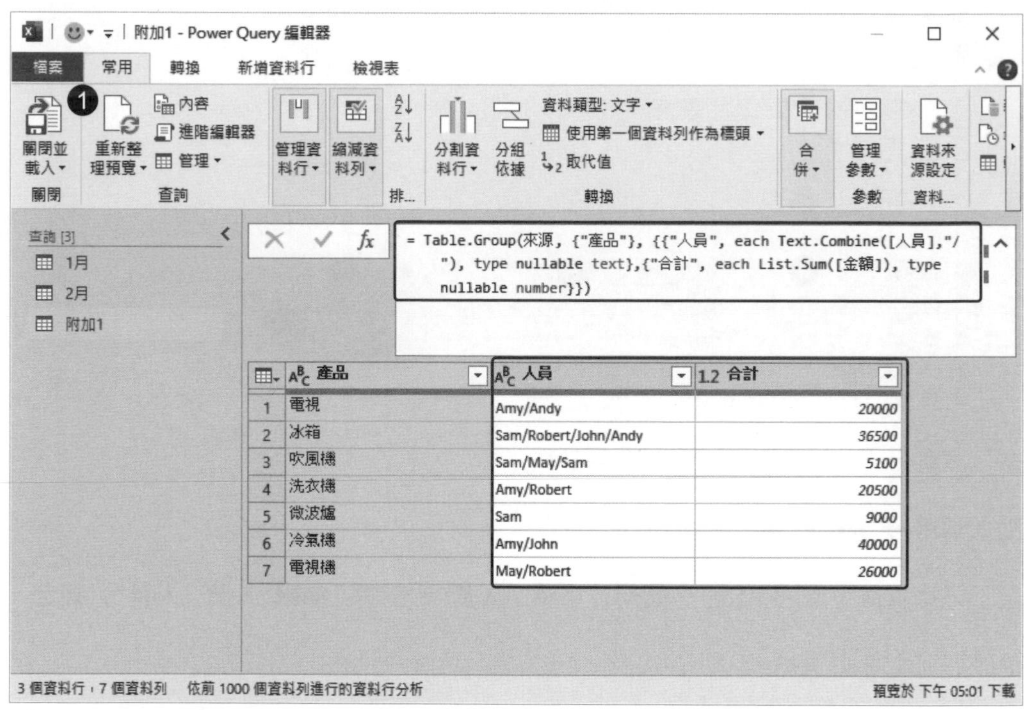

	產品	人員	合計
1	電視	Amy/Andy	20000
2	冰箱	Sam/Robert/John/Andy	36500
3	吹風機	Sam/May/Sam	5100
4	洗衣機	Amy/Robert	20500
5	微波爐	Sam	9000
6	冷氣機	Amy/John	40000
7	電視機	May/Robert	26000

最後，按**常用 → 關閉並載入**。

Excel 進階函數與 PowerQuery 整合應用｜資料清洗與整理

作　　者：周勝輝
企劃編輯：蔡彤孟
文字編輯：詹祐甯
設計裝幀：張寶莉
發 行 人：廖文良

發 行 所：碁峰資訊股份有限公司
地　　址：台北市南港區三重路 66 號 7 樓之 6
電　　話：(02)2788-2408
傳　　真：(02)8192-4433
網　　站：www.gotop.com.tw
書　　號：ACI036500
版　　次：2023 年 01 月初版
建議售價：NT$550

國家圖書館出版品預行編目資料

Excel 進階函數與 PowerQuery 整合應用：資料清洗與整理 / 周勝輝著. -- 初版. -- 臺北市：碁峰資訊, 2023.01
面；　公分
ISBN 978-626-324-382-8(平裝)
1.CST：EXCEL(電腦程式)　2.CST：資料探勘　3.CST：商業資料處理
312.49E9　　　111020305

讀者服務

- 感謝您購買碁峰圖書，如果您對本書的內容或表達上有不清楚的地方或其他建議，請至碁峰網站：「聯絡我們」\「圖書問題」留下您所購買之書籍及問題。（請註明購買書籍之書號及書名，以及問題頁數，以便能儘快為您處理）
http://www.gotop.com.tw
- 售後服務僅限書籍本身內容，若是軟、硬體問題，請您直接與軟體廠商聯絡。
- 若於購買書籍後發現有破損、缺頁、裝訂錯誤之問題，請直接將書寄回更換，並註明您的姓名、連絡電話及地址，將有專人與您連絡補寄商品。